Gottfried Adolph, Joachim Bieda, Hans Nagel, Hans-Michael Rompeltien

Technische Kommunikation Elektroberufe

Schaltungen, Entwurf und Analyse

2. Auflage

Bestellnummer 00099

Bildungsverlag EINS

Haben Sie Anregungen oder Kritikpunkte zu diesem Produkt?
Dann senden Sie eine E-Mail an 00099_002@bv-1.de
Autoren und Verlag freuen sich auf Ihre Rückmeldung.

Bildquellenverzeichnis:
ASSA ABLOY Sicherheitstechnik GmbH, Albstadt
Faber-Castell AG, Stein
Siemens AG
Standardgraph Zeichentechnik GmbH, Geretsried

www.bildungsverlag1.de

Bildungsverlag EINS GmbH
Hansestraße 115, 51149 Köln

ISBN 978-3-427-**00099**-0

Vorwort

Das Informations- und Arbeitsbuch enthält zwei getrennte, aber nicht voneinander unabhängige Lehrgänge. Der erste Lehrgang beginnt mit einer Einführung in die normgerechte, zeichnerische Darstellung technischer Zusammenhänge. Darauf folgt eine kurze, systematische Einführung in die Grundlagen des maschinentechnischen Zeichnens. Es werden Kenntnisse vermittelt, um aus technischen, symbolisch bildhaft dargestellten Sachverhalten grundlegende Informationen zu entnehmen. Insofern ist die Durcharbeitung des ersten Lehrgangs auch eine Vorbereitung auf die zeichnerische Bewältigung des zweiten Lehrgangs.

Im zweiten Lehrgang geht es um eine systematische Einführung in die elektrotechnische Schaltungstechnik aus den Bereichen Installations-, Steuerungs- und Messtechnik und um die normgerechte Darstellung entsprechender Zeichnungsunterlagen. Wie der erste, so ist auch dieser Lehrgang sachlogisch aufgebaut. In je einer Einheit werden Funktion und Aufgabe einer Standard-Schaltung, sowie Aufbau und Funktion der dafür infrage kommenden Geräte schrittweise erklärt. Jedem Thema werden zwei Aufgaben zugeordnet. In beiden bleibt die Einheit von Funktion und normgerechter Darstellung gewahrt.

Die Verfasser haben sich bemüht, die Übungsaufgaben möglichst nahe an die berufliche Wirklichkeit zu koppeln. So geht es auch im maschinentechnischen Teil um die Darstellung von Bauteilen aus elektrotechnischen Geräten.

Oft werden Kenntnisse im lernfeldorientierten Unterricht isoliert gewonnen. In diesem Buch werden sie in einen sachlogischen Kontext gestellt.

Grundlagen des maschinentechnischen Zeichnens

	Thema	Seite		Aufgaben	Seite
0	Technische Zeichnungen als Verständigungsmittel	7		keine Aufgaben	
	Schriftzeichen, Linienarten und Linienbreiten	8			
	Zeichengeräte, Blattgrößen	9			
	Aufbau eines CAD-Arbeitsplatzes	10			
1	Darstellungsarten technischer Zeichnungen: Begriffe – Prinzipien – Zweck	11	1.1	Gesamtzeichnung eines Türöffners	59
			1.2	Bezeichnungen	60
2	Explosionszeichnung: Darstellung eines Türöffners	12	2.1	Haupterdungsschiene	61
			2.2	Instandsetzung eines Bohrhammers	62
3	Normalprojektion, Konstruktionshilfen	13	3.1	Leseübung	63
			3.2	Konstruktion der Draufsicht und der Seitenansicht	64
4	Grundregeln der Maßeintragung, Maßstäbe	14	4.1	Darstellung und Bemaßung flacher Werkstücke: Spulenkern und Spulenjochplatte	65
			4.2	Montage eines Kochendwassergerätes, Abmessungen von Leuchtstofflampen	66
5	Maßbezugskanten, Kettenmaße, Toleranzen	15	5.1	Rohrinstallation mit Rohrklemmschellen	67
			5.2	Kleinverteiler, Längenbestimmungen von Blindplatten	68
6	Verdeckte Kanten	16	6.1	Z-förmiges Werkstück	69
			6.2	Rohling des Außenankers des Türöffners	70
7	Mittellinien	17	7.1	Schwalbenschwanz mit Nut	71
			7.2	Spulenkörper des Türöffners	72
8	Winkel und durchbrochene Körper	18	8.1	Prisma	73
			8.2	Wechsel des Türöffners	74
9	Bohrungen, Langlöcher, Radien	19	9.1	Außenanker des Türöffners	75
			9.2	Toleranzen an Einzelteilen eines Türöffners	76
10	Abwicklungen	20	10.1	Transformatorgehäuse	77
			10.2	Messpultgehäuse	78
11	Zylindrische Körper – Durchmesser	21	11.1	Drehkörper	79
	Oberflächenbeschaffenheit: Zylindrisches Werkstück als Beispiel	22	11.2	Drehkörper mit Quernut	80
12	Körperschnitte	23	12.1	Drehflansch	81
			12.2	Achsschenkel	82
13	Gewinde und Schrauben	24	13.1	Verbindungsstück mit Gewindelöchern	83
			13.2	Klemmvorrichtung mit Kerbwerkzeug	84

Grundlagen des elektrotechnischen Zeichnens

14	Normen und Schaltzeichen: Die wichtigsten Schaltzeichen für mehrpolige Darstellungen	25	keine Aufgaben	
	Normen und Schaltzeichen: Die wichtigsten Schaltzeichen für einpolige Darstellungen	26		

Thema		Seite	Aufgaben		Seite
15	Normen und Schaltzeichen: Betriebsmittel – Symbole – Schaltzeichen – Schaltpläne	27	15.1	Schaltbare Steckdose	85
	Normen und Schaltzeichen: Kennzeichnung von Betriebsmitteln – Regeln für Stromlaufpläne	28	15.2	Reihenschaltung von Betriebsmitteln	86
16	Elektrische Energieversorgung: Vom Kraftwerk zur Verbraucheranlage	29	16.1	Spannungsverhältnisse im Versorgungssystem	87
			16.2	Von der Trafostation zum Stromkreisverteiler	88
17	Elektrische Energieversorgung: Schutzleiter und Schutzleiteranschlüsse	30	17.1	Schutzleiterverbindungen	89
			17.2	Schutzleiter im Stromkreisverteiler	90
18	Installationsschaltungen: Schalter	31	18.1	Verknüpfungsschaltungen mit Öffnern und Schließern	91
	Lampenschaltungen: Ausschaltung, Klemmen und Abzweigdosen	32	18.2	Installationsmäßige Kombination von zwei Ausschaltungen	92
19	Lampenschaltungen: Serienschaltung, Schaltzustände	33	19.1	Serienschaltung – Wechselschaltung	93
	Lampenschaltungen: Wechselschaltung, Schaltzustände	34	19.2	Fehlersuche in einer Wechselschaltung	94
20	Lampenschaltungen: Kreuzschaltung – Schaltpläne und Funktionsprinzip	35	20.1	Kreuzschaltung mit Ausschaltung	95
			20.2	Kreuzschaltung mit Ausschaltung und Steckdose	96
			20.3	Schaltungen nach Herstellerunterlagen	97
			20.4	Kreuzschaltung mit Serienschaltung kombiniert	98
21	Planungsunterlagen: Installationspläne	36	21.1	Installationsplan mit und ohne Leitungsführung	99
			21.2	Installationsplan eines Bungalows	100
			21.3	Wohnrauminstallation	101
			21.4	Installationsplan einer Eigentumswohnung	102
22	Relais für Lampenschaltungen: Stromstoßschalter, Treppenlichtzeitschalter	37	22.1	Treppenhausbeleuchtung mit automatischem Treppenhausschalter	103
			22.2	Treppenhausbeleuchtung mit einer Keller- und Dachbodenbeleuchtung	104
			22.3	Treppenhausbeleuchtung mit Stromstoßschalter	105
			22.4	Treppenlichtzeitschalter in Dreileiterschaltung	106
23	Signaltechnik: Hörmelder, Türöffner, Stromversorgungsgeräte	38	23.1	Signalanlage mit Summer, Klingel und Türöffner	107
			23.2	Hausklingelanlage mit Türöffner für mehrere Stockwerke	108
24	Geräteunterlagen: Geräteverdrahtungsplan	39	24.1	Geräteverdrahtungsplan, Verbindungsplan	109
	Geräteunterlagen: Verbindungsplan und Anschlussplan einer Meldeanlage	40	24.2	Anschlussplan, Geräteverdrahtungsplan, Verbindungsplan	110

Grundlagen der Steuerungstechnik

	Thema	Seite	Aufgaben		Seite
25	Schützschaltungen: Steuerkreis und Leistungskreis	41	25.1	Schütze mit Selbsthaltung	111
	Relais und Schütze: Stellbetrieb – Tippbetrieb – Selbsthaltung	42	25.2	Motorsteuerungen	112
26	Gesteuertes Schalten: Mechanisches und elektronisches Schalten	43	26.1	Mechanisches und elektronisches Schalten im Vergleich	113
	Gesteuertes Schalten: Schalten über große Entfernungen, Schaltverstärker	44	26.2	Parkplatzbeleuchtung	114
27	Gesteuertes Schalten: Schaltdioden	45	27.1	Steuerschaltungen mit Dioden	115
	Gesteuertes Schalten: Z-Dioden, Leuchtdioden	46	27.2	Z-Dioden-Schaltung, Ziffernanzeige	116
28	Schalten mit Sensoren: Signalverstärkung	47	28.1	Heißleiter- und Kaltleiterschaltungen	117
			28.2	Foto-Dioden-Verstärker	118
29	Schalten mit Sensoren: Infrarot-Bewegungsmelder	48	29.1	IR-Bewegungsmelder 1	119
			29.2	IR-Bewegungsmelder 2	120
30	Digitale Schaltungstechnik: Darstellungsformen der UND- und ODER-Verknüpfung	49	30.1	UND- und ODER-Funktion mit je drei Eingängen	121
			30.2	Analyse von Funktions-Zeit-Diagrammen	122
31	Digitale Schaltungstechnik: 1-, NICHT-, NAND-, NOR-Verknüpfungen	50	31.1	Logikschaltungen mit Invertern	123
			31.2	Schaltzustände von NAND- und NOR-Gattern, Logische Grundfunktionen aus NAND- und NOR-Gattern	124
32	Digitale Schaltungstechnik: Vom Technologieschema zum Logikplan	51	32.1	Sicherheitsbaugruppe einer Sägemaschine	125
			32.2	Steuerung eines Abluftventilators	126
33	Integrierte digitale Schaltkreise	52	33.1	Übertragungskennlinie integrierter digitaler Schaltkreise	127
			33.2	Ein- und Ausgangsverhalten digitaler Schaltkreise	128
34	Integrierte digitale Schaltkreise: Beschaltung von Ein- und Ausgängen, Anschlussbelegung integrierter Schaltkreise	53	34.1	Überwachungsschaltung	129
			34.2	Meldeschaltung mit akustischem Signalgeber	130
35	Integrierte digitale Schaltkreise: Speicherelemente – Setzen, Rücksetzen	54	35.1	Verriegelungsschaltung	131
			35.2	Belüftungsanlage mit zwei Schaltstellen	132
36	Steuern mit Logikmodulen	55	36.1	Flurbeleuchtung mit Tag-, Nacht- und Alarmschaltung	133
			36.2	Handsteuerung eines Schrägaufzugs	134

Messtechnik

37	Einfache Messschaltungen, Messung von Stromstärke und Spannung	56	37.1	Messung mit Spannungs- und Strommessgeräten	135
			37.2	Mehrbereichsmessinstrument	136
38	Messung von Widerstand, elektrischer Leistung und Arbeit	57	38.1	Widerstandsmessung durch Strommessung, Überprüfung eines Leistungsmessgerätes	137
			38.2	Messung der elektrischen Arbeit, Überprüfung eines Arbeitszählers	138
39	Messungen mit dem Oszilloskop	58	39.1	Messungen mit Tastteiler	139
			39.2	Konstruktion von Kurvendarstellungen	140

Grundlagen des maschinentechnischen Zeichnens

Technische Zeichnungen sind ein wichtiges Verständigungsmittel in der Technik.

Verständigung zwischen Menschen kommt zustande, wenn Informationen ausgetauscht werden. Informationen benötigen als Informationsträger sinnlich wahrnehmbare Zeichen.

Informationsgeber
– Sender –

wahrnehmbare Zeichen

– Informationsfluss –

Adressat
– Empfänger –

Kommunikationsmodell

Nur wenn der Empfänger die Zeichen des Senders kennt, kann er sie verstehen. Eine Verständigung gelingt umso besser, je größer der gemeinsame Vorrat an Zeichen zwischen Sender und Empfänger ist.

Beispiele

Chinese

chinesische
Sprachzeichen

Eskimo

Engländer

englische
Sprachzeichen

deutscher Schüler

Zu einer Verständigung kann es zwischen verschiedenen Personen nur kommen, wenn alle Personen für denselben Gegenstand dasselbe Zeichen benutzen. Wenn 2 Personen versuchen, sich allein mit Gesten (z. B. Handbewegungen) zu verständigen, kann es leicht zu Missverständnissen kommen. Diese Missverständnisse entstehen, weil Gesten nicht immer eindeutig sind. Auch Wörter, Sätze, sind manchmal mehrdeutig. Deshalb kommt es beim Sprechen oft zu Missverständnissen.

Technische Zeichnungen sind eindeutig und international verständlich.

Fas alle vom **„Deutschen Institut für Normung e. V."** herausgegebenen **„DIN-Norm"** für das technische Zeichnen sind mit dem internationalen Normen abgestimmt.
Mit technischen Zeichnungen kann man sich also auf dem Gebiet, das von der Zeichnung erfasst wird, international verständigen, ohne die Sprache der anderen Völker zu beherrschen.

Deutsch
Die Lampen E1 und E2 können einzeln oder zusammen über den Serienschalter Q1 geschaltet werden.

Holländisch
De lampen E1 en E2 kunnen afzonderlijk en gezamenlijk doer de serieschakelaar Q1 ingeschakeld worden.

Englisch
The lamps E1 and E2 can be operated individually or simultaneously by means of the multicircuit switch.

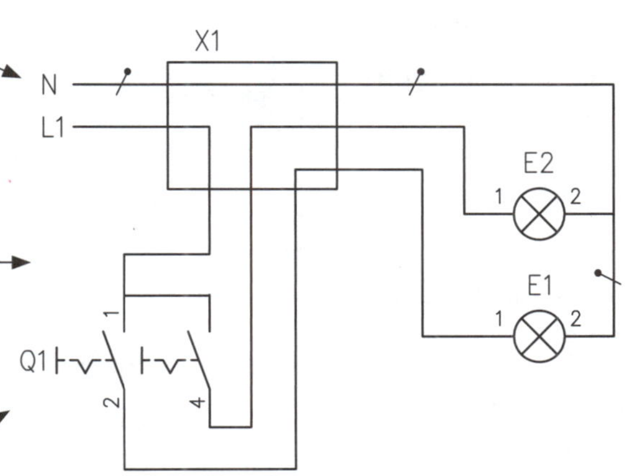

Französisch
Les lampes E1 et E2 peuvent être alimentées ensemble ou séparément par le comutateur à combinaison Q1.

Türkisch
E1 ve E2 lambaları Q1 seri salteriyle aynı anda veya ayrı acılıp kapanabilirler.

Arabisch
المصباح E1 والمصباح E2
يمكن اضائتهم منفصلين
او مجموعين بواسطة
المفتاح Q1

Durch internationale Vereinbarungen werden die Elemente der technischen Zeichnung bis hin zu den Linienarten und -breiten festgelegt. Sie dürfen in normgerechten Zeichnungen nur in dieser Ausführung gebraucht werden.

Schriftzeichen, Schriftform B, vertikal

Zeichnungen werden heute im Allgemeinen mithilfe von Schablonen beschriftet. Ist es nur wenig Text, kann man die Zeichnung auch „von Hand“ beschriften. Man muss die Schrift dann allerdings mehr zeichnen als schreiben. Das erfordert Übung, und einige Besonderheiten sind dabei zu beachten:

1. Nur wenige Schriftzeichen weichen in der Breite der Buchstaben voneinander ab.
2. Bei den Kleinbuchstaben ist die Grundform – neben den senkrechten Strichen – nicht das Oval wie bei den Schriften, die im täglichen Sprachgebrauch als Druckschrift bezeichnet werden, sondern eine stilisierte Form.

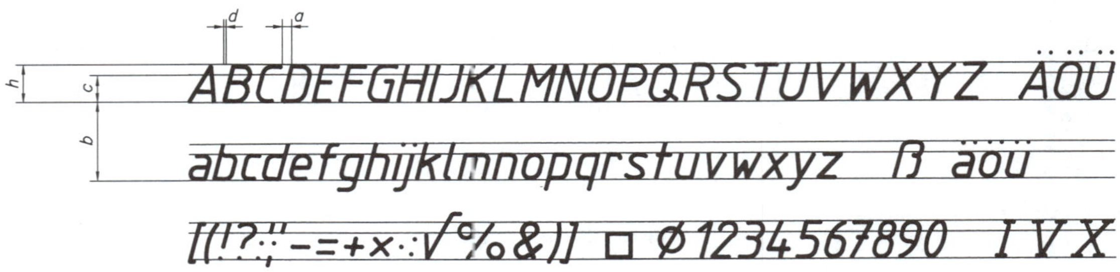

Abmessungen

Wird die Höhe der Großbuchstaben mit h bezeichnet, dann gelten folgende Verhältnisse:

c = Höhe der Kleinbuchstaben (ohne Ober- und Unterlängen) .... = 7/10 h
a = Mindestabstand der Schriftzeichen .... = 2/10 h
b = Mindestabstand der Grundlinien .... = 14/10 h
d = Linienbreite .... = 1/10 h

Für die Höhe h sind folgende Maße festgelegt: 2,5; 3,5; 5; 7; 10; 14; 20.

Linienarten und Linienbreiten

In technischen Zeichnungen haben die Linienarten symbolhafte Bedeutung. DIN ISO 128-24 unterscheidet 9 Linienarten, von denen in diesem Lehrgang 8 Linienarten verwendet werden.

- Volllinie breit → sichtbare Kanten und sichtbare Umrisse
- Volllinie schmal → Maßlinien, Maßhilfslinien, Schraffuren
- Freihandlinie schmal, Zickzacklinie schmal → Abbruchlinien von abgebrochenen Ansichten (wahlweise Darstellung)
- Strichlinie schmal → verdeckte Kanten und verdeckte Umrisse
- Strichpunktlinie schmal → Mittellinien, Lochkreise
- Strichpunktlinie breit → Kennzeichnung der Schnittebene
- Strich-Zweipunktlinie schmal → Umrisse der ursprünglichen Form

Die Stufung der Linienbreiten entspricht mit dem Multiplikator $\sqrt{2}$ der Stufung der Blattgrößen.
Linienbreiten in mm 0,13 0,18 0,25 0,35 0,5 0,7 1 1,4 2

Die in einer technischen Zeichnung verwendeten zwei Linienbreiten sind in Liniengruppen zusammengefasst. In jeder Liniengruppe beträgt das Breitenverhältnis von breit zu schmal 2 : 1. Maß- und Textangaben werden mit der Breite geschrieben, die dazwischen liegt.

Die zwei (von der Norm) bevorzugten Liniengruppen werden auch für diesen Lehrgang empfohlen.

Liniengruppe	Linienart		Maß- und Textangaben
	breit	schmal	
0,5	0,5	0,25	0,35
0,7	0,7	0,35	0,5

Beispiel: Schrifthöhe und Linienbreite bei gewählter Liniengruppe 0,5

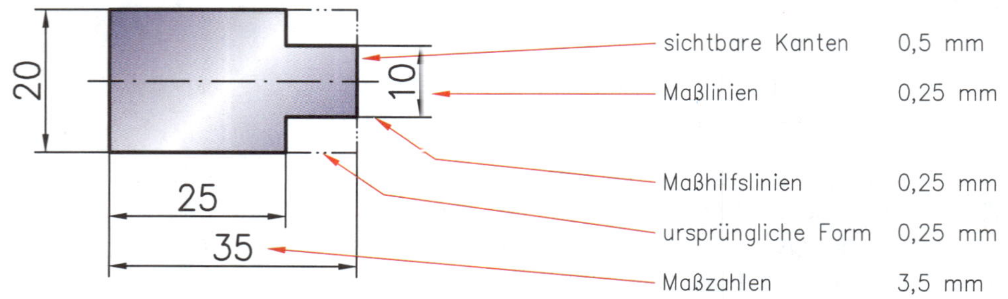

Zeichengeräte

1. Minenstifte und Tuschefüller

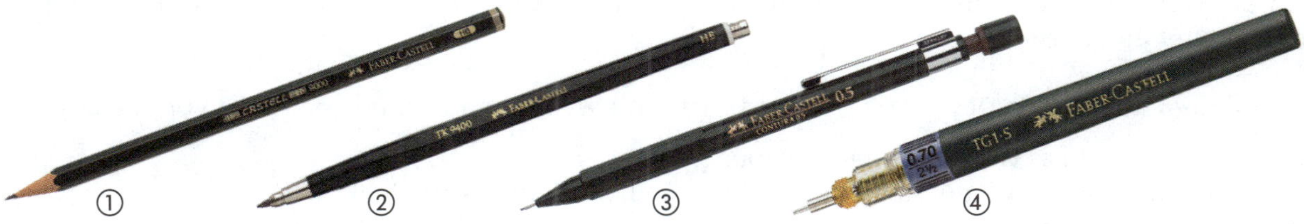

Holzgefasste Minenstifte ① und Fallminenstifte ② haben den Nachteil, dass ihre Minenspitzen konisch sind. Durch den Abrieb beim Zeichnen wird die Linie zunehmend breiter; nur mit viel Übung ist die gleiche Linienbreite einzuhalten. Sie müssen „nachgespitzt" werden.
Beim Feinminenstift ③ hat die Mine auf der ganzen Länge den gleichen Durchmesser. Die Linienbreite ist damit fixiert.
Feinminenstifte und Minen gibt es für 0,3 – 0,5 – 0,7 und 0,9 mm Linienbreite in den Härtegraden 2B, B, HB, (F), H, 2H, 3H und 4H. (2B sehr weich → dann steigt der Härtegrad bis 4H). Empfohlen wird: 1 Feinminenstift 0,5 mm, Minen 0,5-F und 1 Feinminenstift 0,7 mm, Minen 0,7-HB.
Für das Zeichnen mit Tusche werden heute fast nur noch Tuschefüller ④ verwendet. Empfohlene Tuschefüllereinsätze: 0,25 mm, 0,35 mm und 0,5 mm.

2. Schablonen

Schablonen erleichtern das Zeichnen von Figuren (Schrift, Kreise, Kurven) wesentlich.

Schriftschablone nach DIN EN ISO 3096-1

Beim Zeichnen mit dem Feinminenstift muss die Schriftschablone eine Stufe über der Linienbreite des Stiftes liegen.
Stift 0,5 mm → Schablone 0,7 mm Linienbreite

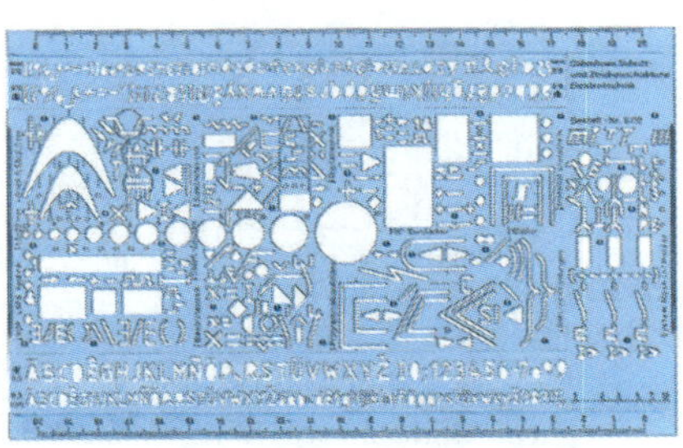

Elektroschablone mit einfachen Grundsymbolen zum Darstellen von Schaltbildern sowie aller wichtigen Schaltzeichen, z.B. Leuchten, Widerstände usw.

Elektroschablone

3. Zeichenplatte

Die Verwendung einer Zeichenplatte aus Kunststoff mit Zeichenlineal wird empfohlen. Zeichenplatten haben eine Klemmvorrichtung, mit der das Zeichenblatt sicher gehalten wird. Man sollte eine Zeichenplatte wählen, bei der sich das Lineal in jeder Position festklemmen lässt. Von Vorteil ist auch eine Maßeinteilung, die einige Zeichenplatten am Rand haben.

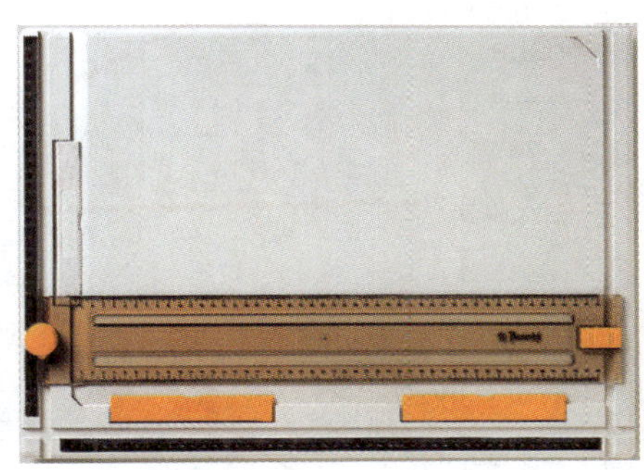

Blattgrößen

Abmessungen der fertig beschnittenen Zeichnung:

Kurzzeichen	mm
A0	841 x 1189
A1	594 x 841
A2	420 x 594
A3	297 x 420
A4*	210 x 297

* A4: Einheitsgröße für Briefblätter

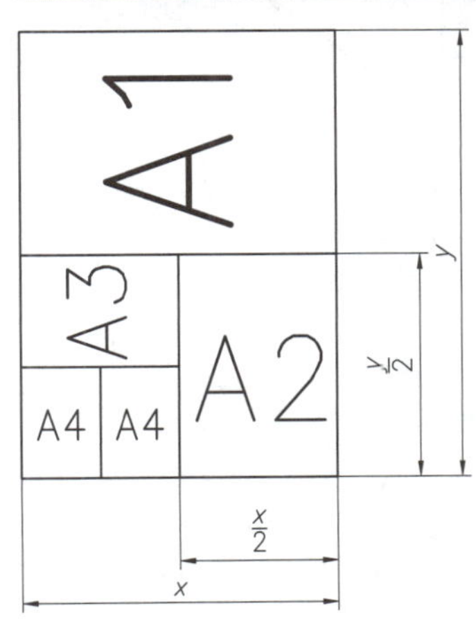

Die einzelnen Formate der Formatreihe A entstehen durch Teilen („Hälften") des jeweiligen nächstgroßen Bogens. 1 Bogen A0 = 2 Bogen A1 = 4 Bogen A2 usw. (siehe Schema).

Grundlagen der CAD-Technik

Technische Zeichnungen und Geräteunterlagen werden heute zunehmend mit Computerunterstützung angefertigt. Dazu werden alle Elemente einer Zeichnung durch Angabe ihrer x- und y-Koordinaten digitalisiert und in den Computer eingegeben.

Durch **CAD** (Computer **A**ided **D**esign) = Computer unterstütztes Zeichnen können sich viele Vorteile ergeben:

- Der Zeitaufwand für das Erstellen einer Zeichnung verringert sich,
- Routineaufgaben lassen sich automatisch erledigen (z. B. Stücklisten erstellen),
- fertige Zeichnungen können leicht geändert und auf dem aktuellen Stand gehalten werden,
- Fertigungsmaschinen können leicht direkt über das Zeichenprogramm angesteuert werden,
- usw.

Zeichnungen mit Computerunterstützung erstellen zu können, setzt gewisse Mindestfertigkeiten in folgenden Bereichen voraus:

- Bedienung der **Hardware**:
  - des Computers,
  - der Eingabegeräte,
  - der Ausgabegeräte.
- Bedienung der **Software**:
  - des Betriebssystems,
  - des CAD-Programms.
- Grundlegende Kenntnisse des **technischen Zeichnens** und des **DIN-Regelwerkes**.

Aufbau eines CAD-Arbeitsplatzes

Aktuelle Rechner sind meist für elektrotechnische CAD-Anwedungen leistungsfähig genug.

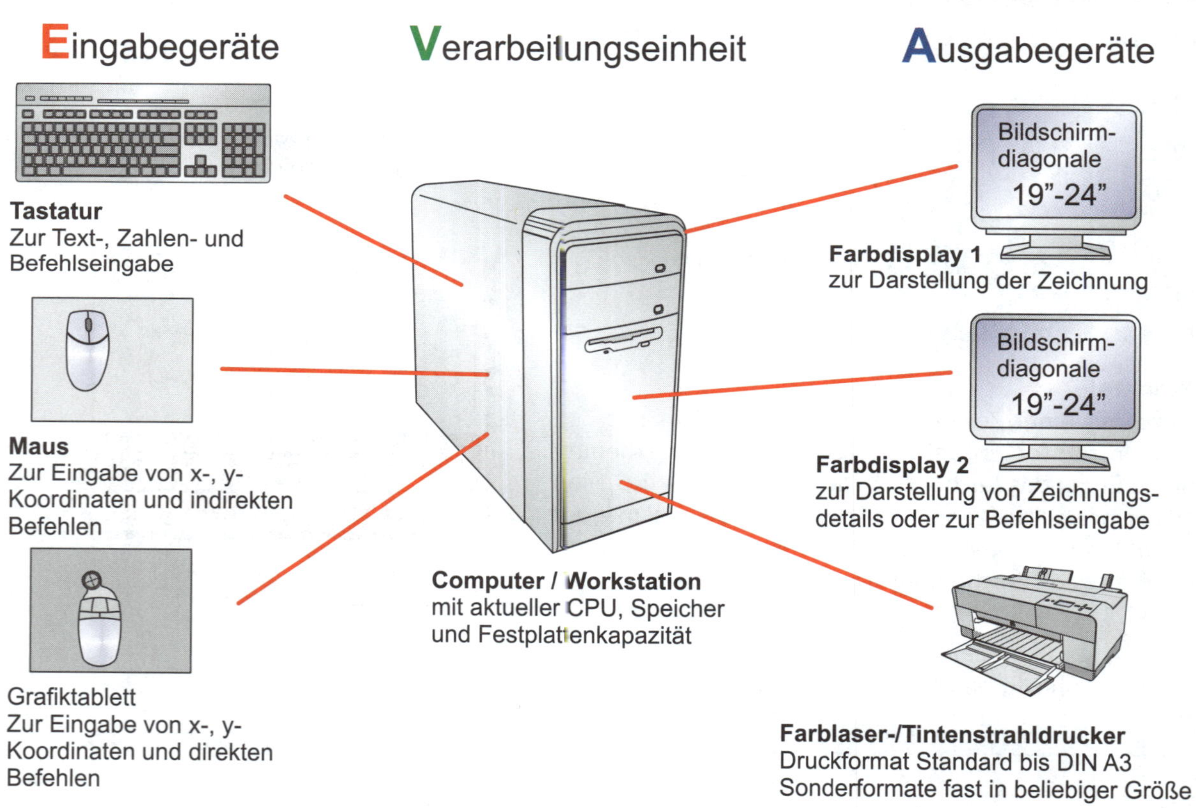

CAD-Software

Auf dem Markt wird eine Vielzahl spezieller CAD-Software für den Elektrobereich angeboten.
Diesem Buch liegt die Schulversion des Programms „caddy++" bei.
Installieren Sie dieses Programm auf ihrem Rechner.

Im Ordner „Schulung" finden Sie eine detaillierte Anleitung für die ersten Schritte mit dem CAD-Programm.
Lösen Sie die elektrotechnischen Aufgaben unter Verwendung des CAD-Programms.

Parallelprojektionen

Die Abbildung eines Gegenstandes auf einer Bildebene (Papierfläche) erfolgt über „gedachte" parallel laufende Linien.

1. Rechtwinklige Parallelprojektion – Normalprojektion

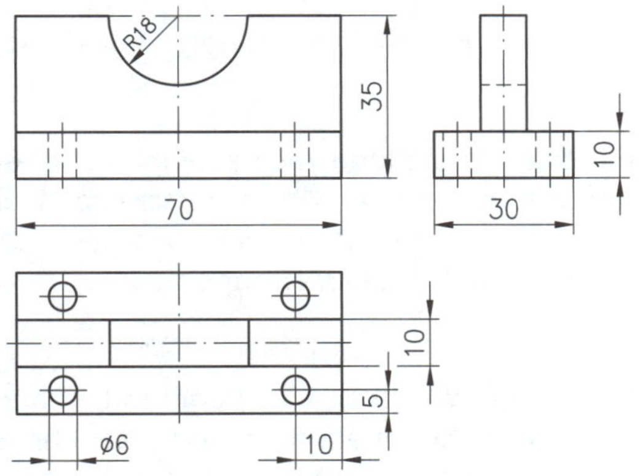

Bei der Normalprojektion wird der Gegenstand auf mehreren, rechtwinklig zueinander stehenden Bildebenen abgebildet.
Meistens sind es drei Bildebenen.
Hierbei treffen die Projektionslinien die Bildebene rechtwinklig, und die Ansicht des Gegenstandes liegt jeweils parallel zur Bildebene (siehe S. 13).
Mehrere Bildebenen werden auf der Zeichenfläche nach festen Regeln zueinander angeordnet. (DIN ISO 128-30, DIN ISO 5456-2, DIN ISO 5456-3)
Auch die Maße der so dargestellten Werkstücke werden nach vorgegebenen Regeln eingetragen. (DIN 406 Teil 10, Teil 11, Teil 12)

Diese Art der Darstellung wird hauptsächlich für Fertigungszeichnungen gewählt.

2. Rechtwinklige axiometrische Projektion

Isometrische Projektion | Dimetrische Projektion

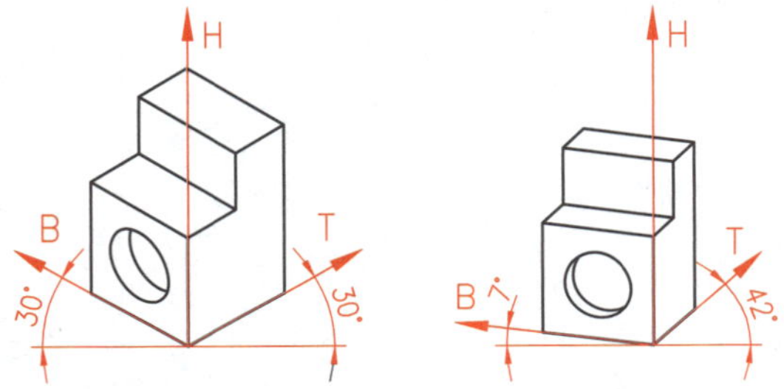

Höhe: Breite: Tiefe 1: 1: 1 | Höhe: Breite: Tiefe 1: 1: 0,5

Auch bei dieser Projektionsart treffen die Projektionslinien die Bildebene rechtwinklig, die Ansicht des Gegenstandes liegt jedoch nicht parallel zur Bildebene.

Die isometrische Projektion bildet den Gegenstand so ab, dass Breite, Höhe und Tiefe im gleichen Maßstab erscheinen (iso = gleich).

Die dimetrische Projektion hat in der Höhe und Breite den gleichen Maßstab (di = zwei). Die Tiefe wird um die Hälfte verkürzt gezeichnet. Dadurch ist eine Ansichtsfläche größer abgebildet.

Diese Art der Darstellung wird für anschauliche Abbildungen gewählt.

Gesamtzeichnung

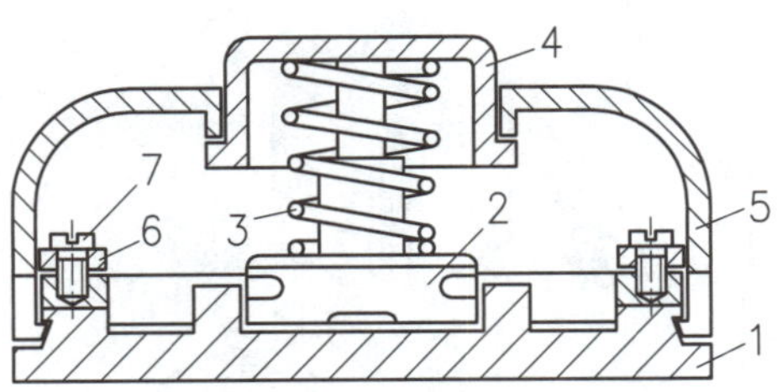

Die Gesamtzeichnung zeigt ein aus mehreren Teilen bestehendes Gerät in zusammengebautem Zustand. Die einzelnen Teile werden mit Positionsnummern gekennzeichnet. Diese Kennzeichnungen können z. B. auf Einzelteilzeichnungen hinweisen.

Diese Art der Darstellung wird gewählt, wenn Funktionszusammenhänge deutlich gemacht werden sollen.

Explosionszeichnung

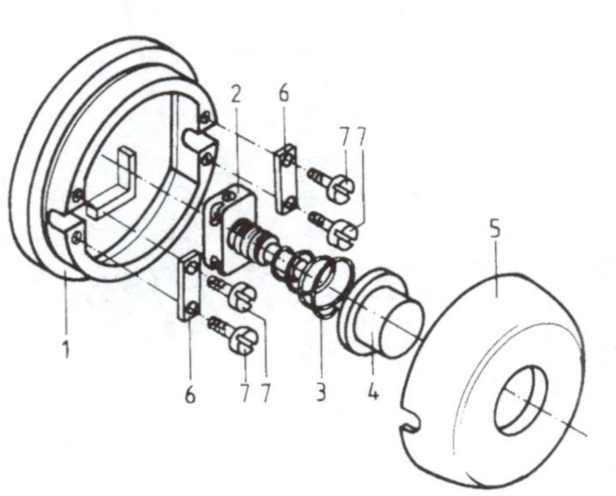

Die Explosionszeichnung zeigt auch die einzelnen Teile eines Gerätes, allerdings jedes Teil einzeln als Projektion in isometrischer oder dimetrischer Darstellung.

Die einzelnen Projektionen sind in der Zeichnung so angeordnet, wie sie für den Zusammenbau zueinander liegen. Die Explosionszeichnung stellt so eine Montageeinheit besonders anschaulich dar.

Diese Art der Darstellung wird gewählt, wenn alle Einzelteile eines Gerätes in ihrer Montagezuordnung gezeigt werden sollen. Sie eignet sich auch mithilfe der Positionsnummern zur Auswahl und Bestellung von Ersatzteilen.

Die **Explosionszeichnung** basiert auf der Darstellung einer Baueinheit in dimetrischer oder isometrischer Projektion.

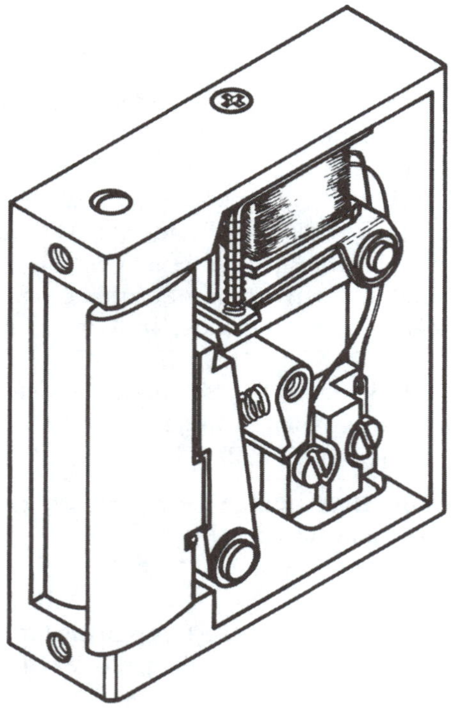

Türöffner, zusammengebaut

Die Einzelteile der Baueinheit werden dann entlang ihrer Funktions- oder Montagelinie auseinandergezogen dargestellt.

Damit ist jedes Einzelteil vollständig abgebildet.

Diese Art der Darstellung von Baueinheiten oder Geräten ist gut geeignet als Übersichtsschaubild, als Ergänzung zu Ersatzteillisten oder auch als bildhafte Ergänzung zu Montageanleitungen.

Die Einzelteile werden in der Regel mit Kennnummern versehen. Kennnummern sind oft mehrstellig; oft enthalten sie zusätzliche Hinweise auf Fertigungsdaten, Lagerhaltungsdaten oder Ähnliches.

Je nach Verwendungszweck der Explosionszeichnung können auch Positionsnummern oder Namen der Teile eingetragen werden.

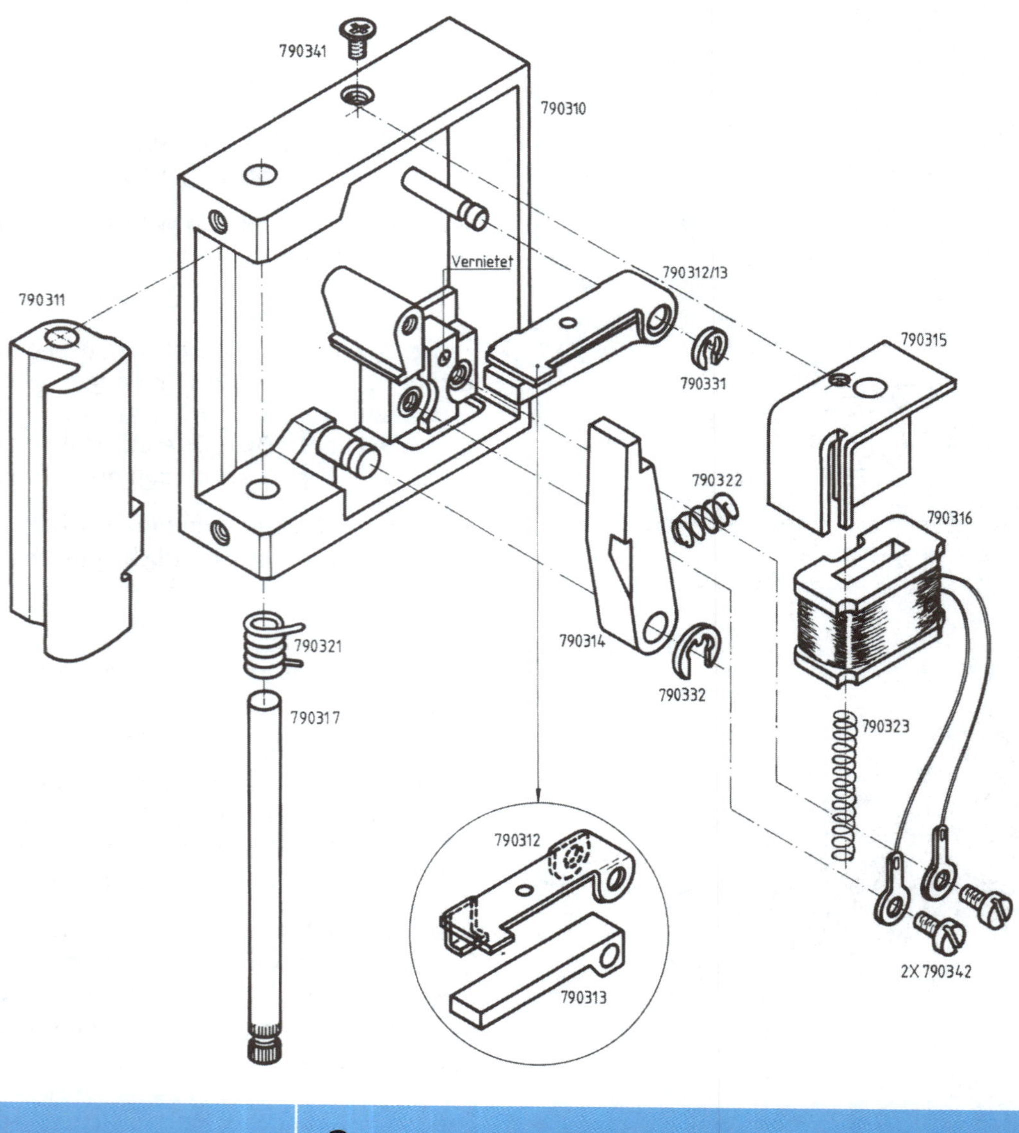

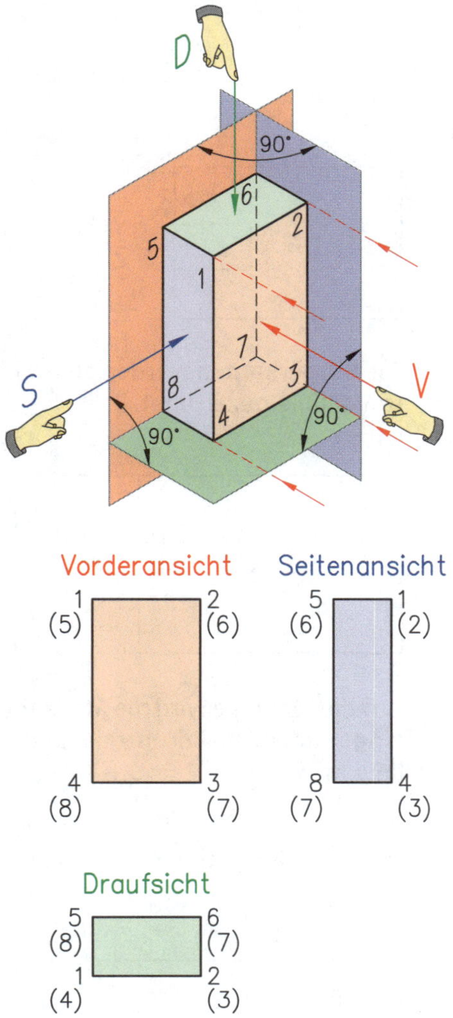

Normalprojektion mit 3 Ansichten

Die drei Bildebenen werden als Vorderansicht (V), Seitenansicht (S) und Draufsicht (D) bezeichnet.

Als Vorderansicht (Hauptansicht) wird meist die Ansicht gewählt, in der die Werkstückform am besten zu erkennen ist. Jede andere Festlegung ist auch zulässig.

Von der Vorderansicht aus gesehen ist die Seitenansicht immer die linke Körperseite. Weil sie durch Drehen des Körpers um 90° nach rechts sichtbar wird, wird sie rechts neben die Vorderansicht gezeichnet.

Die Draufsicht, Ansicht von oben, entsteht durch Kippen des Körpers um 90° nach vorne. Sie wird unter die Vorderansicht gezeichnet.

In jeder Ansicht wird der komplette Körper dargestellt, wobei die hinten liegenden Körperteile verdeckt sind. Im dargestellten Beispiel liegt hinter jeder sichtbaren Körperecke eine verdeckte Ziffer. Die Ziffern bezeichnen die Körperecken; in Klammern die jeweils hinten liegenden Ecken.

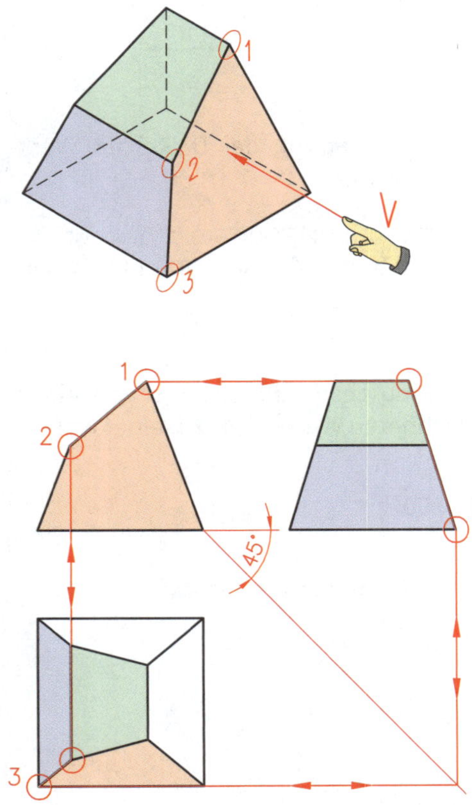

Konstruktionslinien

Eine komplette Ansicht, auch Teile einer Ansicht, können aus den anderen Ansichten konstruiert werden.

Die hierbei verwendeten Konstruktionslinien (Hilfslinien) verlaufen waagerecht und senkrecht. Über eine 45°-Linie kann eine Konstruktionslinie maßstabsgerecht umgelenkt werden.

Beispiele zum Herüberloten von Körperecken:

Punkt 1:
Von der Vorderansicht zur Seitenansicht oder umgekehrt. Die Konstruktionslinie verläuft hierbei waagerecht.

Punkt 2:
Von der Vorderansicht zur Draufsicht oder umgekehrt. Die Konstruktionslinie verläuft hierbei senkrecht.

Punkt 3:
Von der Draufsicht zur Seitenansicht oder umgekehrt. Die Konstruktionslinie wird hierbei über eine 45°-Linie umgelenkt.

Körperkanten

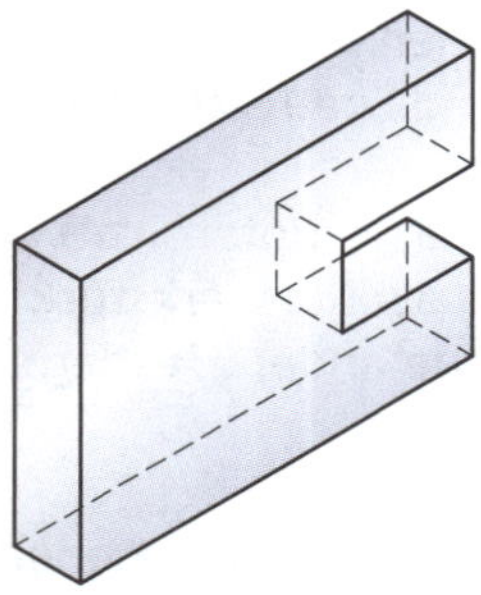

flaches Werkstück

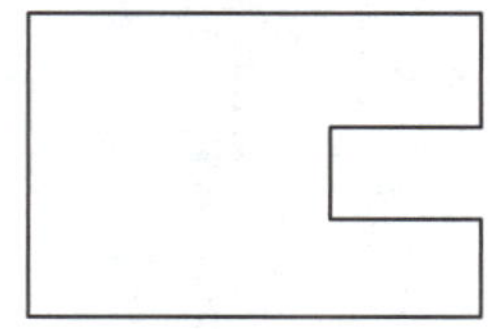

Die **Körperkanten** werden als breite Volllinie gezeichnet.

Normgerechte Eintragung einer Abmessung

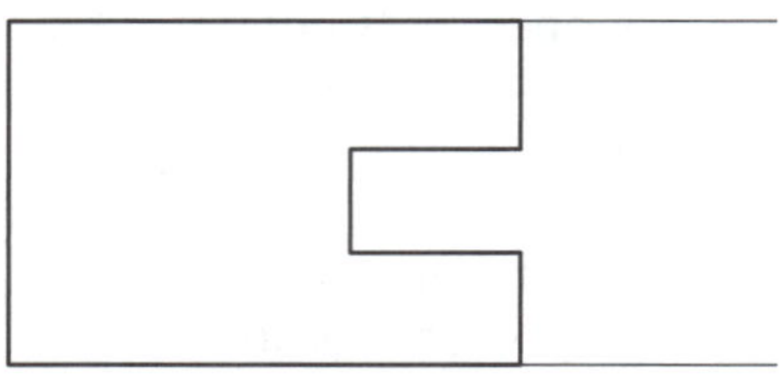

Für die Eintragung einer Abmessung werden zunächst **Maßhilfslinien** gezeichnet (senkrecht zu der jeweiligen Kante).

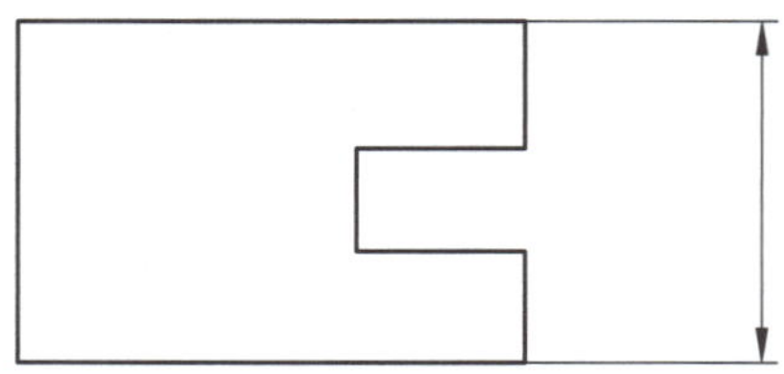

Zwischen die Maßhilfslinien wird parallel zur Körperkante die **Maßlinie** mit den **Maßpfeilen** gezeichnet.

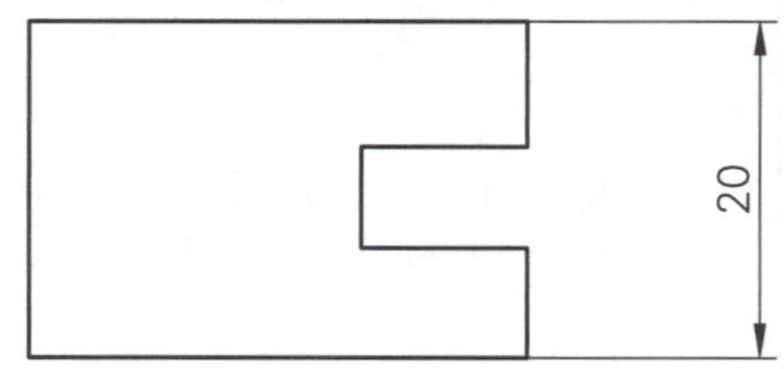

Auf die Maßlinie wird die **Maßzahl** eingetragen. Sie berührt die Maßlinie nicht.

Maßlinien und Maßhilfslinien werden als schmale Volllinien gezeichnet; Maßlinien sollen sich nicht kreuzen.

Vollständige Bemaßung

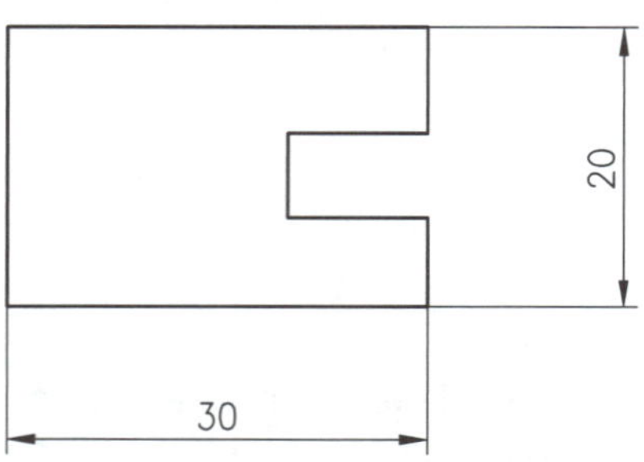

Hauptmaße (Sie legen die äußeren Abmessungen fest).

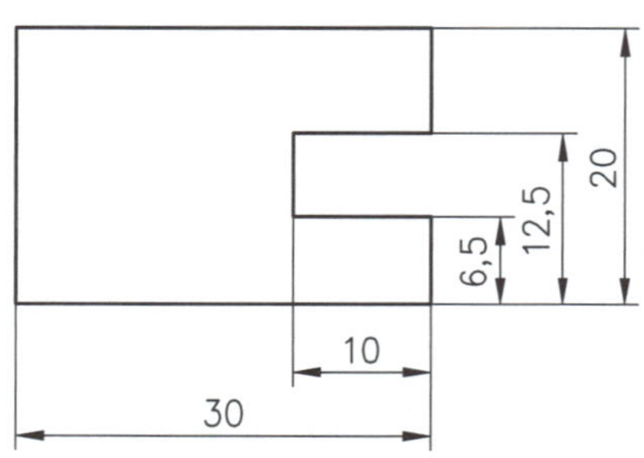

Maße des Einschnitts.

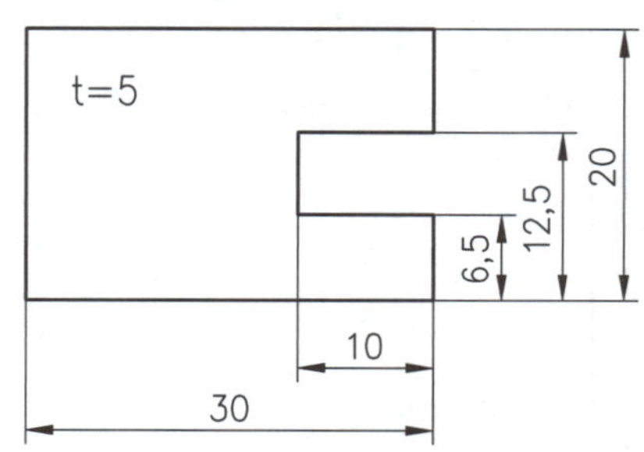

Eintragung der Dicke des Werkstücks.

Maßzahlen müssen so eingetragen werden, dass sie von unten oder von rechts lesbar sind.
Es werden folgende Maßlinienabstände empfohlen: Die erste Maßlinie hat 10 mm Abstand von der Körperkante, alle weiteren Abstände betragen 7,5 mm.

Maßstäbe

Lässt sich ein Werkstück nicht in seiner natürlichen Größe (1 : 1) zeichnen, so muss es vergrößert oder verkleinert dargestellt werden. Der **Zeichnungsmaßstab** gibt das Verhältnis des gezeichneten Werkstücks zu seiner wahren Größe an. Folgende Maßstäbe sind genormt:

für **Verkleinerungen**: 1 : 2; 1 : 5; 1 : 10; 1 : 20; 1 : 50; 1 : 100; 1 : 200
für **Vergrößerungen**: 2 : 1; 5 : 1; 10 : 1; 20 : 1; 50 : 1

Die in der Zeichnung angegebenen Maße entsprechen immer der wahren Größe des Werkstücks.

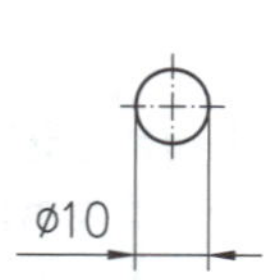

1: 2

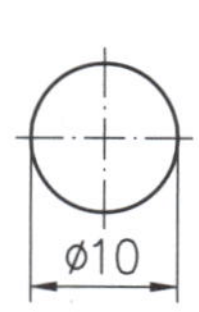

1:1

2:1

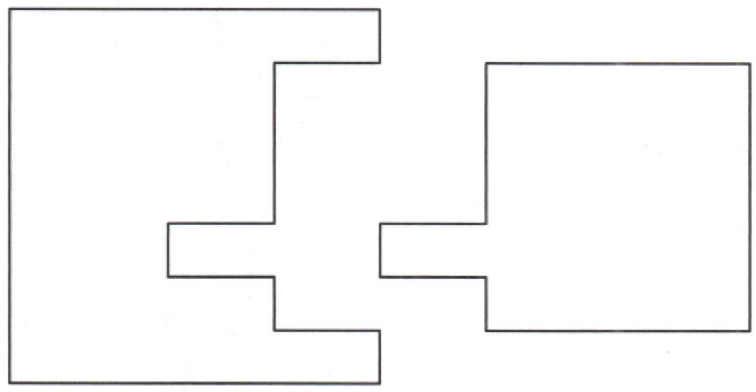

In technischen Geräten müssen oft viele Teile ineinander passen.
Das stellt an die Maßgenauigkeit hohe Anforderungen. Da die Maßeintragung vorschreibt, wie bei der Fertigung zu messen ist, hat die Maßeintragung auf die Maßgenauigkeit großen Einfluss.

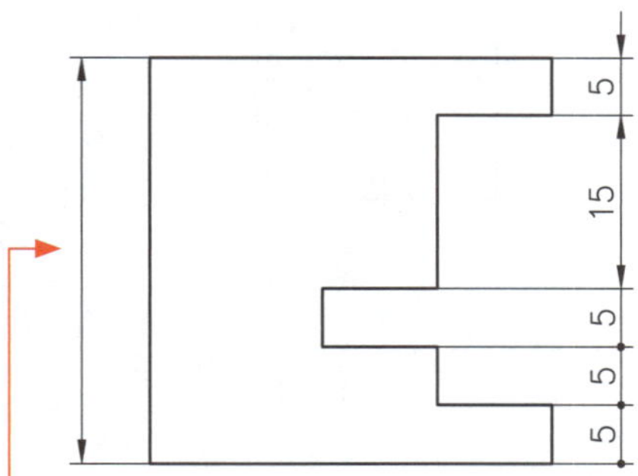

Hat z. B. jede Abmessung eine Abweichung von + 0,1, so weicht dieses Maß um + 0,5 (5 x 0,1) vom gewünschten Maß ab.

Man kann keine Abmessungen absolut genau herstellen. Jede Abmessung weicht deshalb vom eingetragenen Maß (dem Nennmaß) ab.

Hier hängt eine Abmessung von der anderen ab.

Kettenmaß

Die Maßabweichungen addieren sich.

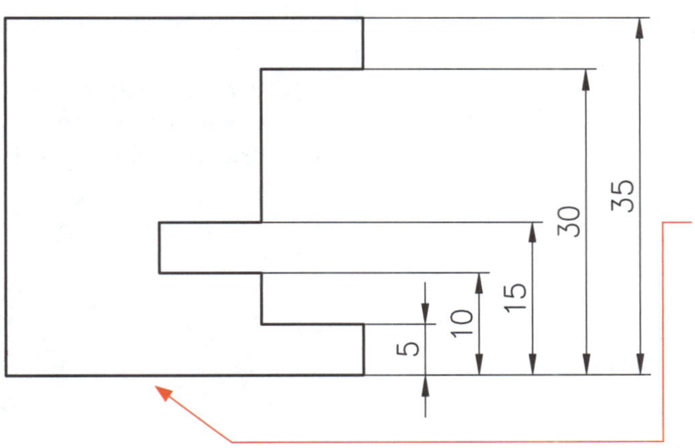

Am Werkstück muss so gemessen werden, wie die Maße in der Zeichnung eingetragen sind.

Diese Darstellung schreibt vor, dass alle Maße von der unteren Kante her gemessen werden.

Diese Kante heißt deshalb Maßbezugskante.

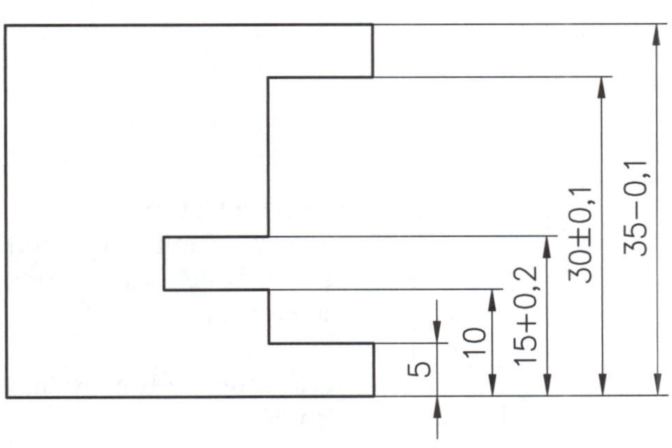

Die Toleranzangabe bestimmt, in welchen Grenzen die Abmessung vom Nennmaß abweichen darf.

z. B. oberes Abmaß: $56^{+0,2}$ (d. h. 56,0 – 56,2)
unteres Abmaß: $56_{-0,3}$ (d. h. 55,7 – 56,0)
gleiches Abmaß: 56± 0,4 (d. h. 55,4 – 56,6)

Die Toleranzen werden hinter die Maßzahl eingetragen.

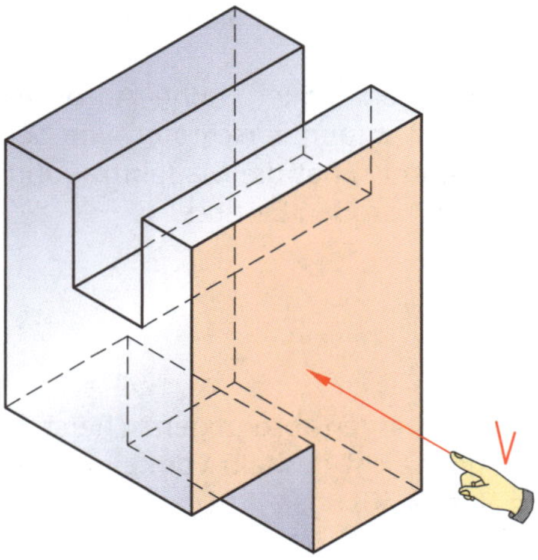

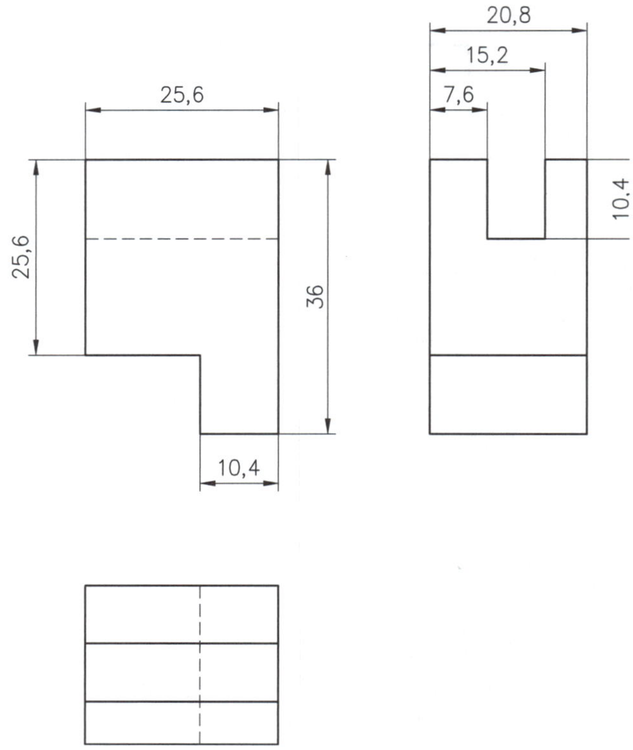

Auf der Rückseite zur gewählten Körperansicht oder im Körperinneren vorhandene Kanten, sogenannte verdeckte Kanten, werden als „Strich-Strich-Linie" mit der halben Linienbreite der sichtbaren Körperkante gezeichnet.

Regeln für das Zeichnen verdeckter Kanten

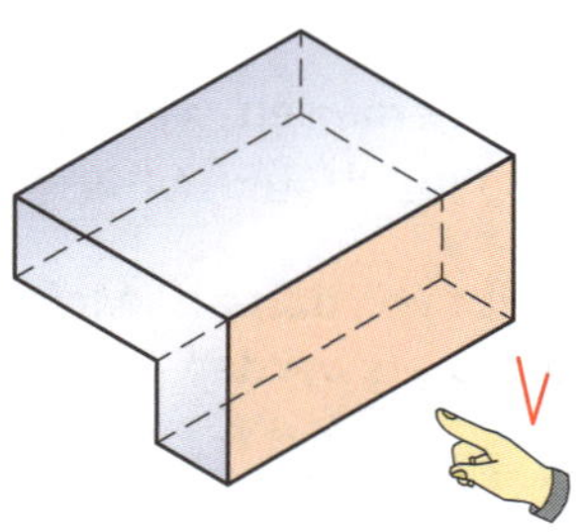

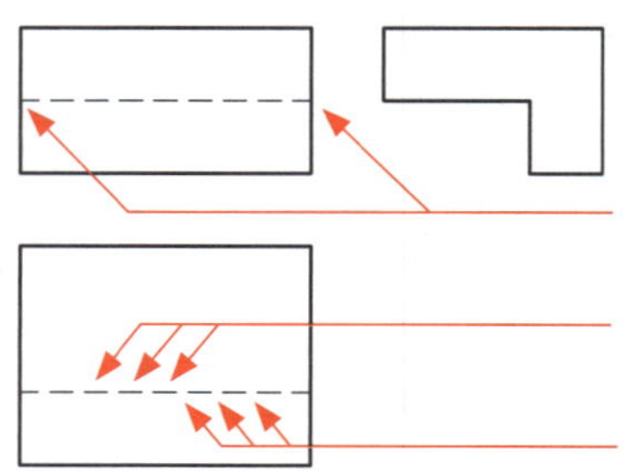

An sichtbaren Kanten sollen die Striche anstoßen.
Alle Striche sollen **gleich lang** sein.
Alle Lücken sollen **gleich eng** sein.

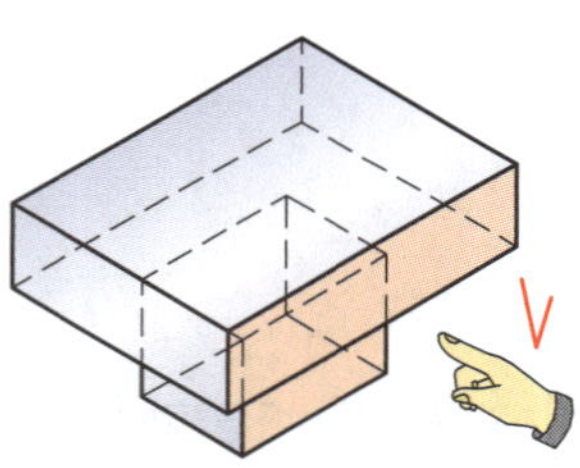

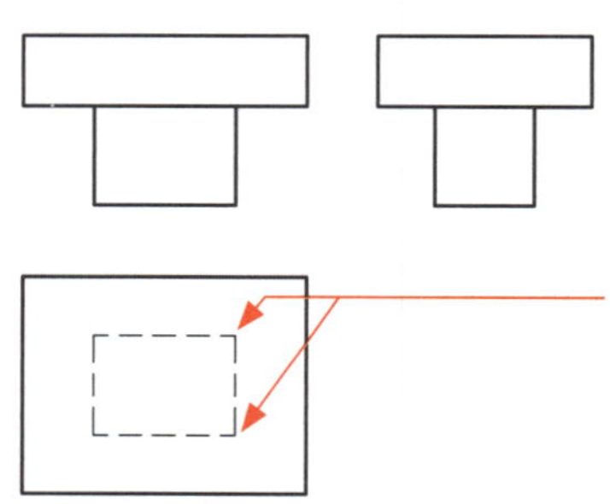

An den Ecken sollen sich die Striche berühren.

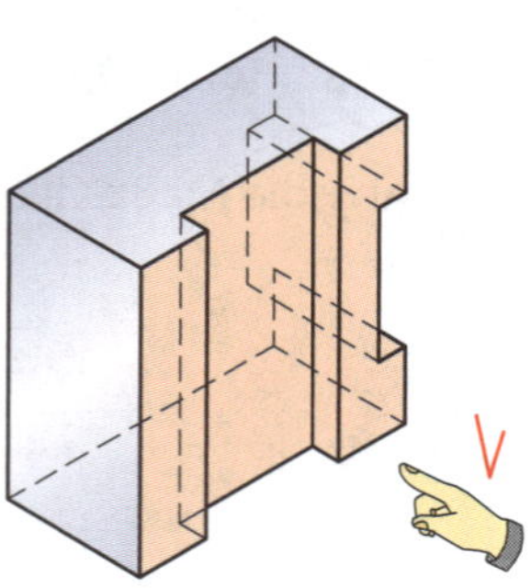

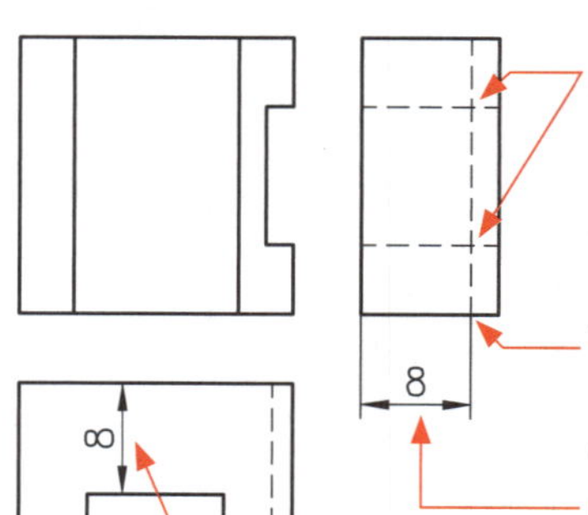

An Schnittpunkten, auch an solchen mit sichtbaren Kanten, sollen sich die Striche kreuzen.

Verdeckte Kanten sollen nicht für Maßeintragungen genutzt werden.
nicht hier, sondern z. B. hier!

Aufgaben 6.1 und 6.2

6 Verdeckte Kanten

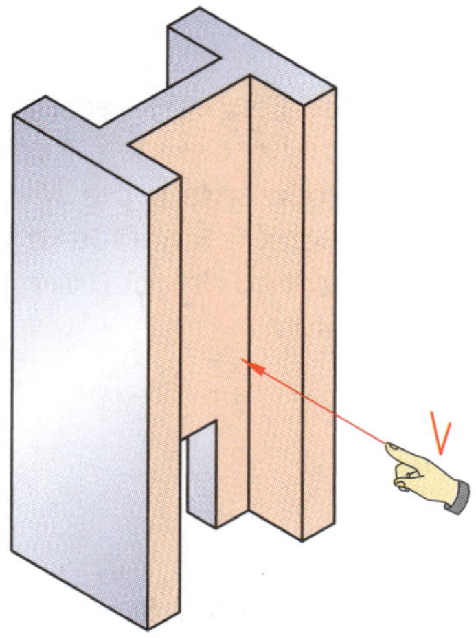

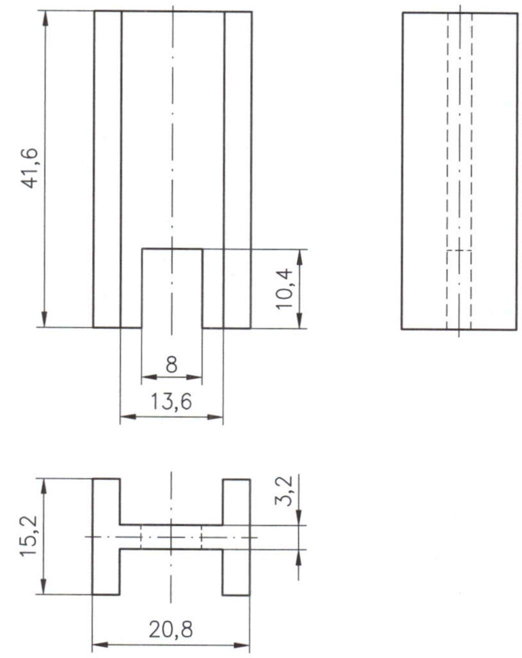

Bei der Darstellung symmetrischer Körper wird die Symmetrieachse als „Strichpunktlinie“ mit halber Linienbreite der sichtbaren Körperkante gezeichnet.

Regeln für das Zeichnen von Symmetrielinien

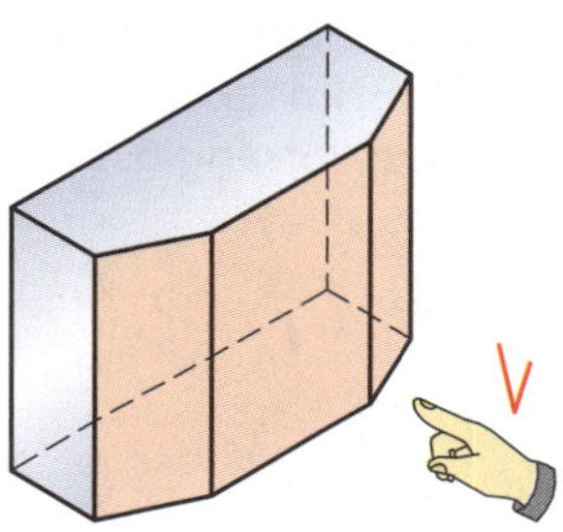

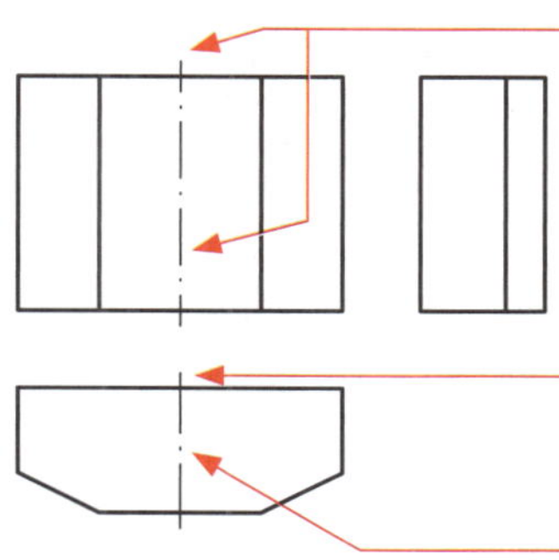

Jede Mittellinie beginnt und endet mit einem Strich.

Zwischen den Körperansichten wird die Mittellinie nicht durchgezogen.

Die Punkte werden als sehr kurze Striche gezeichnet.

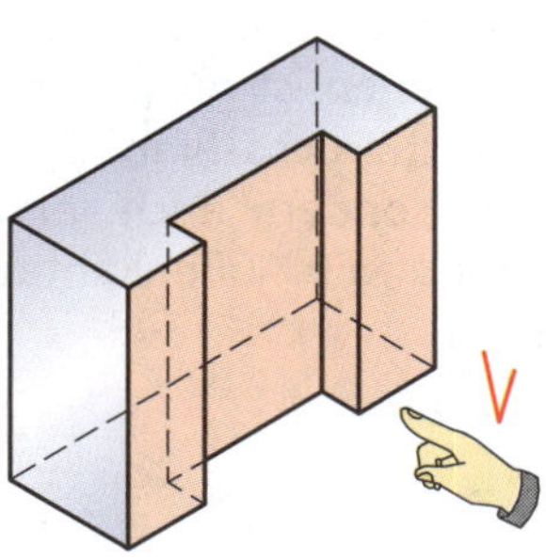

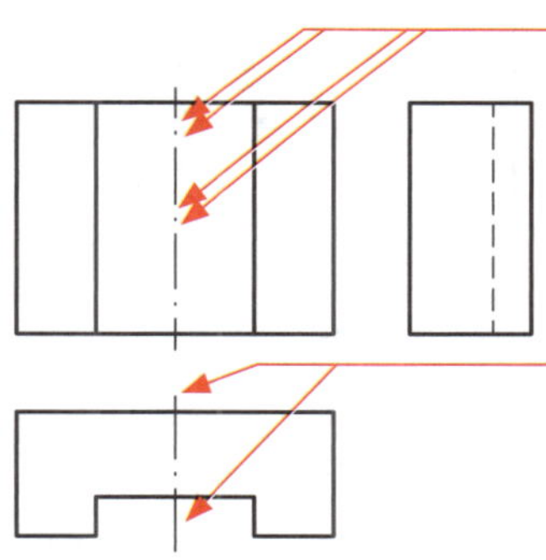

Alle Lücken sollen gleich eng sein.

Mittellinien müssen über die Körperkante bzw. die Körperflucht hinausreichen. Die Körperkante kreuzt sich mit dem Strich.

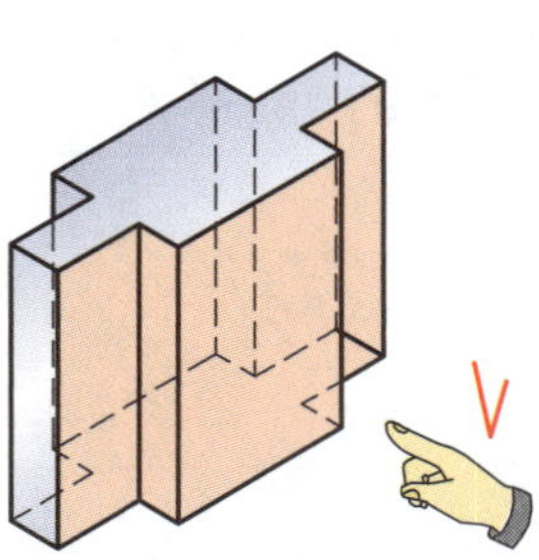

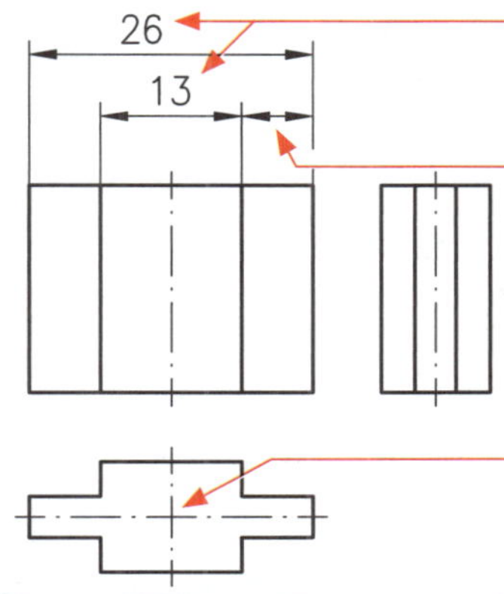

Die Bemaßung wird auf die Mittellinie bezogen.

Dieses Maß ist überflüssig und deshalb falsch.

Bei Doppelsymmetrie sollen sich die Striche kreuzen.

Aufeinander zulaufende Körperkanten

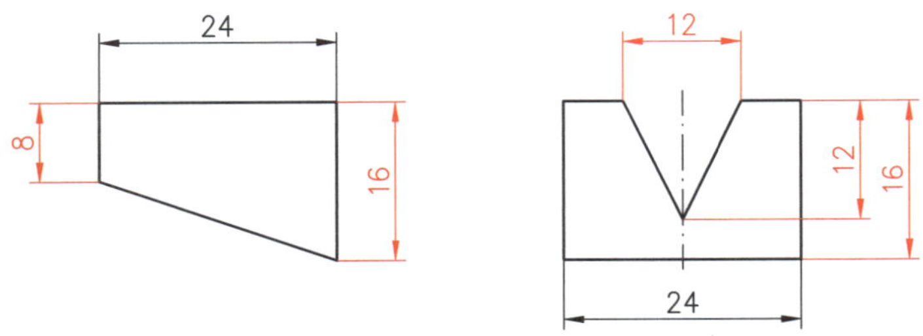

In beiden Beispielen ergeben sich die Winkelmaße aus den Abmessungen der Körperkanten. Die Maßgenauigkeit dieser Kantenmaße ist vorrangig. Entsprechend ist bei der Fertigung vorzugehen.

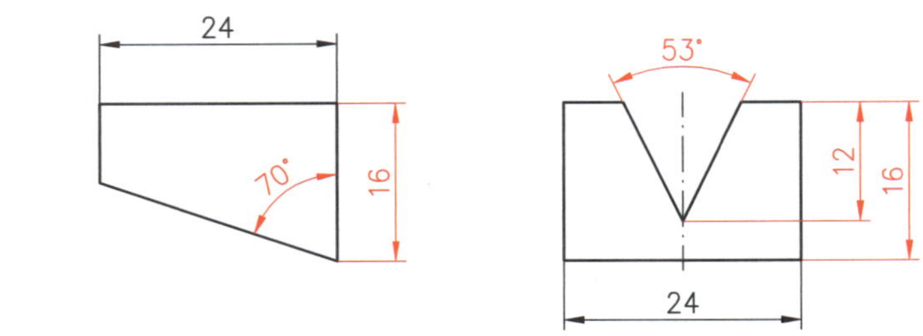

In diesen beiden Beispielen ergeben sich die Längen der nicht rechtwinklig verlaufenden Körperkanten aus den hier vorrangigen Winkelmaßen und den anderen Längen.

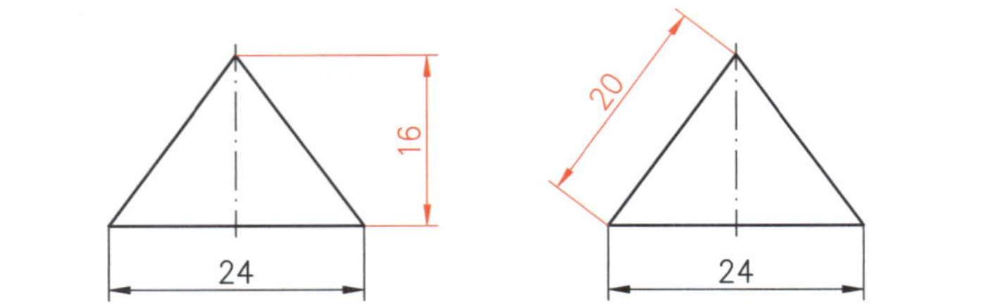

Im linken Beispiel ist die Dreieckshöhe das den Fertigungsvorgang bestimmende Maß. Im rechten Beispiel ist die Seitenlänge vorrangig.

Durchbrochene Körper

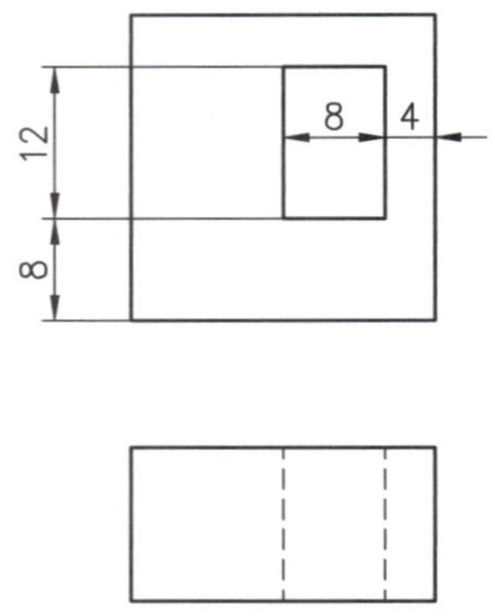

Unsymmetrisch durchbrochen
Körperdurchbrüche werden durch sichtbare Kanten dargestellt. Bei den Maßangaben ist nicht nur die Größe des Durchbruchs hinreichend zu bemaßen, sondern auch seine Lage in Bezug auf die Außenkanten des Körpers.

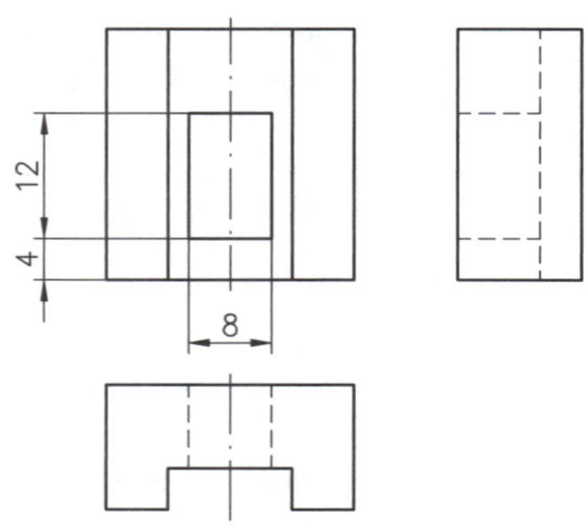

Symmetrisch durchbrochen
Die Bemaßung des Durchbruchs ist nur so weit notwendig, wie seine Lage durch die Mittellinie noch nicht eindeutig festgelegt ist.

Aufgaben
8.1 und 8.2

8 Winkel und durchbrochene Körper

Bemaßung von Bohrungen und Langlöchern

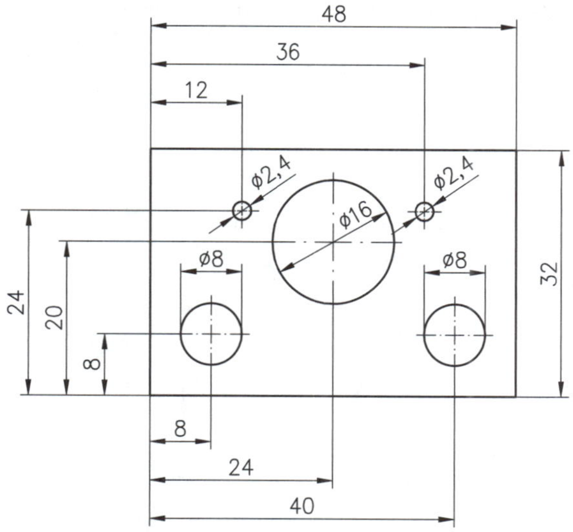

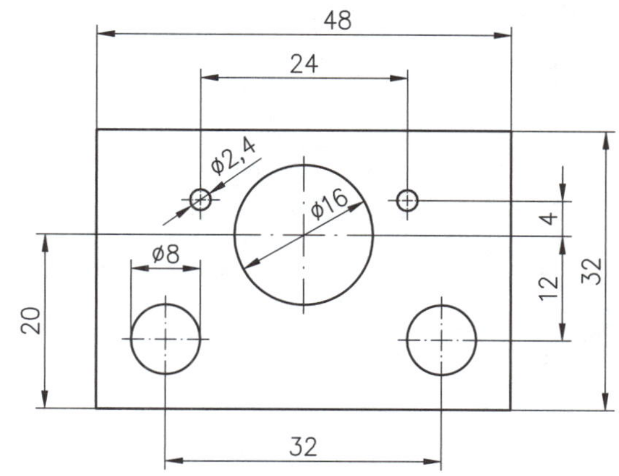

Bei der Darstellung von Werkstücken mit Bohrungen werden die Ankörnpunkte und die Durchmesser der Bohrungen bemaßt.
Ist das Werkstück symmetrisch, kann die Anzahl der Maßeintragungen geringer sein.

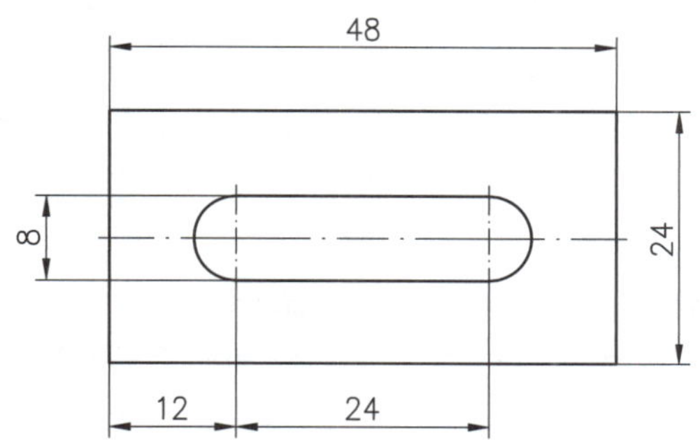

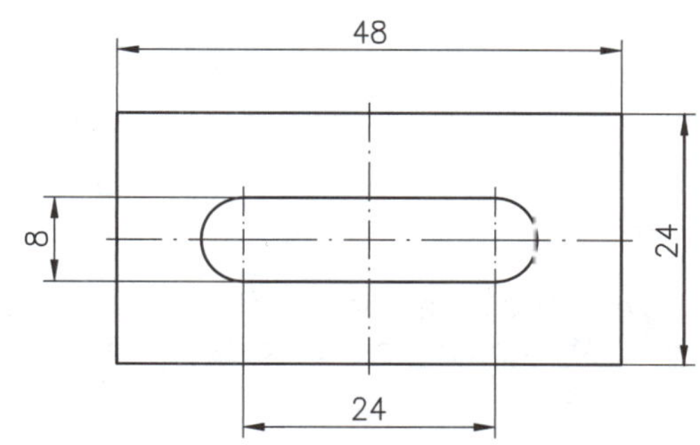

Langlöcher werden meist mit Rücksicht auf die Fertigung durch drei Mittellinien festgelegt. Ihre Abmessungen sind dann durch die Breite des Langlochs und durch den Abstand der parallel laufenden Mittellinien bestimmt.

Bemaßung von Radien (Halbmessern)

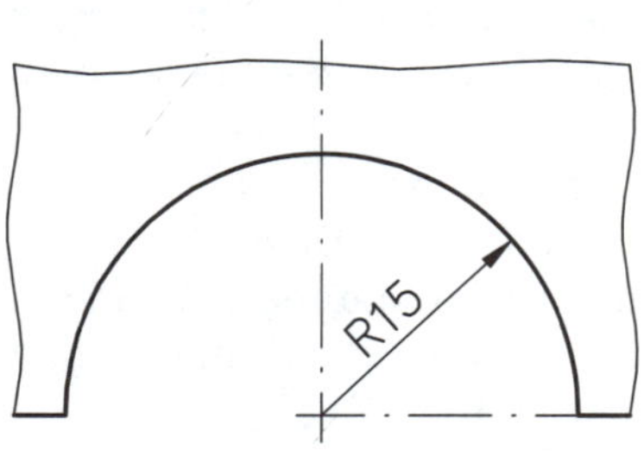

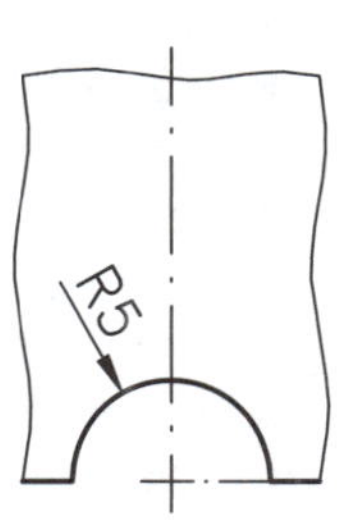

Radien werden immer durch den Großbuchstaben R vor der Maßzahl gekennzeichnet.
Wenn die Angabe des Mittelpunktes für die Funktion, Fertigung oder Prüfung erforderlich ist, muss er durch ein Mittellinienkreuz gekennzeichnet werden.
In eindeutigen Fällen darf auf die Kennzeichnung des Mittelpunktes verzichtet werden.

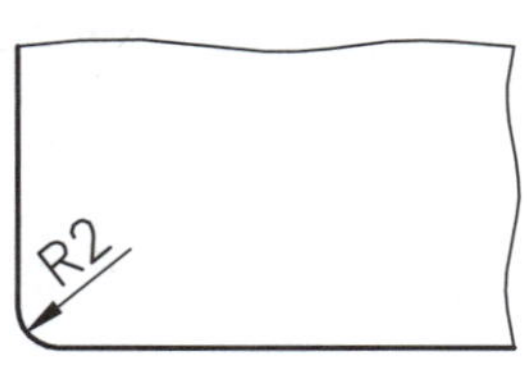

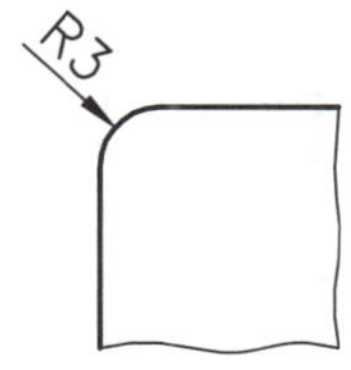

Abwicklungen sind Blechzuschnitte, aus denen Werkstücke durch Abkanten (Biegen) hergestellt werden. Auf diese Weise werden z.B. Montagechassis, Gerätegehäuse, Geräteabdeckungen hergestellt.
Die Form des Blechzuschnitts erhält man, indem man sich das geplante Werkstück auf eine Ebene „zurückgeklappt" denkt.

Beispiel für die Konstruktion einer Abwicklung

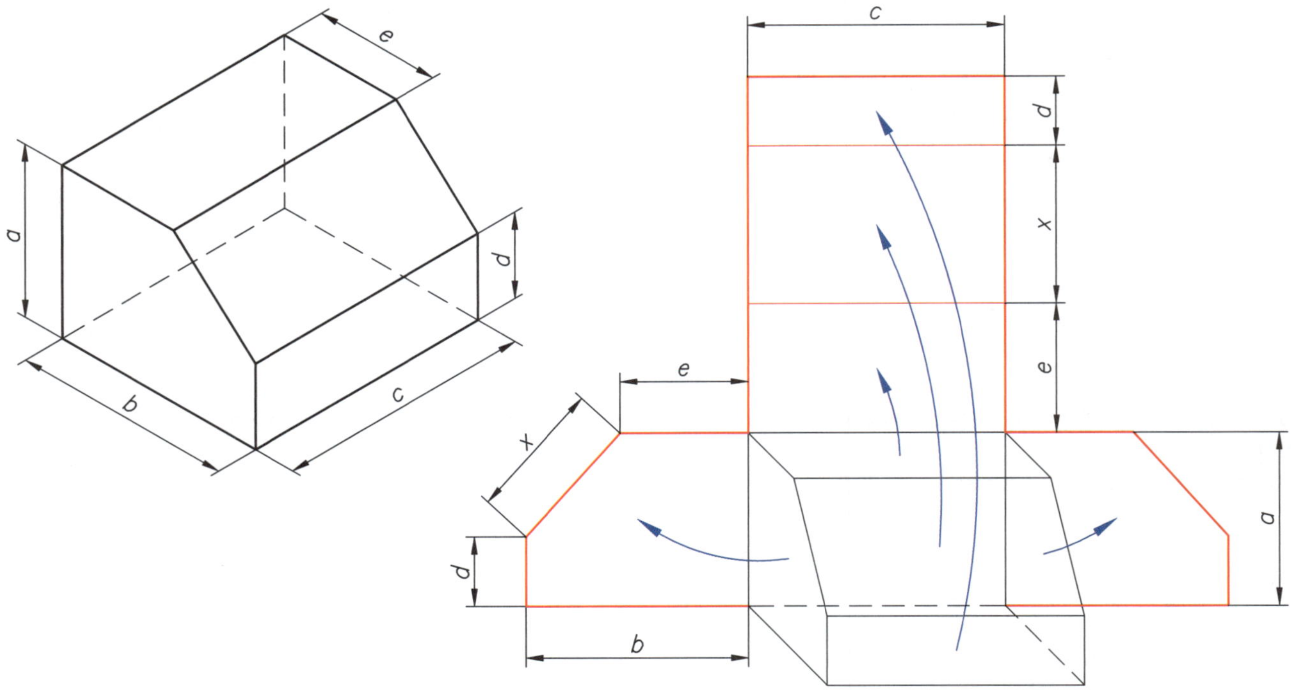

Im oben gezeichneten Beispiel ist die Rückseite der Abdeckhaube die Ausgangsfläche. Die Haube ist unten offen. Durch „Abklappen" nach rechts und links erhält man die Seitenflächen. Das Maß *x* ergibt sich aus den Maßen *b*, *c*, *d* und *e*.

Die Abwicklung ist auch von einer anderen Ausgangsfläche aus möglich. Welche Ausgangsfläche zu wählen ist, wird von der Form der Flächen des Werkstücks abhängen. Es soll möglichst wenig Verschnitt bei der Fertigung entstehen. Aber auch konstruktive Forderungen können die Wahl der Ausgangsfläche bestimmen, z.B. Stabilität oder Länge der Schweiß- oder Lötnähte. Für die Abdeckhaube z.B. gibt die unten gezeigte Abwicklung höhere Stabilität, falls die Kanten nicht verlötet werden sollen.

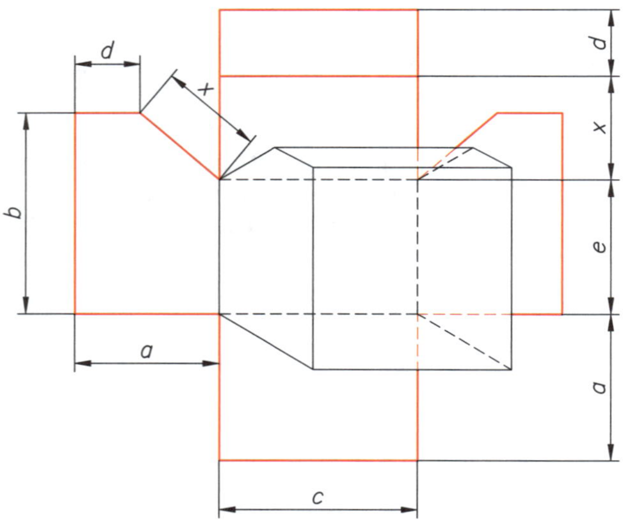

Für die exakte Konstruktion einer Abwicklung muss bei den Maßen die „Zugabe" für die Biegeradien berücksichtigt werden. In der Abwicklung erscheint immer diese „gestreckte" Länge.
Der kleinste zulässige Biegeradius ist von der Dicke und von der Zugfestigkeit des Materials abhängig. Bei dünnen Blechen, und wenn die Abmessungen des Werkstücks nicht kritisch sind, kann auf die Berücksichtigung der Biegeradien – wie bei den Beispielen und Aufgaben – verzichtet werden.
Die Biegekanten werden in der Abwicklung als schmale Volllinie gezeichnet.

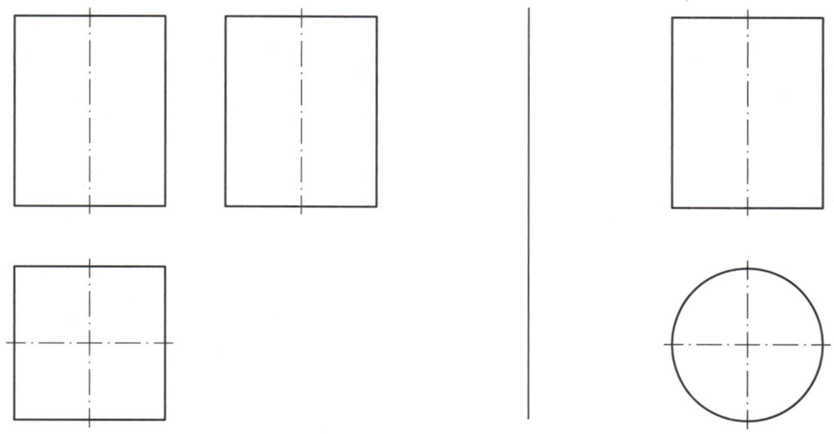

Vorderansicht und Seitenansicht eines Zylinders unterscheiden sich nicht von den entsprechenden Ansichten eines Vierkantprismas. Erst die Draufsicht lässt erkennen, welche Form die Grundfläche des Körpers aufweist.

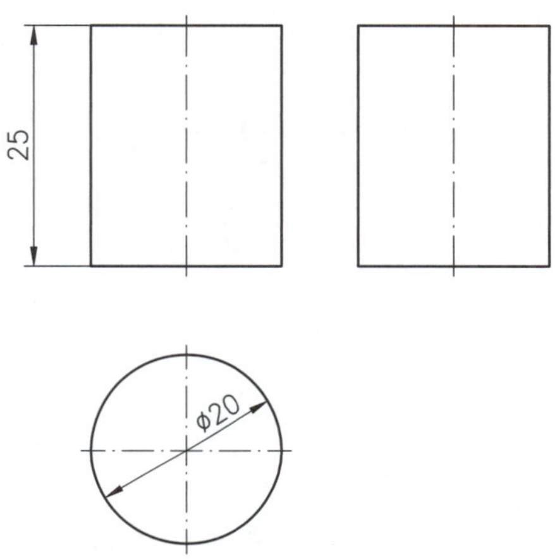

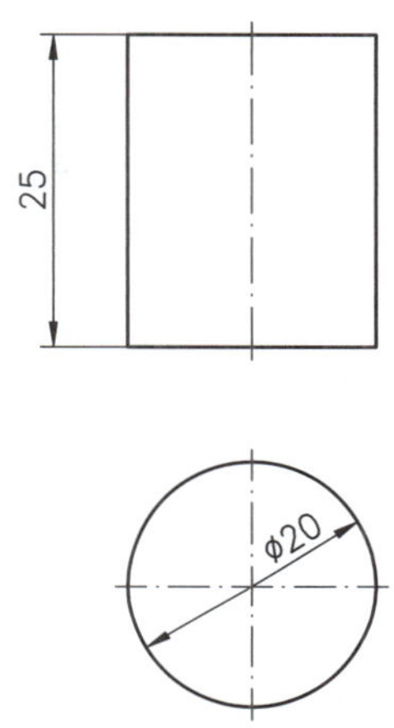

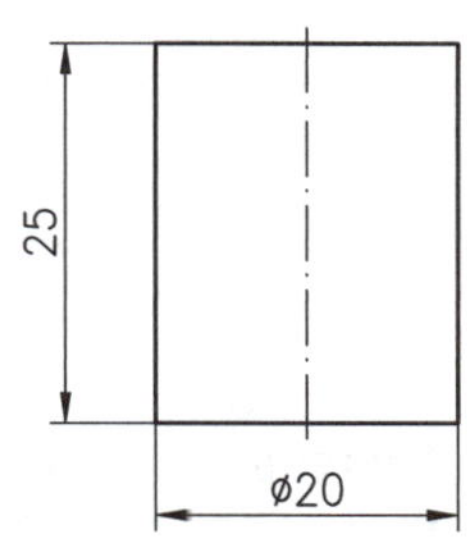

Dass es sich hier um einen Zylinder handelt, ist am Durchmesserzeichen erkennbar.

Bei der Darstellung einfacher zylindrischer Körper kommt man mit zwei bzw. einer Ansicht aus.

Beim Durchmesserzeichnen ist der Kreisdurchmesser so groß wie die Kleinbuchstaben. Die unter 75° zur Waagerechten geneigte Linie geht durch den Kreismittelpunkt. Die Gesamthöhe des ∅-Zeichens ist gleich der Maßzahlgröße. Das Durchmesserzeichen wird in jedem Fall vor die Maßzahl gesetzt (DIN 406. Teil 11).

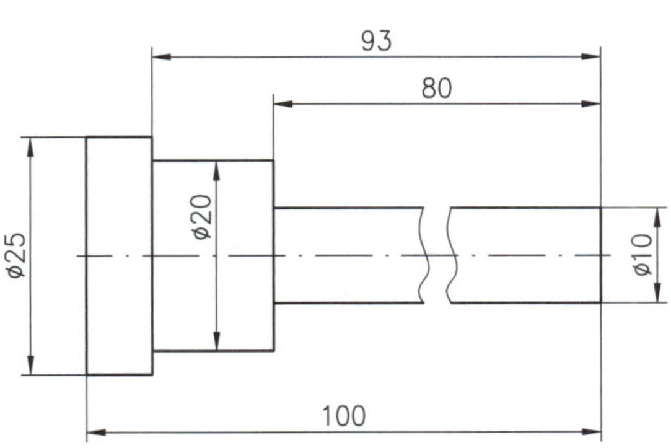

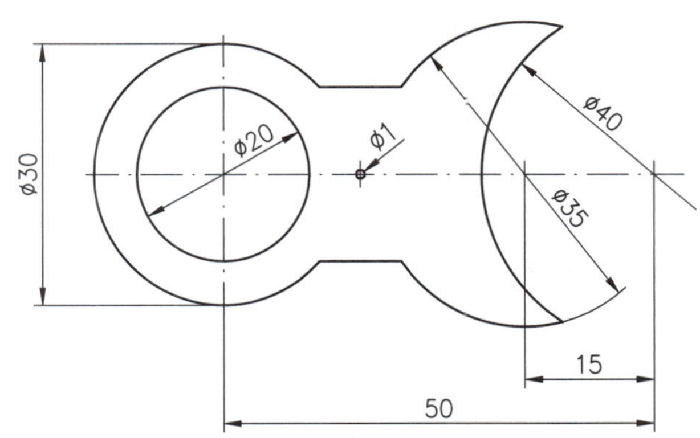

Längere Teile lassen sich aus Gründen der Platzersparnis verkürzt darstellen.

Anzuwenden ist das ∅-Zeichen auch bei Durchmessermaßen, die zwar an einem Kreisbogen stehen, aber nur einen Maßpfeil haben. Das Gleiche gilt bei Maßzahlen, die ohne Maßlinien mittels Bezugslinie an einen Kreis gesetzt werden (DIN 406, Teil 11).

11 Zylindrische Körper – Durchmesser

Aufgaben 11.1 und 11.2

Angaben zur Oberflächenbearbeitung und Oberflächenbeschaffenheit

In technischen Zeichnungen können durch genormte Zeichen Vorgaben zur Oberflächenbearbeitung und Oberflächenbeschaffenehit eingetragen werden.

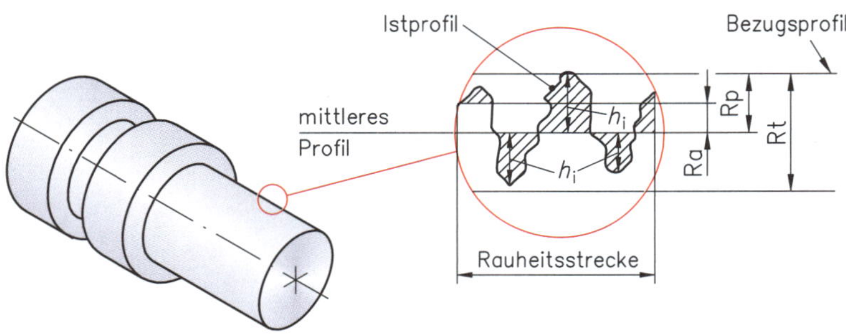

Beispiel für die Oberflächenbeschaffenheit: Rauheit

je nach de Funktion eines Werkstückes spielt die Rauheit eine große Rolle. Deshalb sind die Rauheitswerte genormt.

Grafische Symbole für die Angabe der Oberflächenbeschaffenheit

a) jedes Fertigungsverfahren zulässig

b) Materialabtrag gefordert

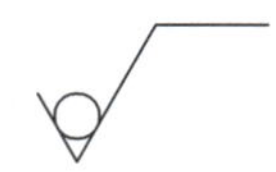

c) Materialabtrag unzulässig

An die Symbole können zusätzliche Angaben eingetragen werden.
Für diese Eintragungen sind bestimmte Positionen vorgeschrieben.

Beispiele:

Fertigungsverfahren

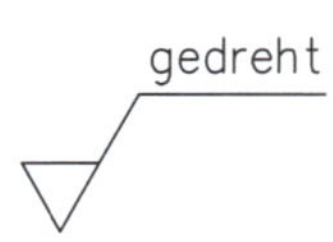

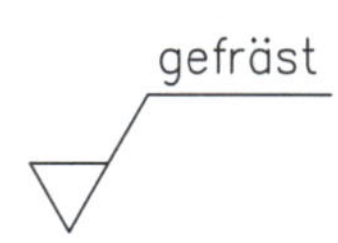

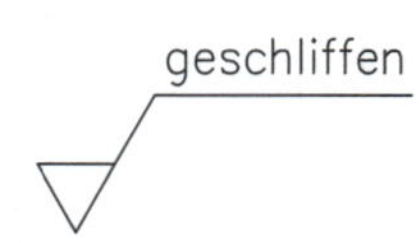

Angaben zur Rauheit

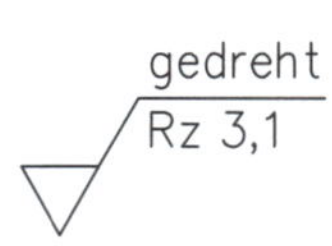

Die Bedeutung dieser Eintragungen s. Tabellenbuch

Eintragung der Symbole: Sie müssen von unten und von rechts lesbar sein.

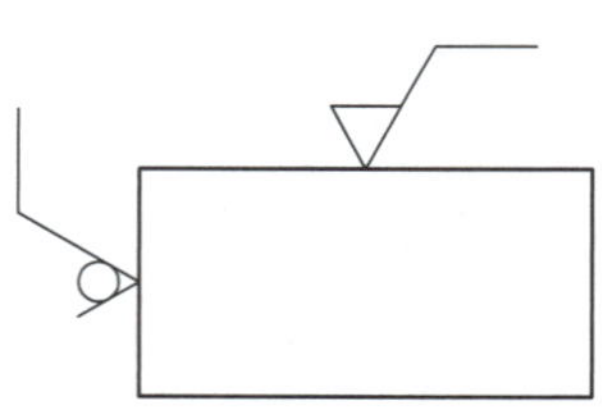

auf der Körperkante

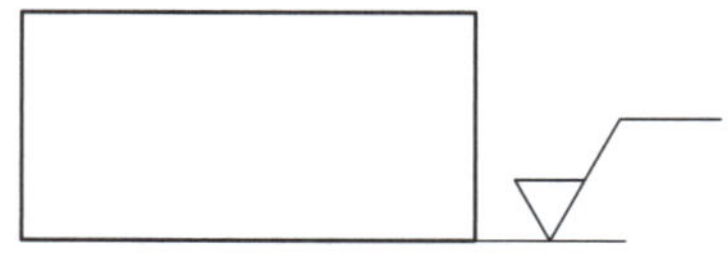

auf Verlängerung der Körperkante

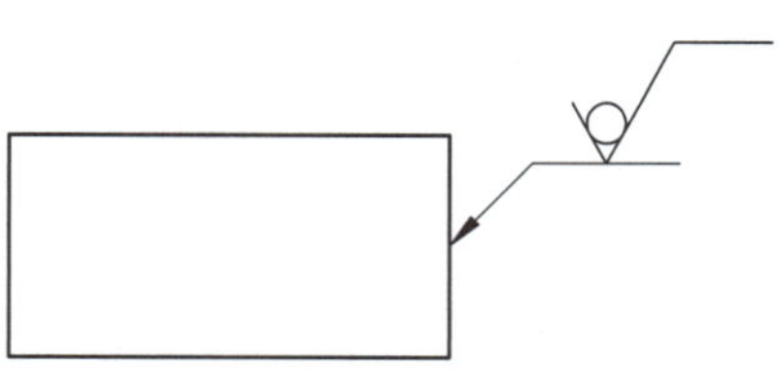

auf Bezugslinien

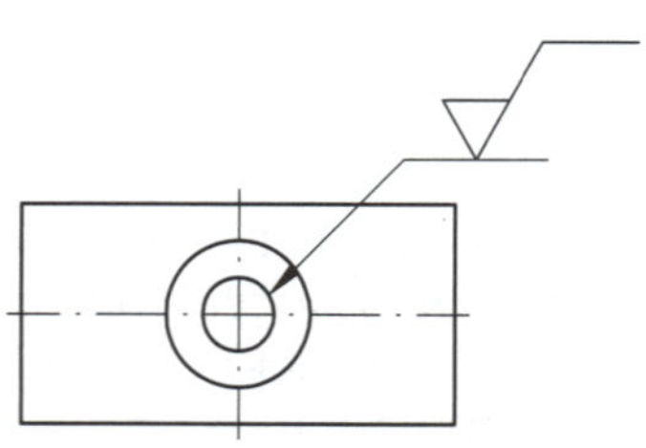

auf Bezugslinie zu einer Körperfläche

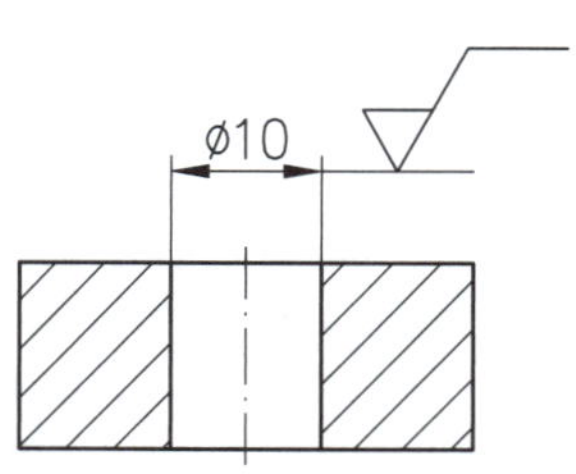

auf Bezugslinie zur Maßangabe

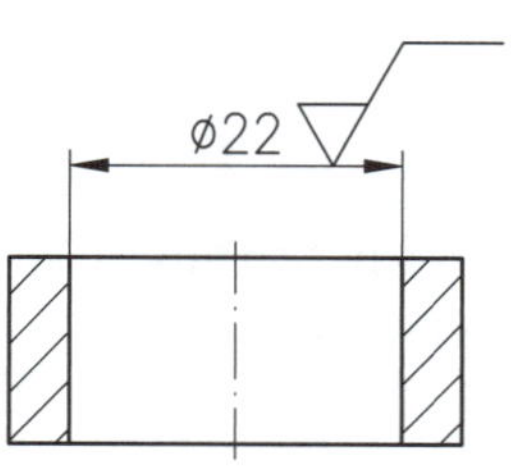

Zusammen mit der Maßangabe auf die Maßlinie

Aufgaben 11.1 und 11.2

11 Oberflächenbeschaffenheit: Zylindrisches Werkstück als Beispiel

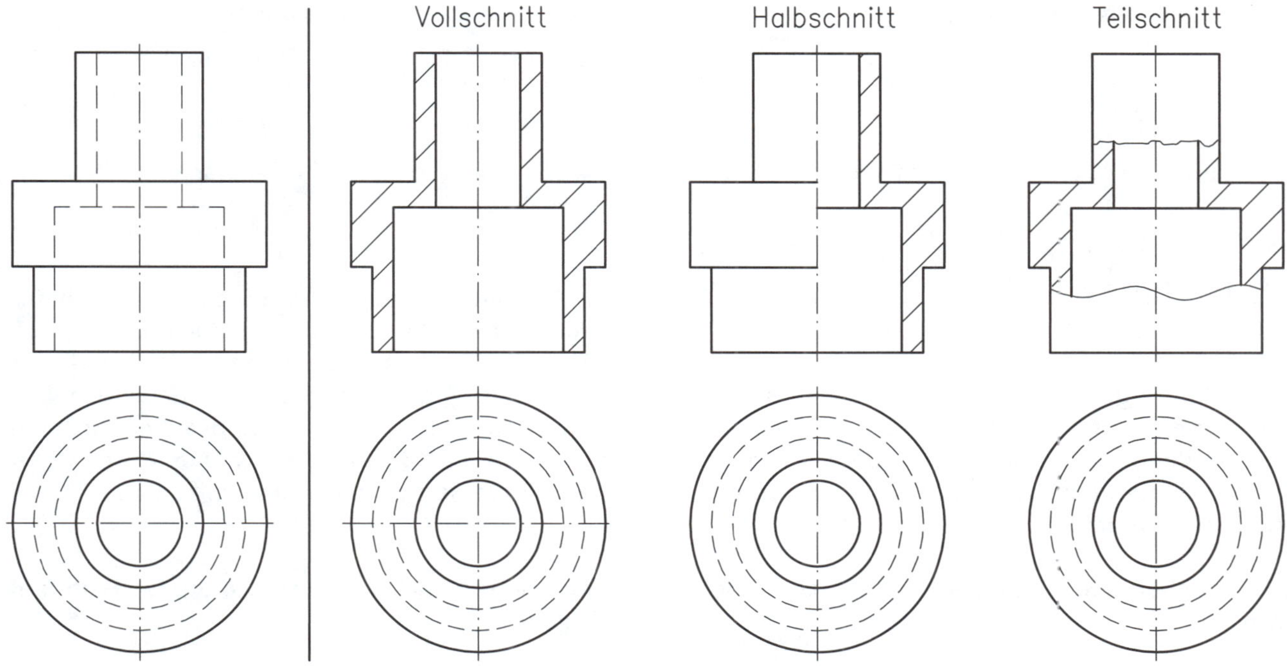

Darstellungen von Körpern mit einem komplizierten inneren Aufbau weisen so viele verdeckte Kanten auf, dass sie schwer lesbar sind.
Zeichnet man diese Körper jedoch aufgeschnitten, so wird ihre innere Form deutlich erkennbar.
Die Regeln für die Darstellung von geschnittenen Gegenständen sind in DIN 6 festgelegt. Man unterscheidet je nach Ausführung des Schnittes. Vollschnitt, Halbschnitt, Teilschnitt.

Vollschnitt

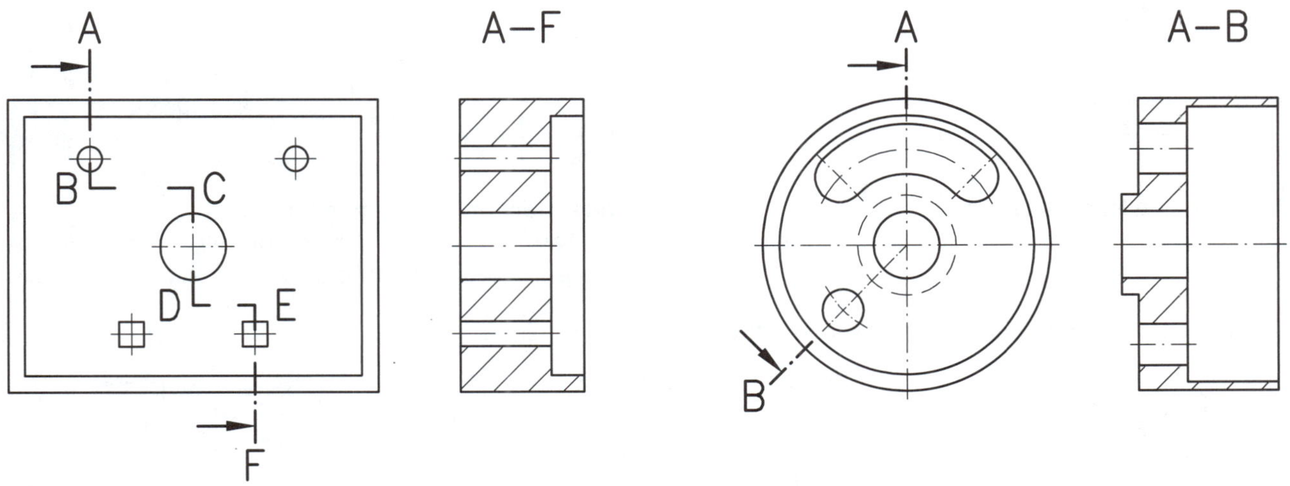

Der Schnittverlauf wird bei einfachen Teilen nicht besonders gekennzeichnet. Will man einen komplizierten Schnittverlauf besonders hervorheben, so wird er durch dicke Strichpunktlinien an Anfang und Ende der Mittellinien und an den Punkten dargestellt, in denen sich die Richtung ändert. Durch Pfeile wird angezeigt, in welcher Richtung der Betrachter auf die Schnittfläche sieht. Die Pfeile und Wendepunkte können mit Buchstaben bezeichnet werden.
Stehen die Schnittflächen in einem bestimmten Winkel zueinander, so denkt man sich beide Flächen in eine Ebene geklappt.

Muttergewinde (Innengewinde)

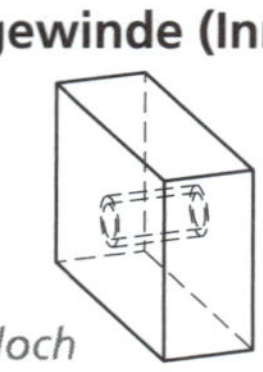

Gewindeloch

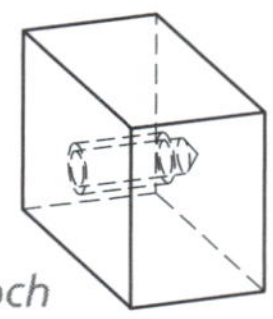

Gewindegrundloch

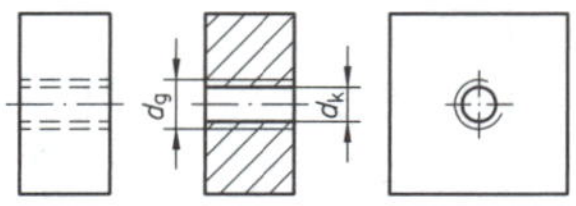

Gewindedarstellung

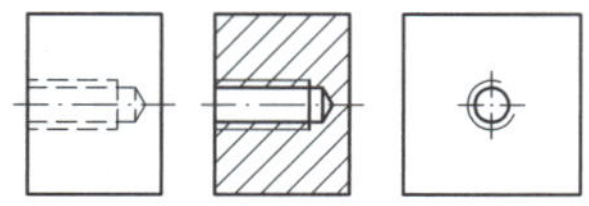

Gewindedarstellung

Beim Muttergewinde unterscheidet man Kernlochdurchmesser (d_k) und Gewindeaußendurchmesser (d_g). In der Schnittdarstellung wird der Gewindeaußendurchmesser durch schmale Volllinien dargestellt. Die Schraffur geht bis zum Kerndurchmesser.

Bolzengewinde (Außengewinde)

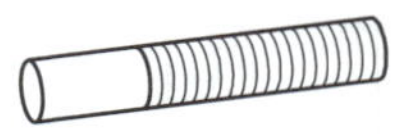

Gewindebolzen

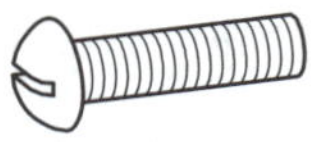

Schraube

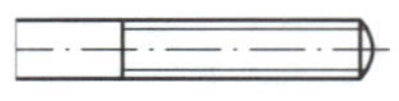

Gewindedarstellung

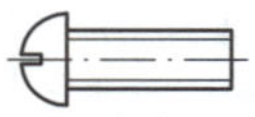

Gewindedarstellung

Der Außendurchmesser wird durch breite Volllinien dargestellt, der Kerndurchmesser durch schmale Volllinien. Kerndurchmesser werden in der Regel nicht bemaßt. Sie sind in Bezug auf den Gewindeaußendurchmesser genormt. Der Gewindeaußendurchmesser erhält als Maß das entsprechende Normzeichen (z. B. M8 für metrisches Gewinde mit 8 mm Außendicke).

Gewindebohrung mit eingeschraubtem Gewindebolzen

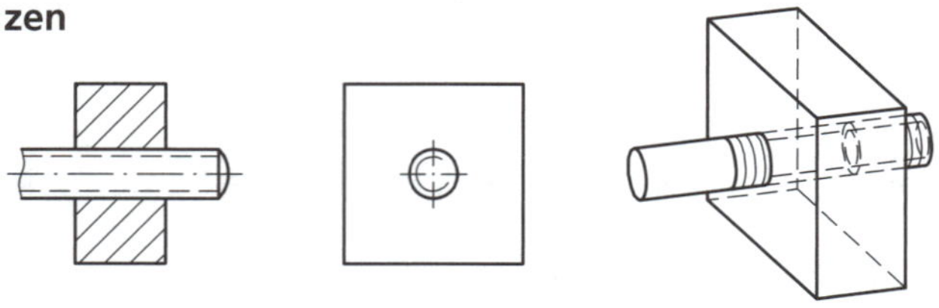

Da der Gewindebolzen das Muttergewinde verdeckt, wird das Muttergewinde nicht dargestellt.

Gewindegrundloch mit eingeschraubter Halbrundschraube

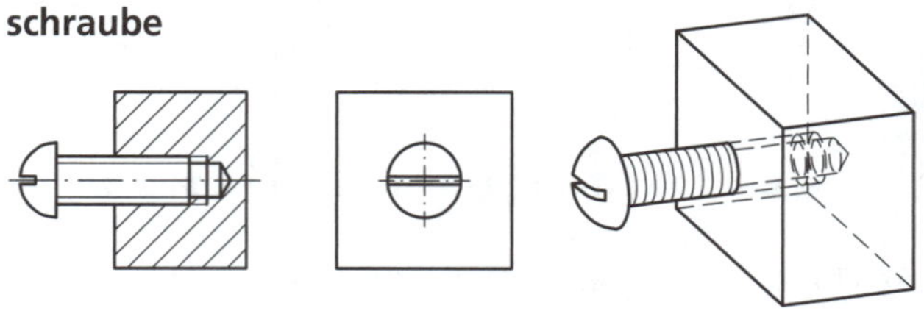

Sechskantschraube mit Mutter

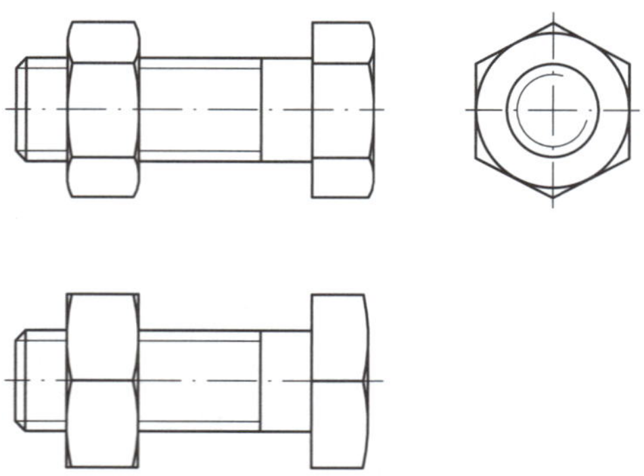

Ausführliche Normdarstellung

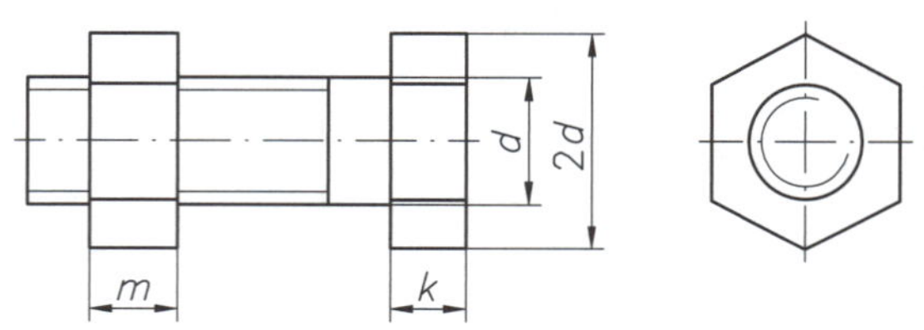

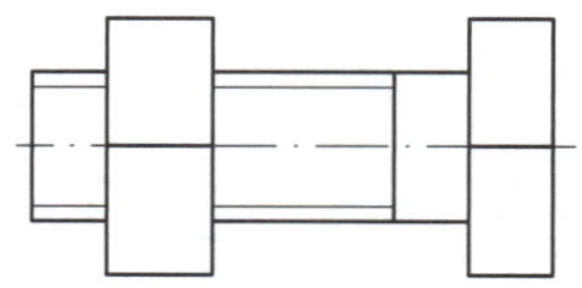

$m = 0{,}8 \cdot d$
$k = 0{,}7 \cdot d$

Vereinfachte Normdarstellung

Die Fasenkanten der Mutter und der Schraubenköpfe sowie die Kuppe des Bolzens werden nicht dargestellt.

Schraubenarten in vereinfachter Normdarstellung

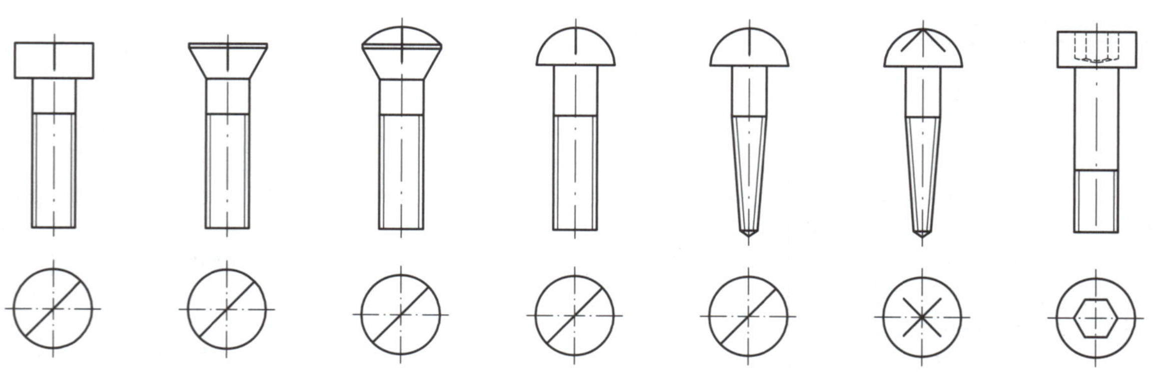

Zylinderschraube · *Senkschraube* · *Linsensenkschraube* · *Halbrundschraube* · *Holzschraube* · *Kreuzschlitzschraube* · *Innensechskantschraube*

Grafische Symbole für Schaltungsunterlagen

Kontakte, Schalter

Form 1, Form 2 – Schließer/Schaltfunktion, allgemein	Öffner	Wechsler mit Unterbrechung	voreilender Schließer	nacheilender Schließer	voreilender Öffner	nacheilender Öffner

Handantrieb

allgemein	drücken	ziehen	drehen	Schließer mit selbsttätigem Rückgang	Schließer mit nicht-selbsttätigem Rückgang	bei Darstellung des mechanischen Antriebs: selbsttätiger Rückgang	nicht-selbsttätiger Rückgang

Kraftantrieb				Elektromagnetischer Antrieb			
allgemein	z. B. Druck	z. B. Temperatur	Schaltschloss	allgemein	ohne selbsttätigen Rückgang	mit Anzugverzögerung	mit Abfallverzögerung

Beispiele für Schalter

zweipoliger Stellschalter, handbetätigt	Tastschalter 1 Öffner 1 Schließer handbetätigt	dreipoliges Schütz oder Relais	dreipoliger Schlossschalter, handbetätigt
betätigte Schießer: so – oder – so	betätigte Öffner: so – oder – so	betätigter Wechsler	betätigtes (erregtes) Relais

Sicherungen, Steckverbindungen

Sicherung allgemein	Sicherung mit Kennzeichnung der Netzseite	Buchse Pol einer Steckdose	Stecker Pol eines Steckers	Buchse und Stecker Steckverbindung	Steckverbindung, dreipolig: einpolige –	allpolige Darstellung; Steckverbindung mit Kennzeichnung des Schutzleiteranschlusses

Widerstände – Sonstiges

Widerstand allgemein	veränderbarer Widerstand	stetig veränderbarer Widerstand	einstellbarer Widerstand	Widerstand mit Schleifkontakt	spannungsabhängiger Widerstand	Heißleiter NTC-Widerstand	Kaltleiter PTC-Widerstand
Wicklung Spule Induktivität	Einphasentransformator	Kondensator Kapazität allgemein	Betriebsmittel, Gerät, Funktionseinheit (Abgrenzung)	Primärzelle Akkumulator	Batterie von Primärzellen, Akkumulatorenbatterie	Erde, allgemein	Masse, Gehäuse

Messgeräte, Signaleinrichtungen

Messgerät, allgemein Die Einheit der Messgrößen wird eingetragen	Spannungsmesser	Strommesser	Widerstandsmesser	Strommesser mit Messwerk	Spannungsmesser mit Messwerk	Leistungsmesser mit Messwerk	Zähler mit Messwerk
Hörmelder (Wecker)	Wechselstromwecker	Summer	Gong	Hupe	Sirene	Leuchtmelder	Leuchtmelder, blinkend

Grafische Symbole für Schaltungsunterlagen

Leiter, Leitungen

Leiter allgemein	Leiter bewegbar	Leiter im Erdbereich, z. B. Erdkabel	Leiter oberirdisch, z. B. Freileitung	Leiter in Installationsrohr	Leiter auf Putz
Leiter im Putz	Leiter unter Putz	Neutralleiter (N) Mittelleiter (M)	Schutzleiter (PE)	Neutralleiter mit Schutzfunktion (PEN)	Leiteranzahl: Form 1, Form 2 (3)

Abzweig von Leitern	Doppelabzweig von Leitern	Beispiele:		
Form 1, Form 2	Form 1, Form 2	H07RN–F3G1,5 schwere Gummischlauchleitung	3 NYJF1,5 Stegleitung mit 3 Kupferleitern	3 H07V–U1,5 5 PVC-Aderleiter, □ 1,5 mm² in Installationsrohr unter Putz

Installationen in Gebäuden

Leitungsführung / Dose, Abzweigungen / Anschlüsse

nach oben führende Leitung	nach unten führende Leitung	nach unten und oben führende Leitung	Dose allgemein, Leerdose	Anschlussdose Verbindungsdose	Verbindungsdose mit Leiterabzweig	Hausanschlusskasten	Verteiler mit 5 Anschlüssen

Installationsschalter

Schalter 1/1 (Ausschalter einpolig)	Schalter 1/2 (Ausschalter zweipolig)	Schalter 5/1 (Serienschalter einpolig)	Schalter 6/1 (Wechselschalter einpolig)	Schalter 7/1 (Kreuzschalter, Zwischenschalter)	Taster	Leuchttaster	Dimmer (Ausschalter)	Sensor allgemein	* Angabe der Einflussgröße z. B. $\Delta\delta$ Temperatur, Δp Druck, Rauch usw.

Steckdosen

Einfach-Steckdose ohne Schutzkontakt	Schutzkontaktsteckdose	3/N/PE Schutzkontaktsteckdose für Drehstrom	Schutzkontaktsteckdose, abschaltbar	Schutzkontaktsteckdose mit verriegeltem Schalter	Schutzkontaktdose, dreifach (3)	Steckdose mit Trenntrafo	Fernmeldesteckdose	Antennensteckdose

Leuchten, Lampen

Leuchtenauslass	Lampe, allgemein (Leuchtmelder)	5x60 Leuchte mit 5 Lampen à 60 Watt	Scheinwerfer, allgemein	Punktleuchte	Leuchte für Leuchtstofflampe, allgemein	5 Leuchte für 3, für 5 Leuchtstofflampen	Türöffner	t Zeitrelais

Geräte

Wechselsprechstelle	E Elektrogerät, allgemein	Ventilator	Elektroherd, allgemein	Waschmaschine	Infrarotgrill	Heißwassergerät	*** Kühlgerät	* *** Gefriergerät

Digitale Informationsverarbeitung und Halbleiterelemente

Logikelement (Grundform)	I1, I2, &, Q UND-Element	I1, I2, ≥1, Q ODER-Element	I, 1, Q NICHT-Element	I1, I2, &, Q NAND-Element	I1, I2, ≥1, Q NOR-Element
S, R, Q RS-Flipflop	I, Q Verstärker (allgemein)	a) Diode b) Zenerdiode	a) Leuchtdiode b) Fotodiode	B, C, E NPN-Transistor	+, –, –5 V, ~230 V, L1, N Stromversorgung Umrichter

Stromkreis aus folgenden Bauelementen:

Spannungsquelle | **Schalter** | **Verbrauchsmittel** (hier z. B. Lampe) | **Leitungen**

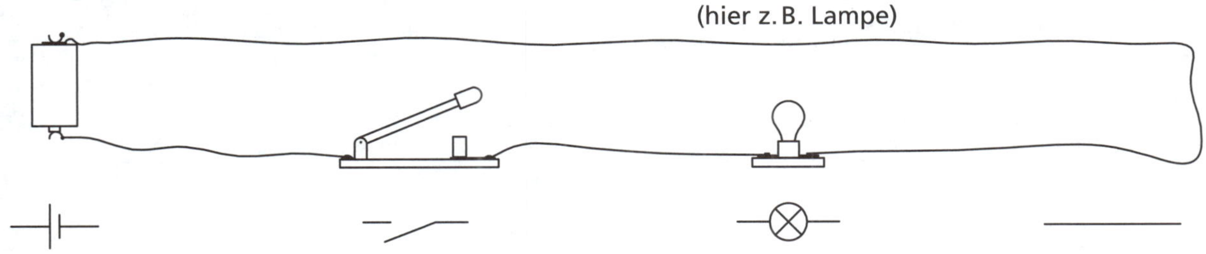

Diese Bauelemente werden **Betriebsmittel** genannt. Betriebsmittel werden durch Symbole dargestellt. Die Symbole heißen Schaltzeichen, die allgemeinste Informationen über Art und Funktion des Betriebsmittels enthalten. Alle Schaltzeichen sind genormt

Beispiele

Betriebsmittel ----------► Schaltzeichen

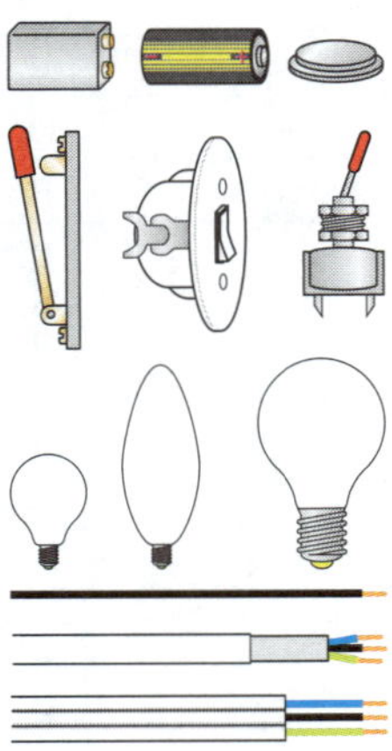

Verschiedene Bauformen und Arten chemischer Spannungsquellen	→	Betriebsmittel: Chemische Spannungsquelle	→	nur ein Symbol	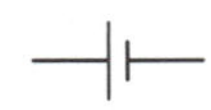
Verschiedene Bauformen von Schaltern	→	Betriebsmittel: Schalter	→	nur ein Symbol	
Verschiedene Ausführungen von Glühlampen	→	Betriebsmittel: Glühlampe	→	nur ein Symbol	
Verschiedene Ausführungen von Leitungen	→	Betriebsmittel: Leitung	→	nur ein Symbol	

Schaltzeichen werden zu **Schaltplänen** zusammengefasst.

Schaltpläne enthalten Informationen über
- die Anordnung der Betriebsmittel in einer Schaltung,
- die elektrischen Verbindungen in einer Schaltung,
- die Wirkungsweise einer Schaltung.

In Stromlaufplänen kommt es ausschließlich auf die Wirkungsweise einer Schaltung an. Deshalb müssen in Stromlaufplänen die einzelnen Stromwege übersichtlich dargestellt werden.

Man unterscheidet bei Stromlaufplänen:

Zusammenhängende Darstellung

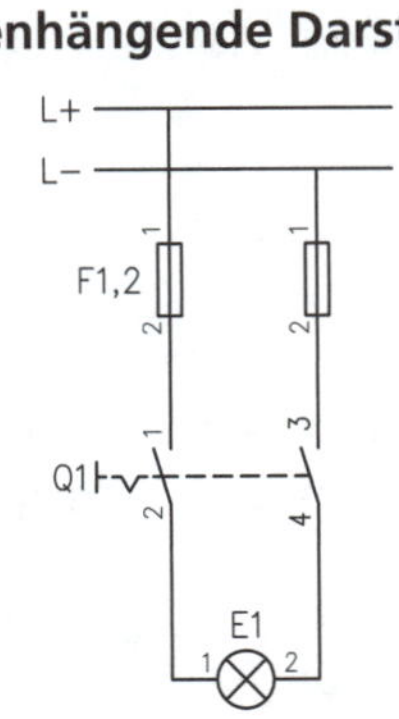

Bei der zusammenhängenden Darstellung werden alle Schaltzeichen der elektrischen Betriebsmittel zusammenhängend – als Einheit – gezeichnet.

Aufgelöste Darstellung

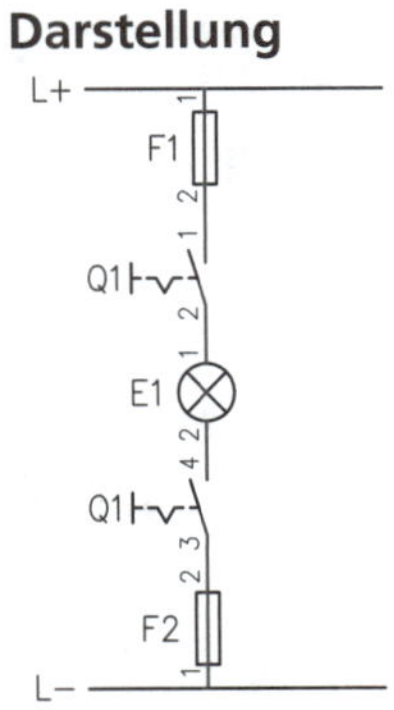

Bei der aufgelösten Darstellung werden die Symbole so angeordnet, dass geradlinige Stromwege entstehen.

Einpolige Darstellung
– Übersichtsschaltplan –

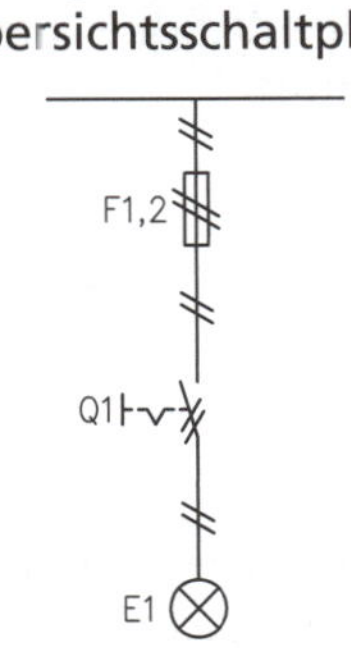

In allen Stromlaufplänen werden die Verbindungslinien waagerecht oder senkrecht gezeichnet; ganz gleich, wie die Leitungen in der ausgeführten Schaltung tatsächlich liegen.

15 Normen und Schaltzeichen: Betriebsmittel – Symbole – Schaltzeichen – Schaltpläne

Aufgaben 15.1 und 15.2

Betriebsmittelkennzeichen

Die Kennbuchstaben geben Auskunft über Zweck oder Aufgabe.

Kenn-buch-stabe	Zweck oder Aufgabe des Objektes	Angewendet für Betriebsmittel in diesem Buch	alter Kenn-buch-stabe
A	Zwei oder mehrere Zwecke oder Aufgaben	Baugruppe; Schalteinheit; Signaleinheit; Netzgerät	A
B	Umwandlung einer physikalischen Eigenschaft in ein Signal zur Weiterverarbeitung	Sensor, Fotodiode; Infrarotdetektor; Schaltuhr; Fotodiode Heißleiter; Kaltleiter	V R
C	Speichern von Energie oder Information	Und-; Oder- und Umkehr-Verknüpfung: Speicher	D
E	Bereitstellung von Strahlung und Energie	Lampe für Beleuchtungszwecke; Elektroheizung Leuchtdiode	E V
F	Schutz eines Energie- oder Signalflusses. Schutz von Personal oder Einrichtungen.	Sicherung; Temperaturfühler; Wächter	F
G	Initiieren eines Energieflusses, Erzeugen von Informationssignalen	galvanisches Element	G
K	Bereitstellen und Verarbeitung von Signalen oder Informationen	Relais; abfallverzögertes Relais Fotodiode	K V
M	Bereitstellen von mechanischer Energie	Motor; Türöffner	M
P	Darstellung von Informationen	Messgerät; Hörmelder; Klingel; Leuchtmelder	H
Q	Kontrolliertes Schalten, Variieren eines Energie- oder Signalflusses	Installationsschalter; Starkstromschalter Schütz Transistor: Zeitglied	Q K V
R	Begrenzen oder Stabilisieren eines Energie- oder Informationsflusses	Widerstand Diode: Z-Diode	R V
S	Umwandlung einer manuellen Betätigung in ein Signal	Steuerschalter	S
T	Umwandlung von Energie unter Beibehaltung der Energieart, eines Signals unter Beibehaltung des Informationsgehaltes	Transformator Verstärker Zeitglied	T N K
X	Verbinden von Objekten	Abzweigdose; Steckdose; Klemmleiste	X
Gleichartige Betriebsmittel in einer Schaltung werden durch Anhängen einer Ziffer an das Betriebsmittelkennzeichen unterschieden, z.B. E1, E2, E3 usw.			

Das Ende der Verbindungslinie am Schaltzeichen gilt als Anschlussstelle. Einstellige Zahlen kennzeichnen „Leitungsanschlüsse", zweistellige Zahlen „Steueranschlüsse".

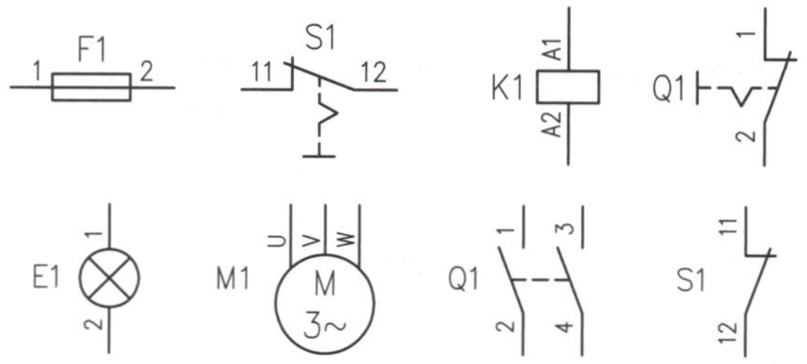

Bei horizontalen Verbindungslinien stehen die Betriebsmittelkennzeichnung über dem Betriebsmittel und die Anschlusskennzeichnungen über den Leitungen. Bei vertikalen Verbindungslinien stehen die Betriebsmittelkennzeichnung links neben dem Betriebsmittel und die Anschlusskennzeichnungen um 90° gedreht, links neben den Leitungen.

Regeln für Stromlaufpläne

- Ein Stromlaufplan zeigt und erläutert die Wirkungsweise einer elektrischen Schaltung. Deshalb müssen die Stromwege so übersichtlich wie möglich und die Betriebsmittel so einfach wie möglich dargestellt werden.
- Betriebsmittel einer Schaltung werden durch genormte Schaltzeichen dargestellt. Es muss jeweils das Schaltzeichen gewählt werden, das für die beabsichtigte Aussage gerade ausreichend ist.
- Stromwege werden geradlinig und möglichst kreuzungsfrei dargestellt. Die Verbindungslinien verlaufen parallel zu den Rändern der Zeichnung. Stromwege werden so angeordnet, dass die Signalflussrichtung oder die Wirkungsrichtung von oben nach unten oder von links nach rechts verläuft.
- Leitungsverzweigungen werden als senkrechte Einmündungen dargestellt.
- Leitungskreuzungen haben keine elektrische Verbindung.

Leitungsverbindungen *keine Leitungsverbindungen*

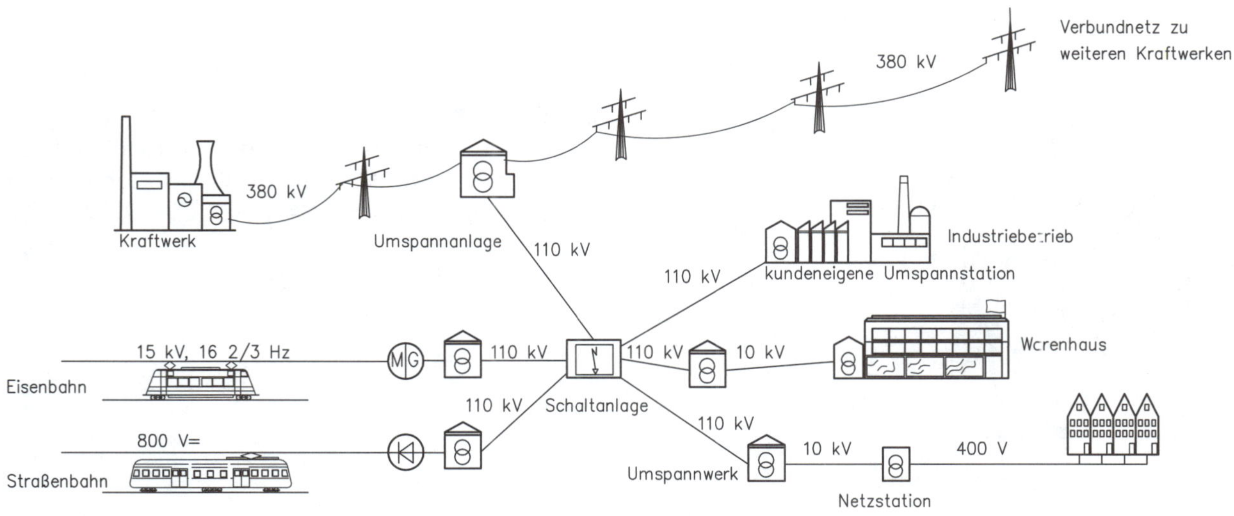

Zähleranordnungen

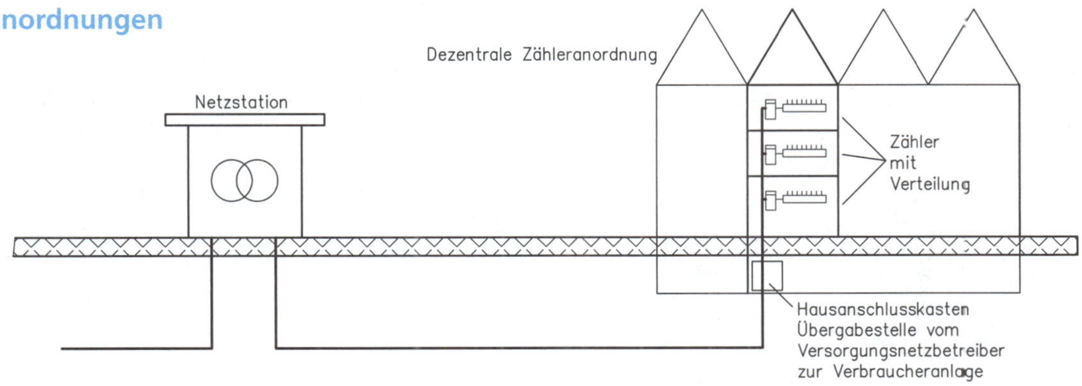

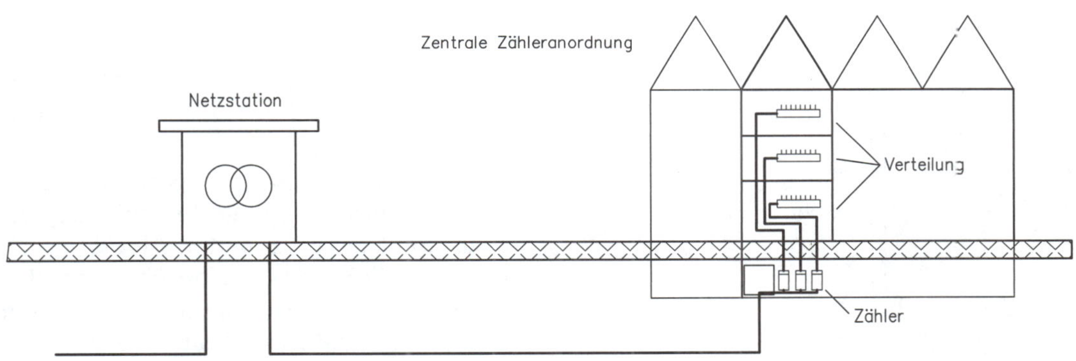

Vierleiter-System

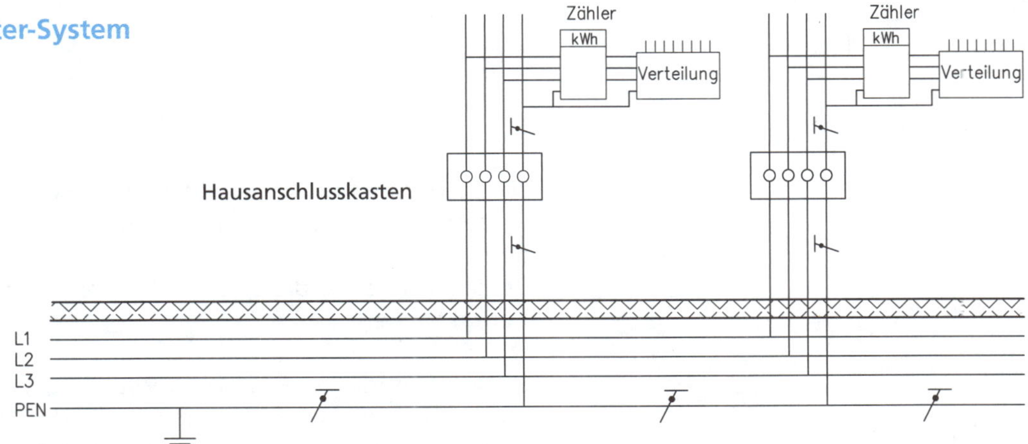

Die drei Leiter L1, L2 und L3 heißen Außenleiter. Der vierte Leiter (PEN) hat zwei Funktionen: Er ist Schutzleiter und Neutralleiter, Er ist mit einem Erder verbunden und führt daher gegenüber Erde keine Spannung.

Schutzleiteranschluss an leitfähigen Gehäusen

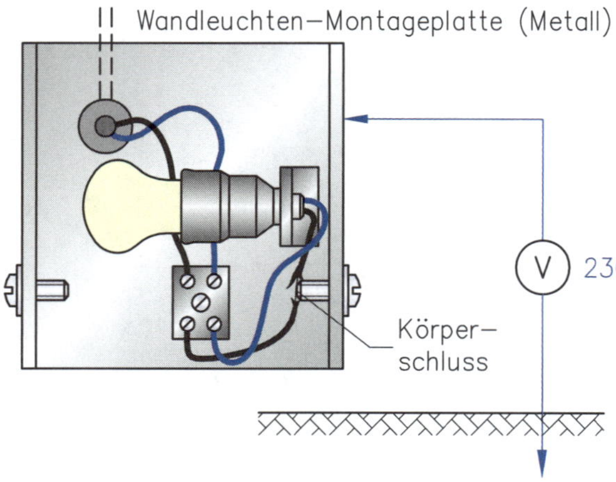

Gefahr bei Körperschluss
Hat in einem elektrischen Gerät der Außenleiter durch eine Defekt Kontakt zum leitfähigen Gehäuse (Körperschluss), so führt das Gehäuse gegenüber der Erde volle Netzspannung.

Folge:

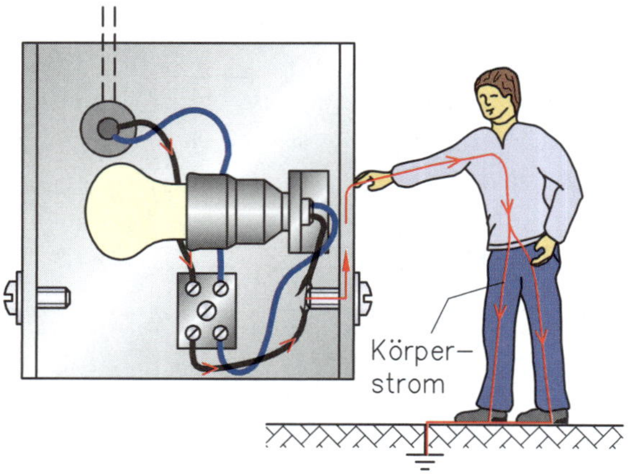

Gefährlicher Körperstrom
Wenn ein Mensch dieses Gehäuse berührt, dann fließt ein gefährlich hoher Strom durch den Menschen zur Erde.
Für den berührenden Menschen besteht **Lebensgefahr!**

Folge:

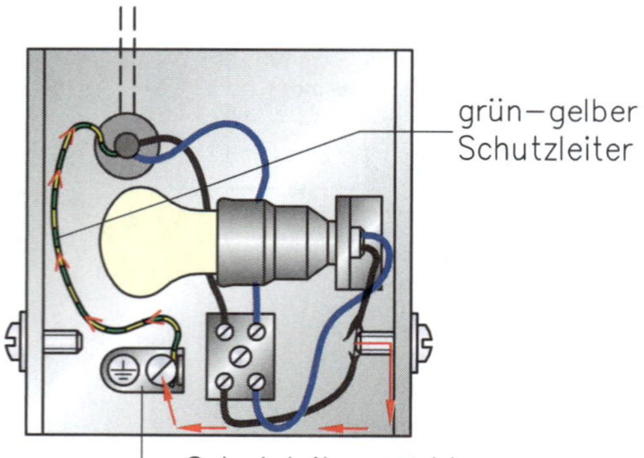

Schutz durch Schutzleiter
Wird am Schutzleiteranschluss des Gerätes der „grüngelbe" PE-Leiter angeschlossen, so führt jeder Körperschluss des L-Leiters zum Kurzschluss.
Hierdurch fließt vom L-Leiter über den PE-Leiter ein so großer Strom, dass die Stromkreissicherung das defekte Gerät sofort abschaltet.

Schutzleiter an Steckverbindungen

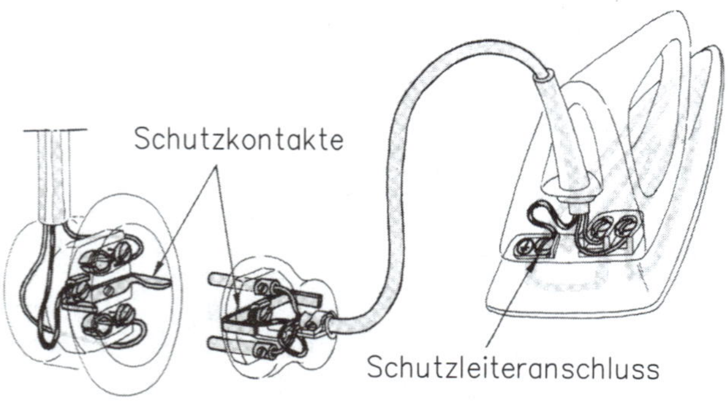

Die Steckdose hat für den L-Leiter und den N-Leiter verdeckte Kontakte und für den PE-Leiter frei liegende Kontakte.
Der Stecker hat die diesen Kontakten entsprechenden Kontaktstellen.

Steckdose und Stecker sind so konstruiert, dass zuerst die Verbindung des PE-Leiters hergestellt wird. Erst dann werden die beiden anderen Leiter miteinander verbunden.

Grundinformation: Öffner und Schließer

Öffner Schließer

Grundregel
Normalerweise werden in Schaltplänen die Schalter in unbetätigtem Zustand (Nullstellung) dargestellt.

Zusatzinformation: Betätigter Schalter

betätigter Öffner betätigter Schließer

Manchmal muss von der Grundregel abgewichen werden (besonders bei Funktionsplänen).
In diesen Fällen informiert dieses Zeichen:
⇑ **Achtung:** Der Schalter ist betätigt, er steht nicht in seiner Nullstellung.

Zusatzinformation: Tastschalter und Stellschalter

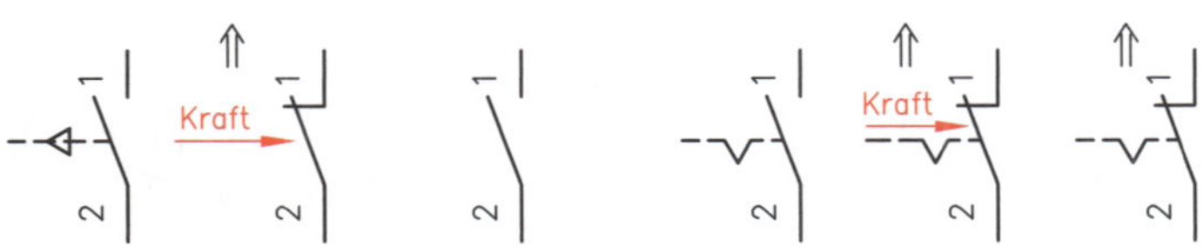

Der Tastschalter geht nach der Betätigung wieder selbstständig in die Grundstellung zurück.

Der Stellschalter bleibt nach der Betätigung in der neuen Schaltstellung stehen.

Dieses Zeichen bedeutet: Raste

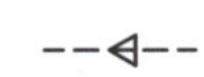

Dieses Zeichen bedeutet: Selbsttätiger Rückgang

Zusatzinformation: Art der Handbetätigung

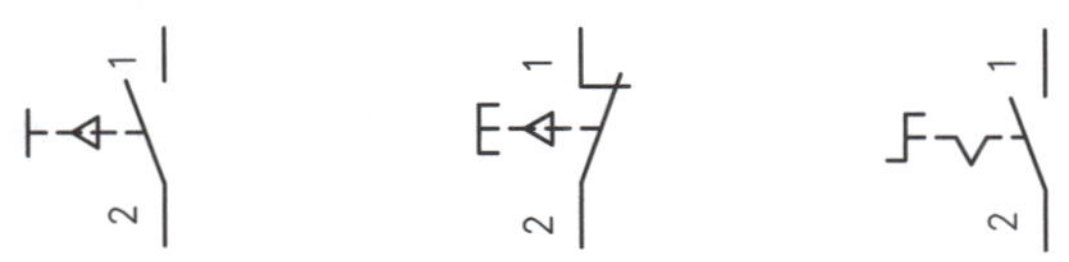

Grundinformation:	→ Schließer	→ Öffner	→ Schließer
1. Zusatzinformation:	→ Tastschalter	→ Tastschalter	→ Stellschalter
2. Zusatzinformation:	→ handbetätigt	→ handbetätigt	→ handbetätigt
3. Zusatzinformation:	→ keine	→ drücken	→ drehen

Handantriebe:

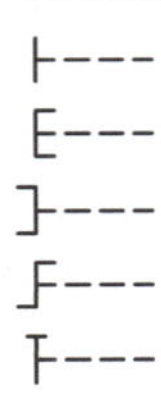

allgemein
drücken
ziehen
drehen
kippen

Grundinformation: Wechsler

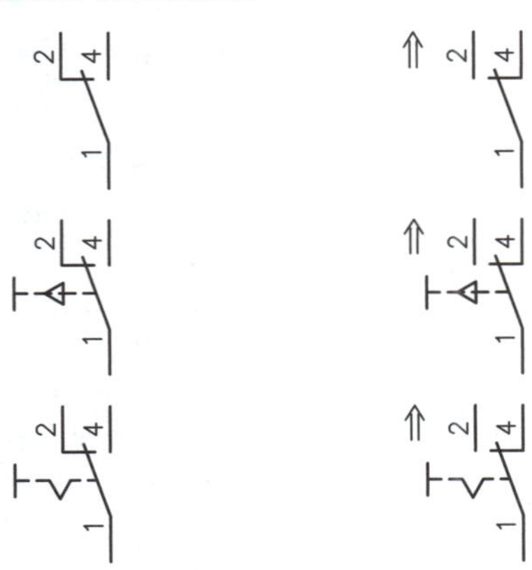

Der Wechsler ist die Kombination von einem Öffner und einem Schließer

Wechsler als handbetätigter Tastschalter

Wechsler als handbetätigter Stellschalter

Zusatzinformation: Mehrstellenschalter

Der Schalter kann mehrere betätigte Schaltzustände haben.

Achtung: In Schaltplänen werden nur die Zusatzinformationen gegeben, die für das Verständnis des Schaltplans unbedingt erforderlich sind.
Nur das jeweils einfachste Schaltzeichen ist das jeweils richtige Schaltzeichen.

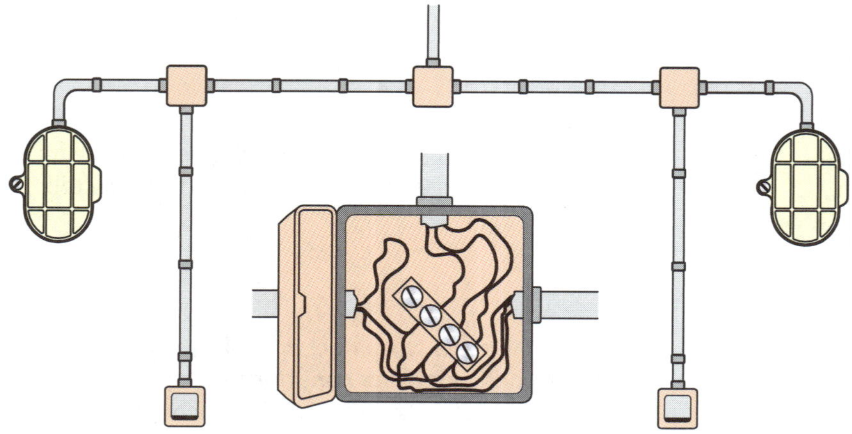

Ausschaltung

In Abzweigdosen (oder Abzweigkästen) werden elektrische Leitungen miteinander verbunden.
Die Klemmen sind entweder Einzelklemmen oder Reihenklemmen.
Bei der Installation in Rohren werden die Abzweigdosen meist nur zur Durchführung der Leitungen benutzt.
Bei der Installation mit Mantelleitung werden alle Leitungen an der Abzweigdose geschnitten und durch Klemmen verbunden.

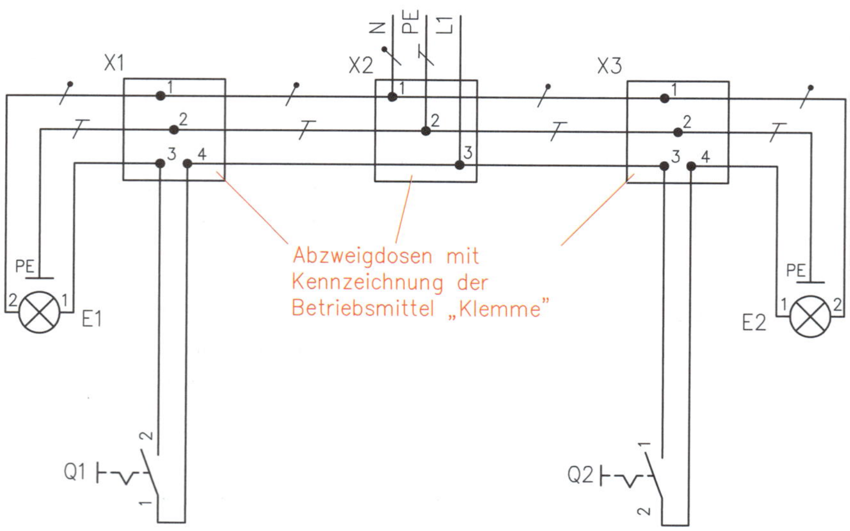

Ausschaltung

Stromlaufplan in zusammenhängender Darstellung
Der Stromlaufplan mit lagerichtiger Anordnung der Betriebsmittel enthält alle Informationen, die notwendig sind, um die Betriebsmittel anzuordnen und richtig miteinander zu verbinden.
In Wechselstromnetzen werden die Lampen zwischen einem Außenleiter (L1, L2 oder L3) und einem Neutralleiter angeschlossen.
Der Neutralleiter führt gegenüber der Erde keine Spannung. Deshalb ist es üblich, Lampen einpolig zu schalten. Im ausgeschalteten Zustand darf an der Lampe keine Spannung anliegen.

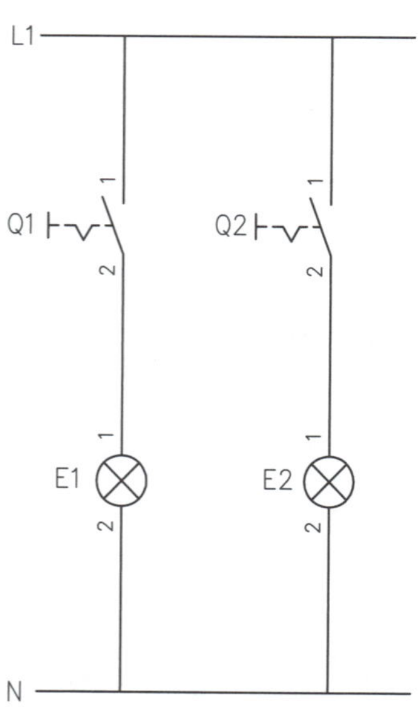

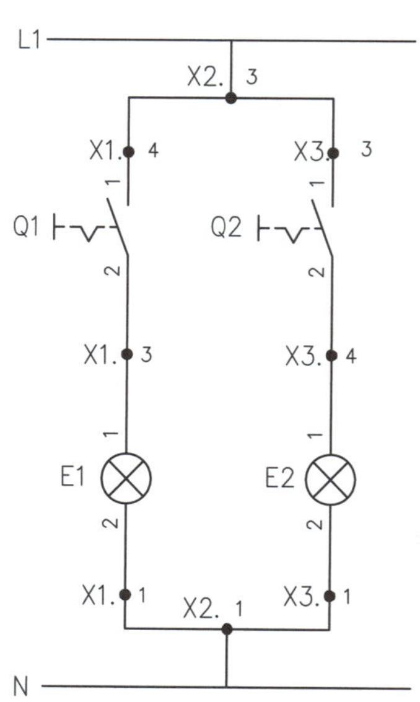

Ausschaltung

Stromlaufplan in aufgelöster Darstellung
Soll der Stromlaufplan nur über die Funktion der Schaltung informieren, so braucht das Betriebsmittel Klemme nicht gezeichnet zu werden.
Wenn der Stromlaufplan jedoch als Unterlage für den Aufbau, die Installation oder die Instandhaltung dienen soll, so muss das Betriebsmittel Klemme gezeichnet und gekennzeichnet werden.

Serienschaltung

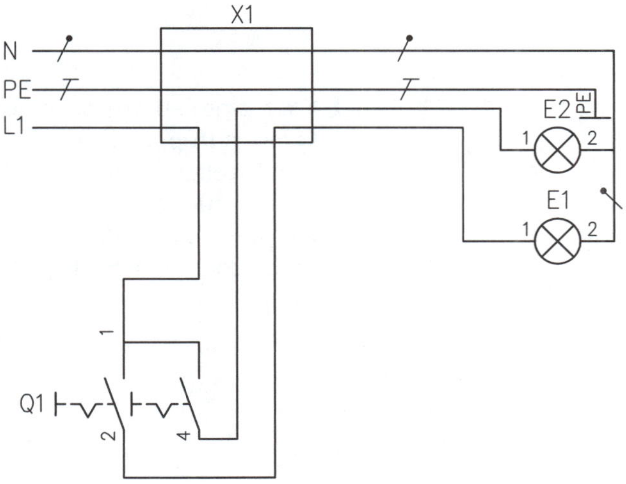

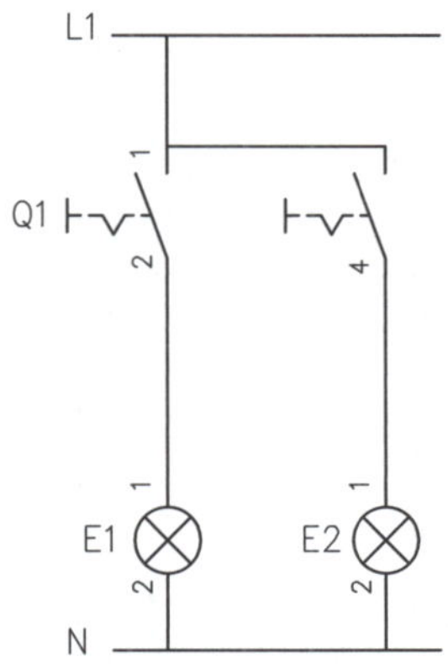

Können von **einer** Schaltstelle aus mehrere Lampen oder Lampengruppen wahlweise einzeln oder zusammen geschaltet werden, so nennt man diese Schaltung **Serienschaltung**. Es gibt verschiedene Konstruktionsformen von Serienschaltern. Stets sind es jedoch Kombinationen von zwei Ausschaltern mit drei Anschlüssen.

Schutzzustände Serienschaltung

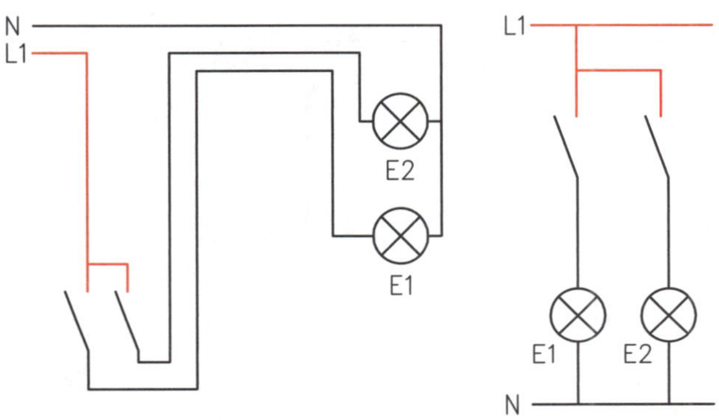

Schaltstellung: Aus

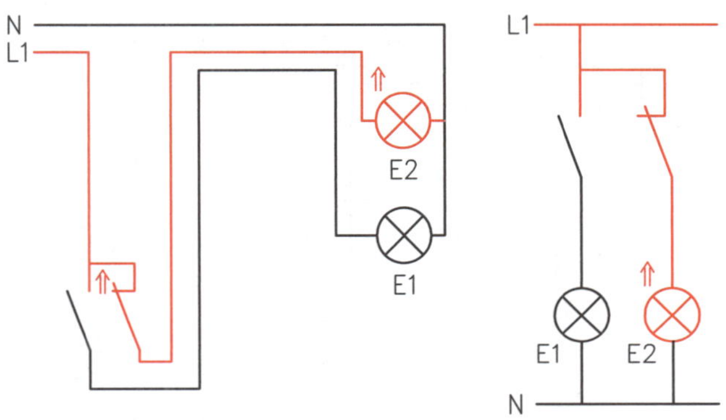

Schaltstellung: E2 Ein

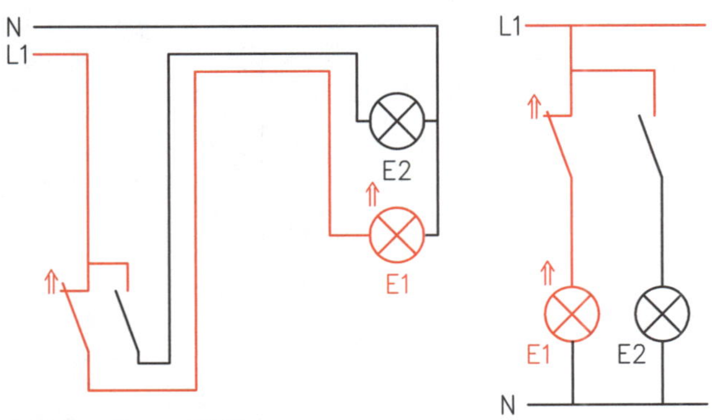

Schaltstellung: E1 Ein

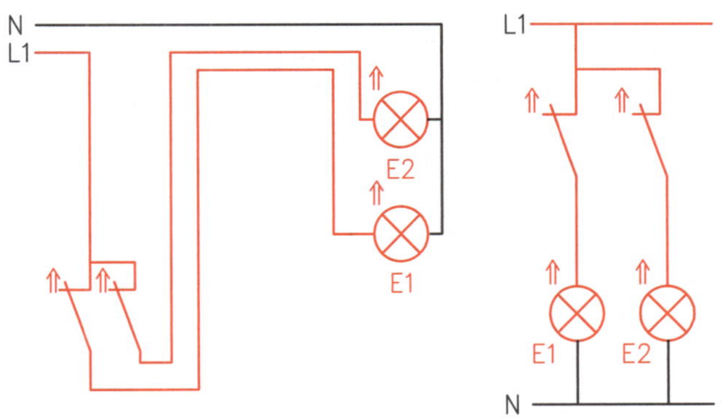

Schaltstellung: E1 und E2 Ein

Wechselschaltung

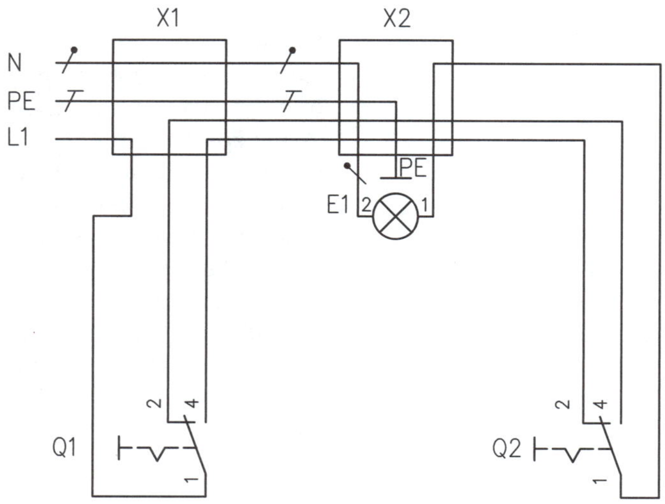

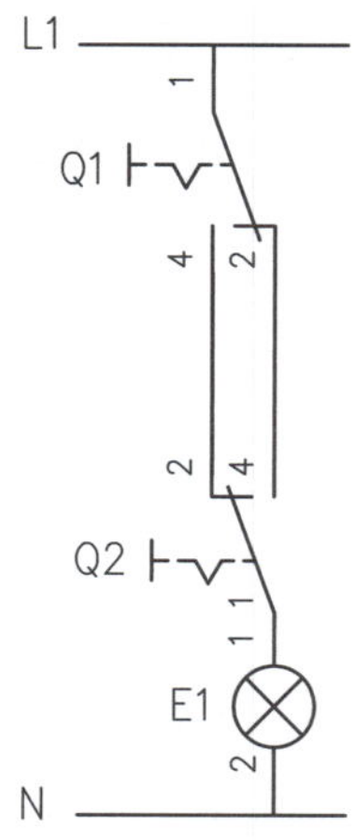

Kann eine Lampe oder eine Lampengruppe von **zwei** Schaltstellen aus sowohl ein- als auch ausgeschaltet werden, so heißt diese Schaltung **Wechselschaltung**.

Schaltzustände Wechselschaltung

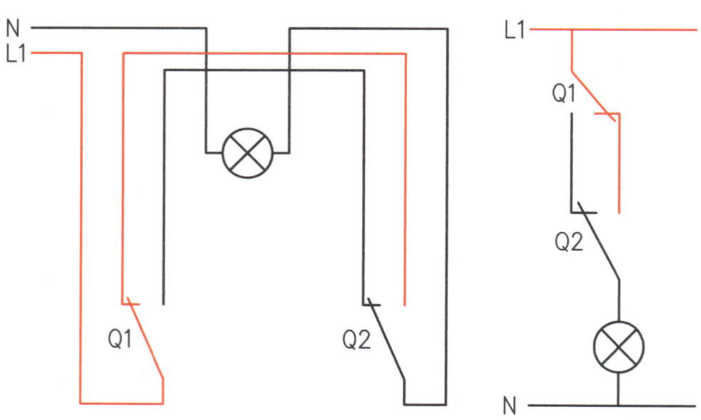

Schaltstellung: Aus

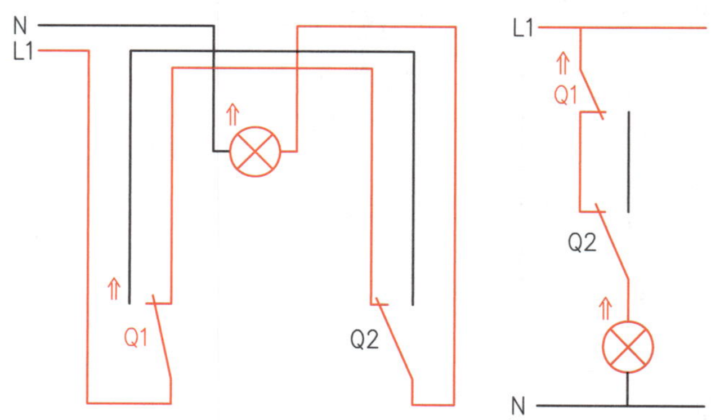

Schaltstellung: Ein von Q1 aus

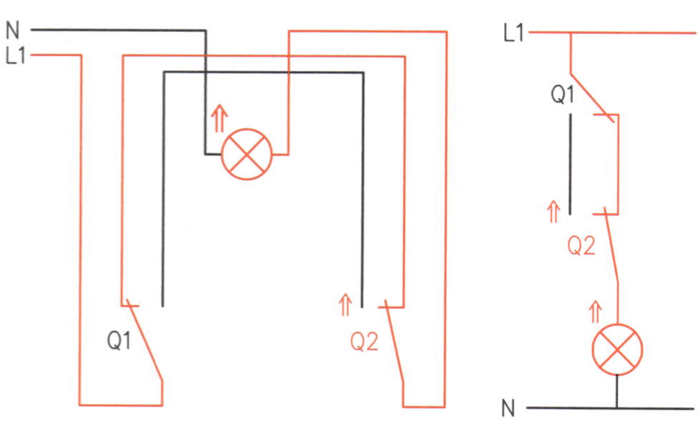

Schaltstellung: Ein von Q2 aus

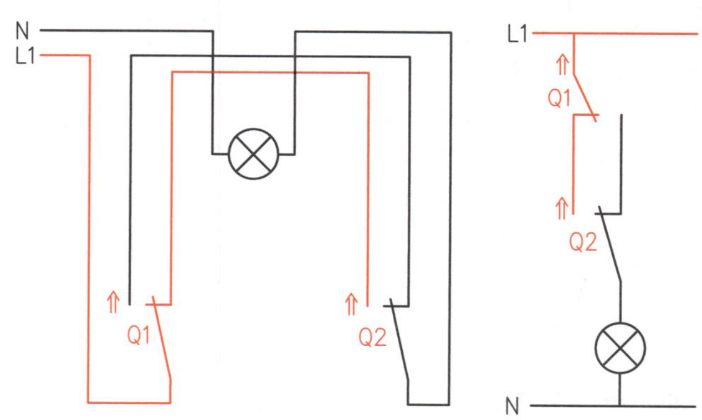

Schaltstellung: Aus von Q1 aus

Bildliche Darstellung

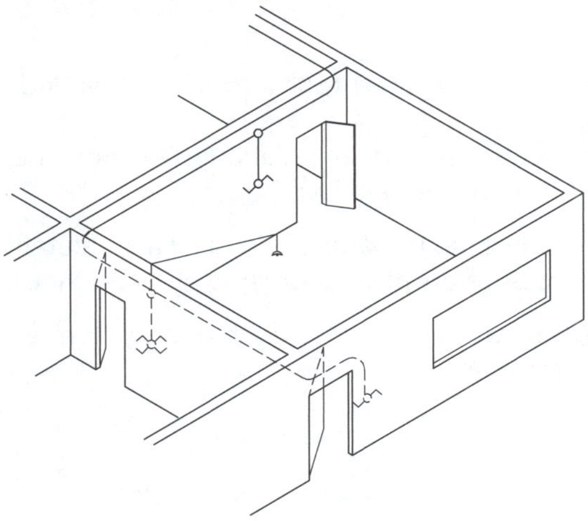

Die **Kreuzschaltung** ermöglicht das Schalten einer Lampe oder einer Lampengruppe von mehr als zwei Stellen aus.

Stromlaufpläne

zusammenhängende Darstellung

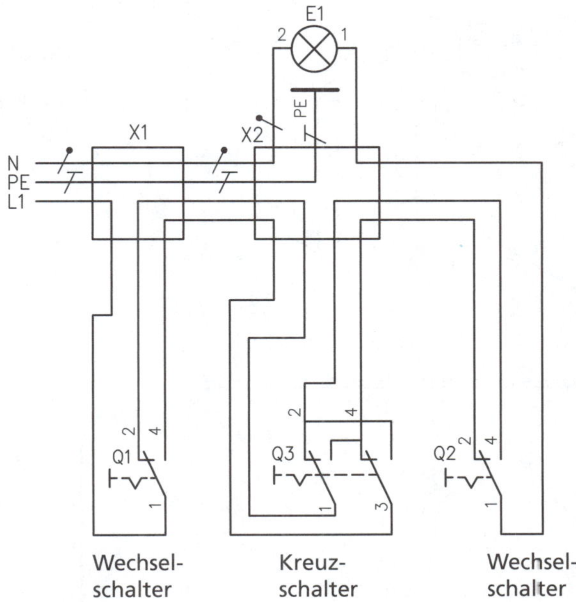

aufgelöste Darstellung

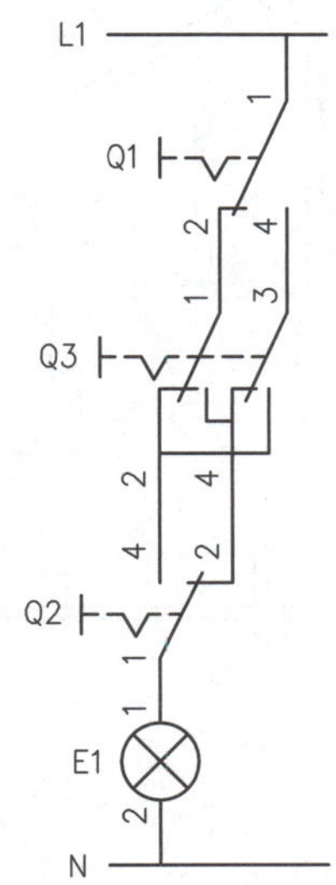

Installationsplan

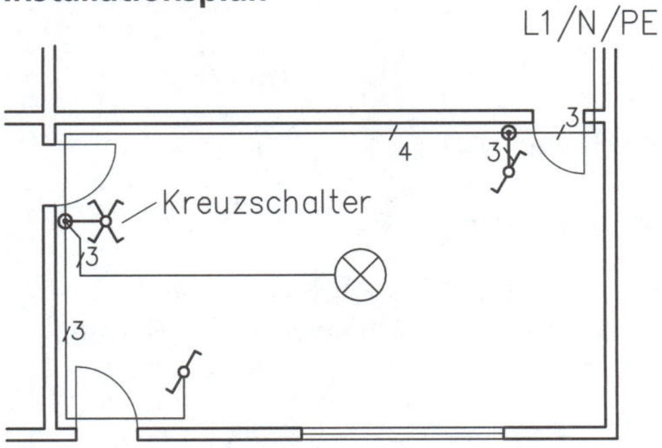

Funktionsprinzip der Kreuzschaltung

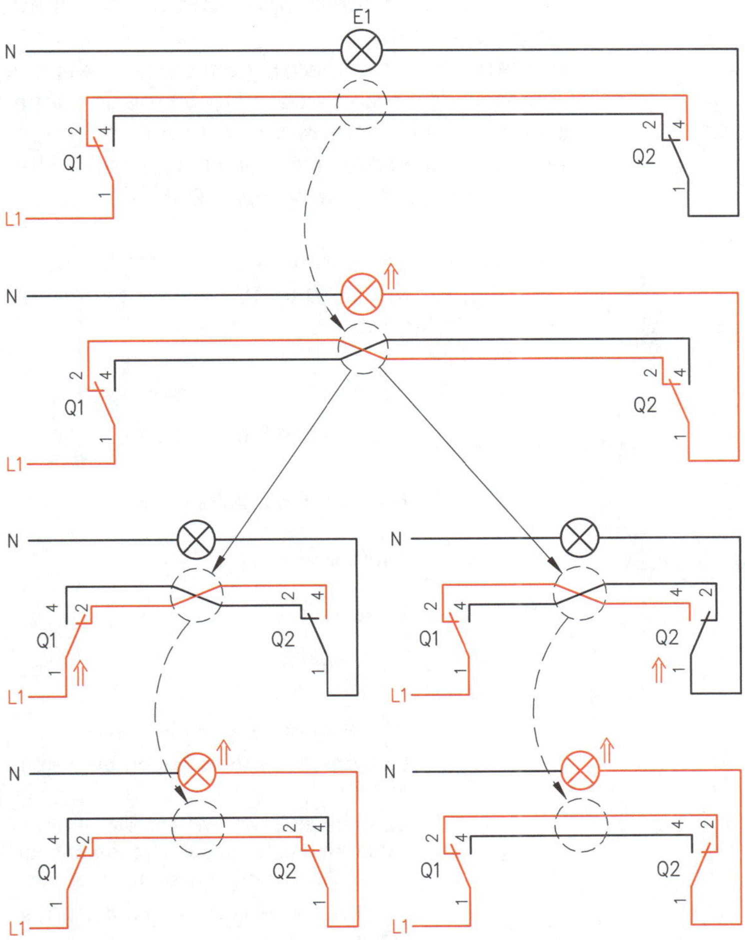

In dieser Wechselschaltung ist die Lampe E1 ausgeschaltet.
Kann an der durch den Kreis markierten Stelle die Lampe eingeschaltet werden?

Durch eine „Über-Kreuz-Verbindung" kann die Lampe E1 eingeschaltet werden.

Funktionsdarstellung des Schalters

Die Lampe kann sowohl mit Q1 als auch mit Q2 ausgeschaltet und wieder eingeschaltet werden.

Ist die Lampe durch Q1 oder Q2 ausgeschaltet, so kann sie durch Rückgängigmachen der „Über-Kreuz-Verbindung" wieder eingeschaltet werden.

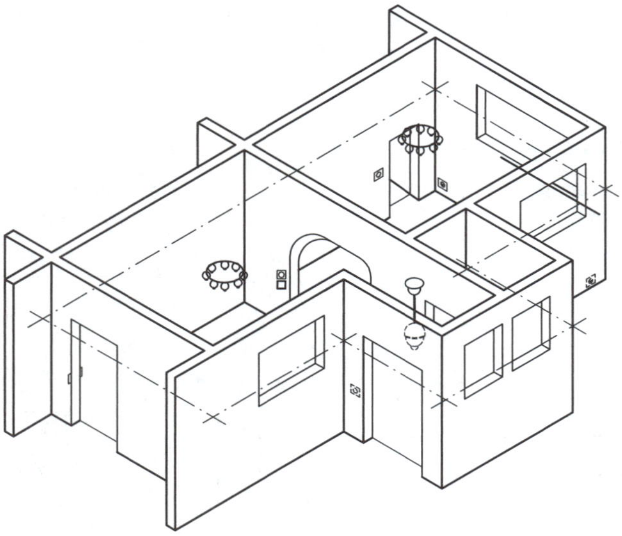

Grundrisse sind waagerechte Schnitte durch Gebäude oder Gebäudeteile.
Die Schnitte werden so gelegt, dass alle Durchbrüche, Fenster, Türen usw. erkennbar sind.

In den Grundriss des Gebäudes oder des Gebäudeteils wird der **Installationsplan** lagerichtig eingezeichnet.

Für das Zeichnen von Elektroinstallationen gelten verbindliche Normen.

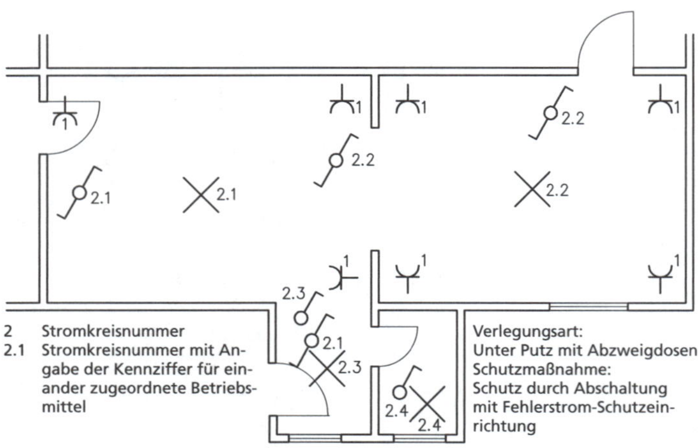

Einige Beispiele:

- Ausschalter
- Wechselschalter
- Serienschalter
- Schutzkontaktsteckdose
- Infrarot-Strahler
- Leuchtenauslass

(Weitere Beispiele für Schaltzeichen im Normteil dieses Buches.)

In der einfachsten Form zeigt der Installationsplan, wo in den Räumen Schalter, Steckdosen und Anschlüsse für Lampen und Elektrogeräte vorgesehen sind.
(Die Stromkreisnummern in dem Beispiel besagen: Alle Steckdosen sind an den Stromkreis „1" angeschlossen, alle Lampenanschlüsse an den Stromkreis „2". Die Kennziffern zeigen, welche Schalter zu welchem Lampenanschluss gehören.)

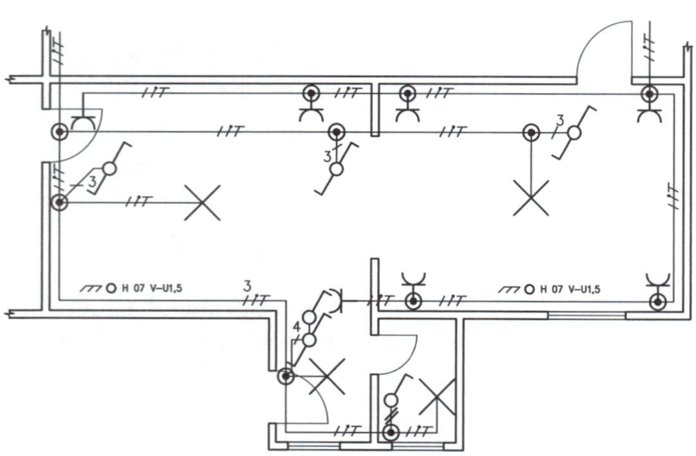

Installationsplan mit eingezeichneter Leitungsführung, Art der Leitungen, Zahl der Leiter und Art der Verlegung.

Beispiele für Leiterart und Leiterverlegung:

- H 07 V–U1,5 — PVC-Aderleitung, ∅ 1,5 mm²
- isol. Leiter in Installationsrohr
- auf Putz
- im Putz
- unter Putz
- Anschlussdose (Verbindungsdose)
- Leitung mit Kennzeichnung der Leiteranzahl
- Bei mehr als 2 Leitern kann die Leiteranzahl durch eine entsprechende Zahl an einem Querstrich angegeben werden.
- Beispiel mit Kennzeichnung der Leiterarten.

Stromstoßschalter

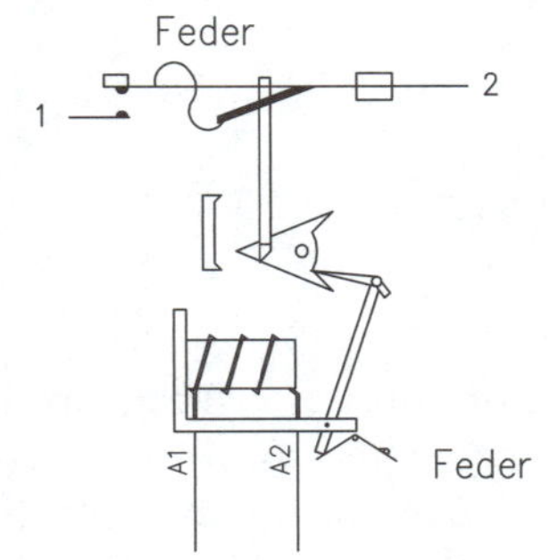

Ein Stromstoßschalter hat zwei stabile Schaltzustände. Bei jedem Schaltimpuls springt er von einem Zustand in den anderen.

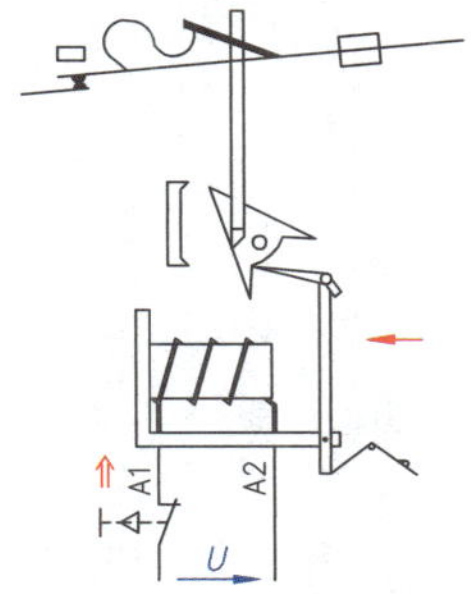

Einschalten

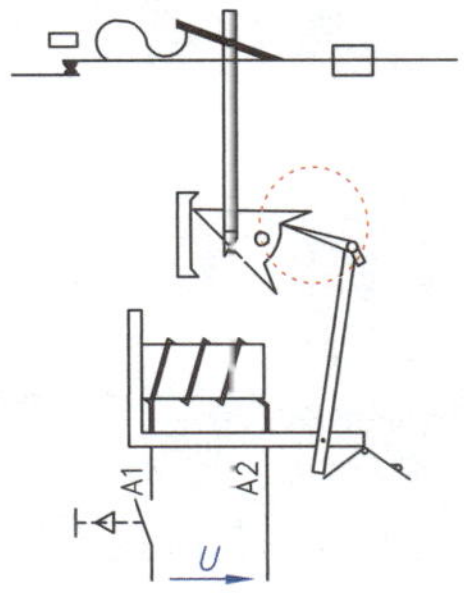

Beim nächsten Schaltimpuls wird ausgeschaltet.

Stromlaufpläne mit lagerichtiger Anordnung der Betriebsmittel

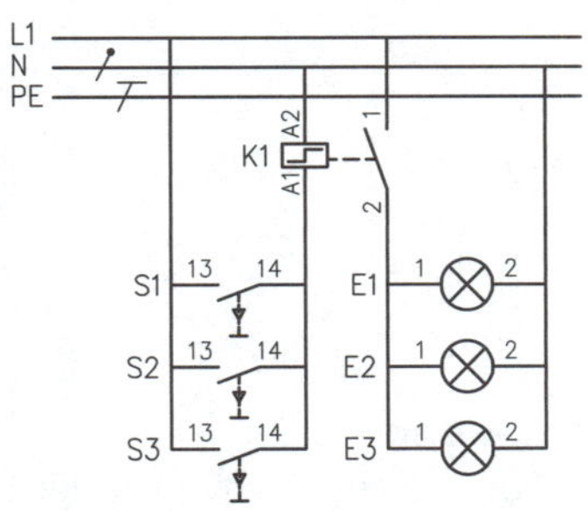

Hier ist die Steuerspannung gleich der Netzspannung.

Von beliebig vielen Schaltstellen kann die Lampengruppe jeweils ein- und ausgeschaltet werden.

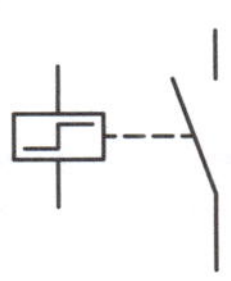

Schaltzeichen: Stromstoßschalter

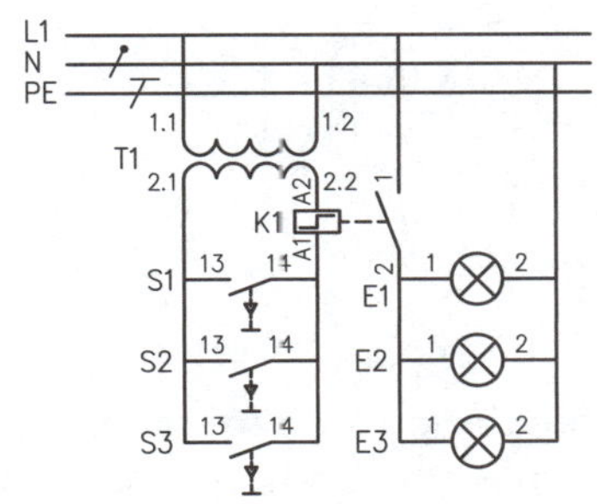

Hier wird mit Kleinspannung geschaltet.

Treppenlichtzeitschalter mit pneumatischer Verzögerung

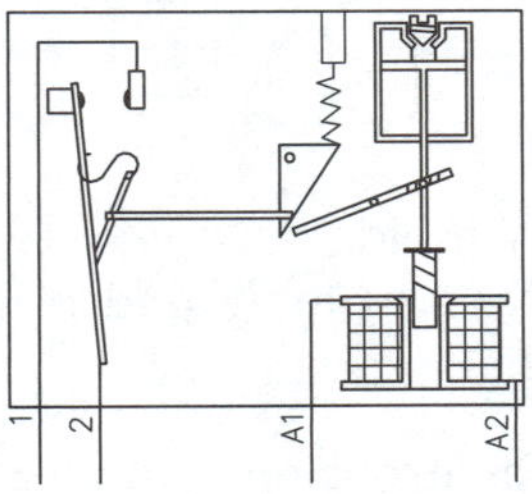

Neben diesem häufig verwendeten pneumatischen Schalter gibt es auch Uhrwerke und elektronische Schalter.

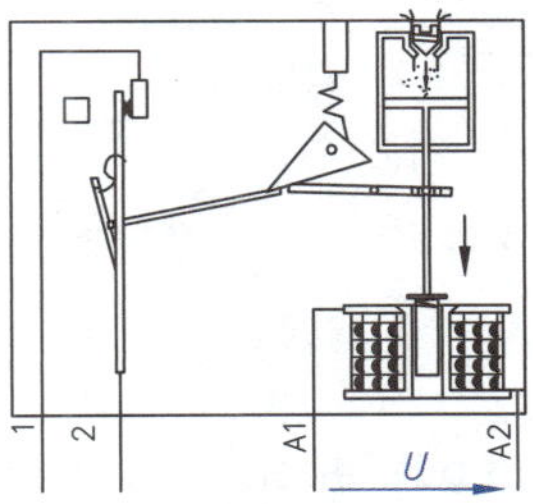

Durch einen Schaltimpuls wird die Magnetspule erregt. Der Eisenkern wird in die Spule gezogen, und der Kolben zieht Luft in den Zylinder. Der Schalter springt in die Ein-Stellung.

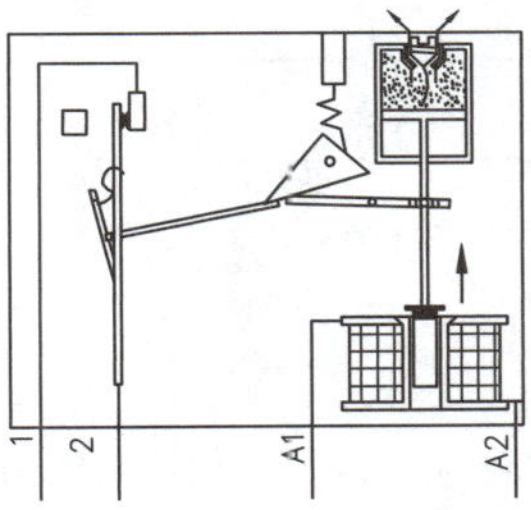

Nach Freigabe des Einschalt-Tasters wird der Kolben durch die Rückstellfeder nach oben gedrückt und die Luft langsam aus dem Zylinder gepresst. Mit der Schraube am Ausgangsventil kann die Zeit eingestellt werden.

Stromlaufplan mit lagerichtiger Anordnung der Betriebsmittel

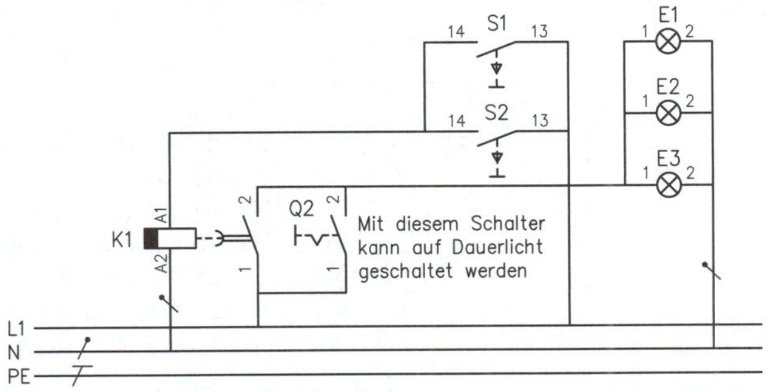

Schaltzeichen

Elektromagnetischer Antrieb mit Abfallverzögerung

Schalter öffnet verzögert

Hörmelder

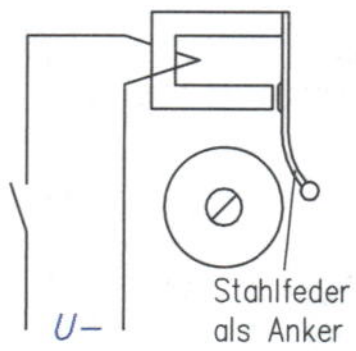

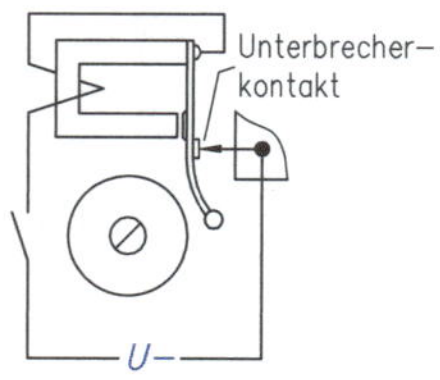

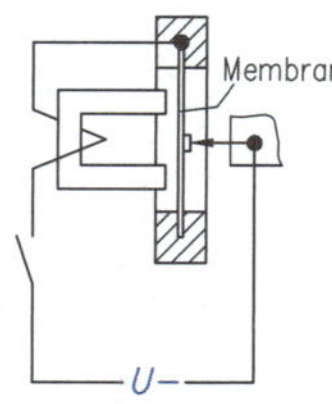

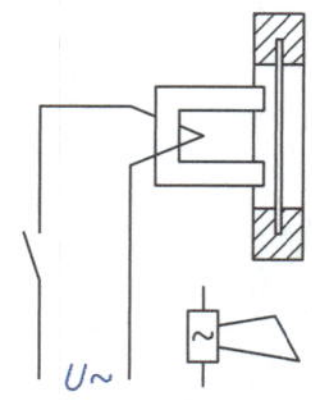

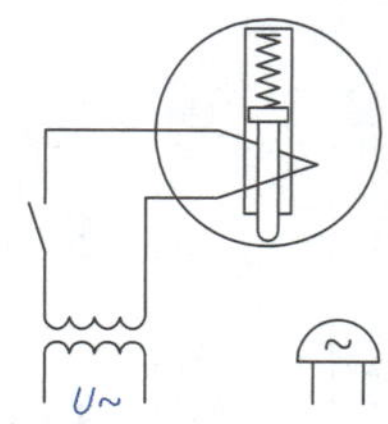

Einschlagwecker **Rasselwecker** **Summer** **Wechselstromhupe** **Wechselstromwecker**

Bei Erregung der Spule wird der Anker (Federstahl) angezogen. Beim Abschalten schnellt er wieder zurück.

Rasselwecker und Summer haben einen Federkontakt. Wird der Anker oder wird die Federmembran angezogen, wird der Stromkreis unterbrochen. Der Kontakt schließt sich wieder und Anker und Membran werden erneut angezogen usf.

Bei Wechselstromhörmeldern schwingt ein Bolzen oder eine Metallmembran bei erregter Spule in der Frequenz des Wechselstroms.

Türöffner

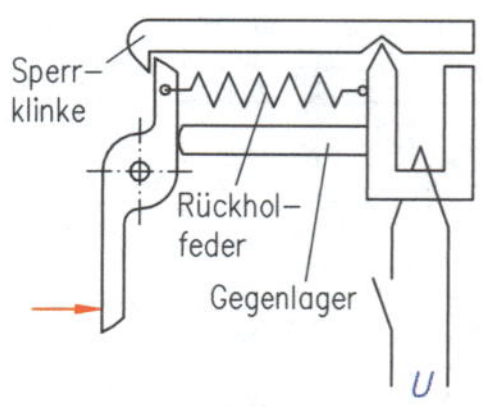

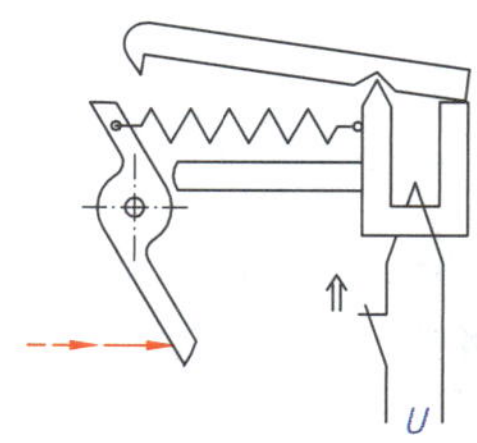

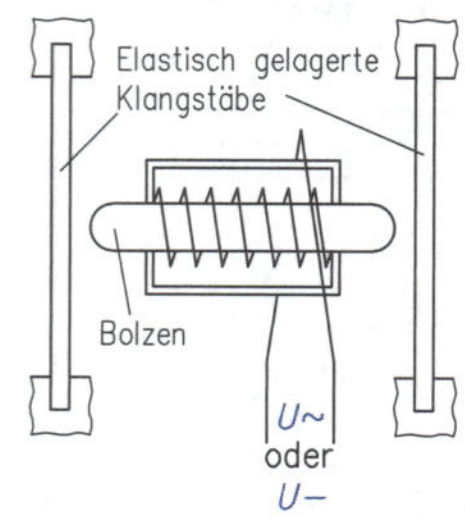

Wenn die Spule erregt wird, gibt die Sperrklinge des Ankers das Drehblatt, das den Türriegel sperrt, frei. Die Türe kann aufgedrückt werden, solange die Spule erregt ist.

Zweiklang-Gong
Wird die Spule erregt, schwingt der Bolzen nach rechts, wird die Spule abgeschaltet, schwingt der Bolzen nach links.

Stromversorgungsgeräte

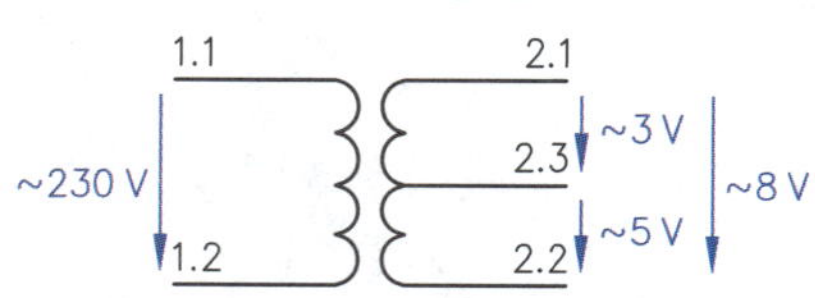

Klingeltransformator

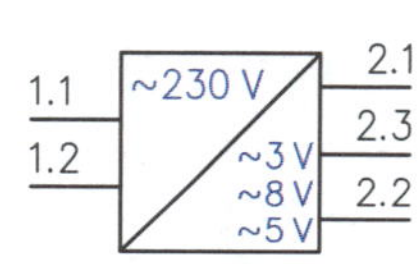

Blockschaltbild: Klingeltransformator

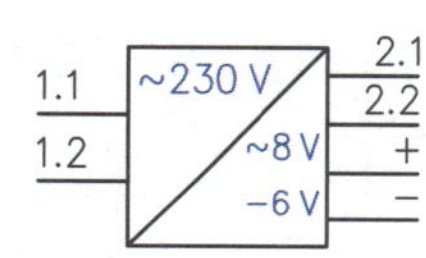

Blockschaltbild:
Netzgerät für Gleich- und Wechselspannung

Signalanlagen werden meist mit Kleinspannung betrieben. Im einfachsten Fall ist das Stromversorgungsgerät ein Klingeltransformator. Für Anlagen mit Gleichspannung enthalten die Netzgeräte zusätzlich Gleichrichter und Glättungsglieder. Blockschaltbilder enthalten keine Information über die Innenschaltung.

Klingelanlage mit Türöffner

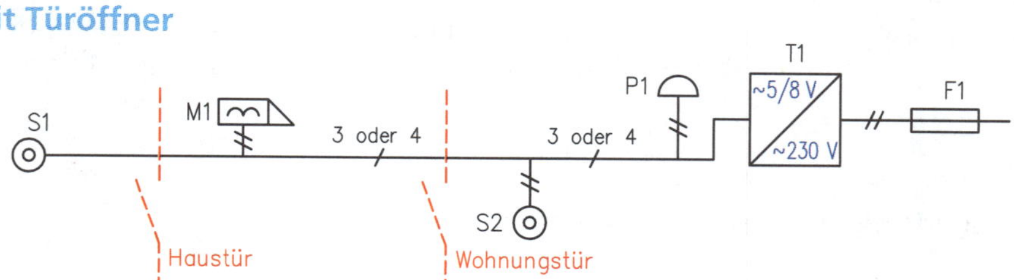

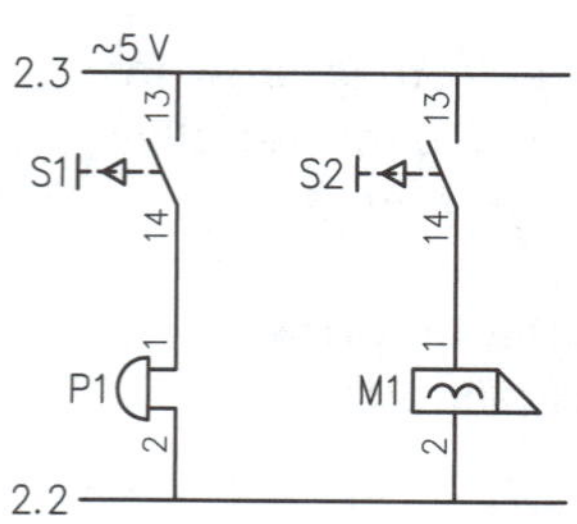

Bei dieser Schaltung werden zwischen Wohnungstür und Haustür vier Leiter benötigt.

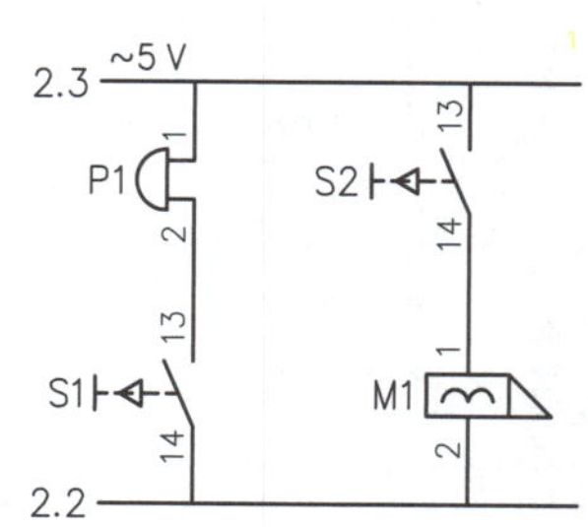

Bei dieser Schaltung werden zwischen Wohnungstür und Haustür nur drei Leiter benötigt. Diese Schaltung ist nur bei Kleinspannung zulässig.

Verdrahtungspläne haben **nicht** die Aufgabe, darüber zu informieren, wie eine Schaltung funktioniert, sondern wie die Anschlussstellen in einer elektrischen Anlage miteinander verbunden sind. Es gibt drei Arten von Verdrahtungsplänen: den Geräteverdrahtungsplan, den Verbindungsplan und den Anschlussplan.

Der Unterschied zwischen diesen Plänen soll am Beispiel einer Signalanlage deutlich gemacht werden.

Wirkungsweise einer Signalanlage zur Drucküberwachung

Aufbau

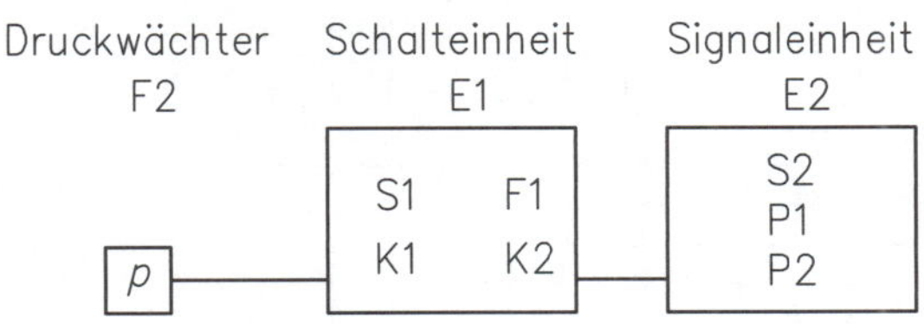

Der Druckwächter F2 misst den Druck im Druckgefäß. Übersteigt der Druck den Grenzwert, so werden in der Schalteinheit E1 beide Relais eingeschaltet. In der Signaleinheit E2 geben Sicht- und Hörmelder Alarm. Mit dem Schalter S2 kann der Hörmelder abgeschaltet werden. Mit dem Schalter S1 wird die Anlage betriebsbereit geschaltet.

Stromlaufplan

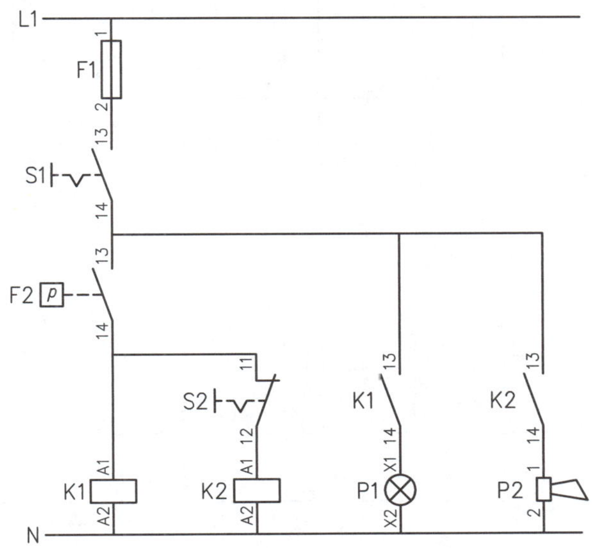

Beispiele: Geräteverdrahtungspläne für die Schalteinheit E1:

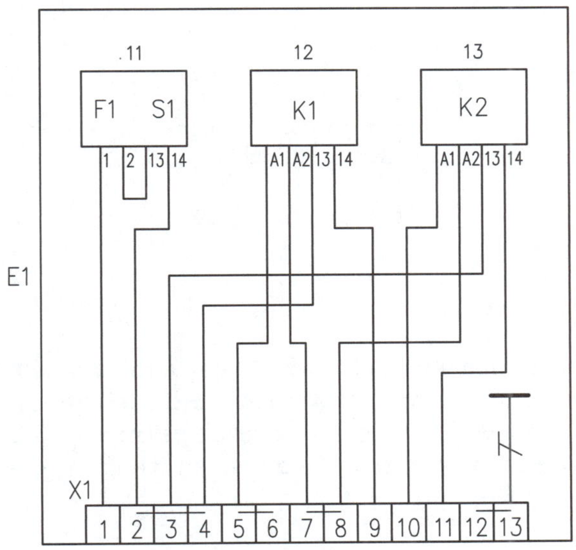

oder:

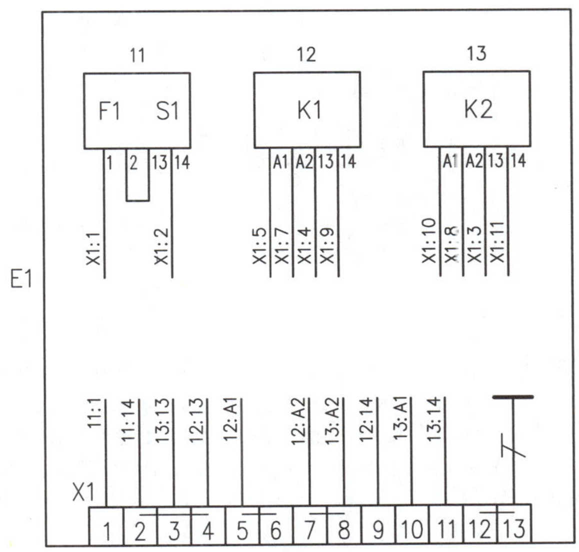

Nach IEC 113, Teil 6 enthalten Geräteverdrahtungspläne alle Informationen über die elektrischen **Innenverbindungen**.
Die Betriebsmittel werden in ungefähr lagerichtiger Anordnung dargestellt.

Werden die Leitungen nicht ausgezeichnet, so wird an jede Leitung das Ziel geschrieben. Der Doppelpunkt bedeutet Anschluss.

Beispiel:

Die Angabe 11:14 bedeutet: Die Leitung geht zum Betriebsmittel 11 an den Anschluss 14.

Beispiele für Verbindungspläne

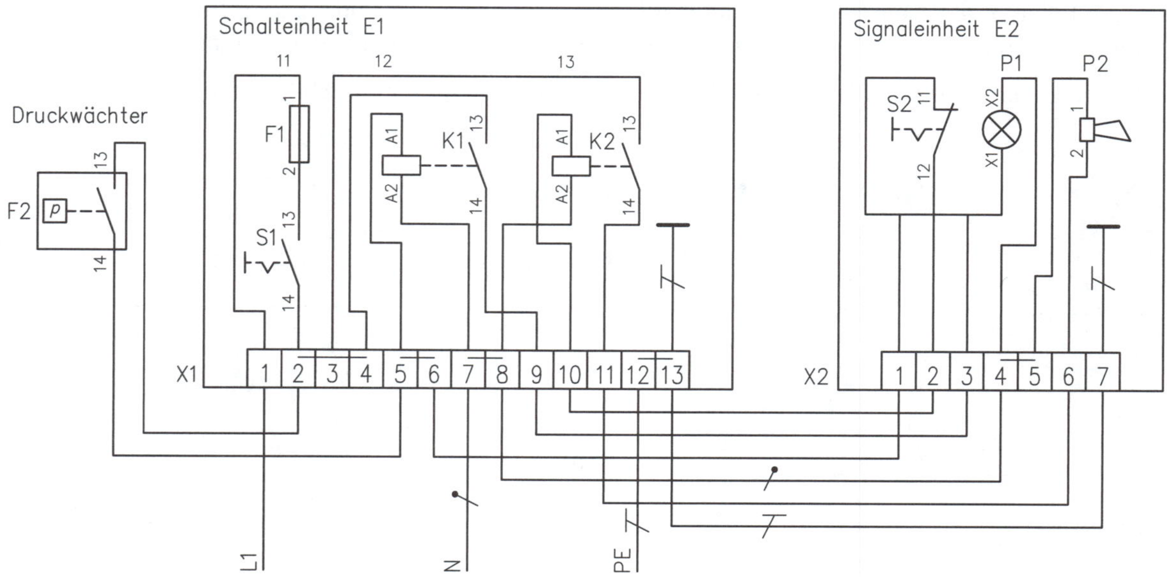

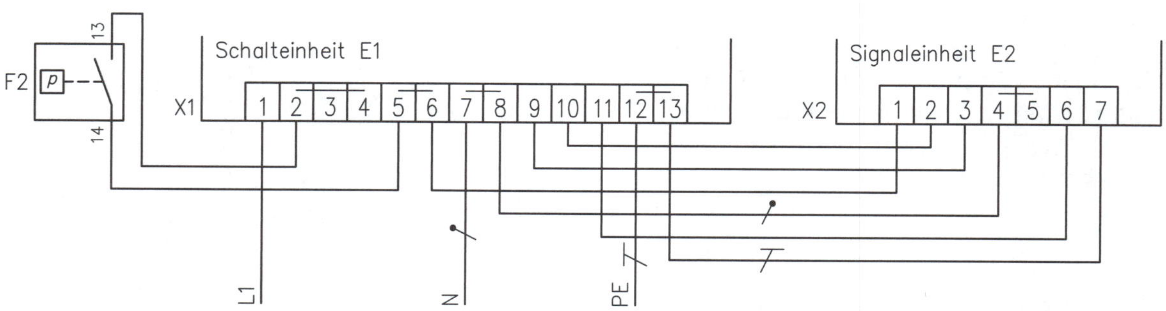

oder

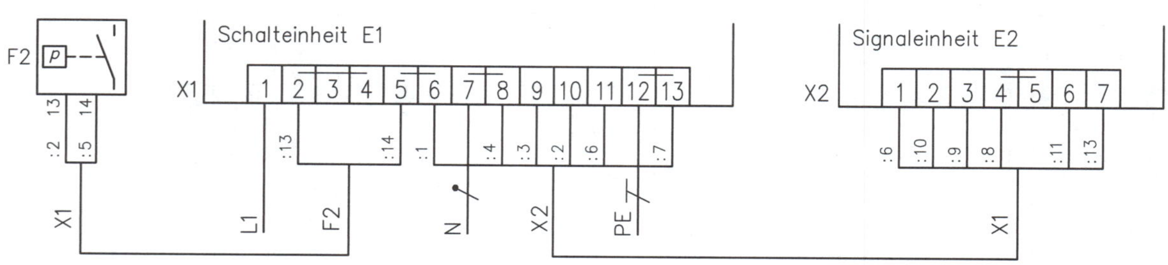

Nach DIN IEC 113, Teil 5 enthalten Verbindungspläne die Informationen über **elektrische Außenverbindungen**. Leitungen, die zum gleichen Gerät gehen, können durch nur eine Linie dargestelt werden. Durch Zielbezeichnungen an den Einzelleitern und den Sammelleitungen wird der Verbindungsplan sehr übersichtlich. Falls erforderlich, können Angaben wie z. B. Funktion, Querschnitt, Länge, Nennspannung usw. an die Leiter geschrieben werden.

Beispiele für Anschlusspläne

Nach DIN 40719, Teil 9 enthalten Anschlusspläne die Informationen über den Anschluss der inneren **und** äußeren elektrischen Verbindungen.
Auch im Anschlussplan können zusätzliche Angaben (wie Querschnitt u. Ä.) an die Leiter geschrieben werden.

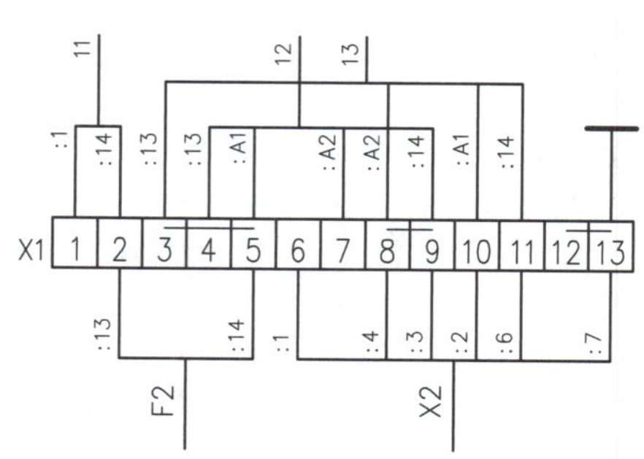

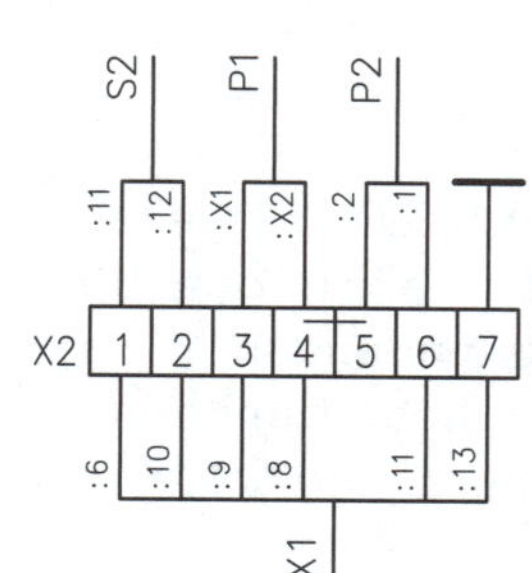

Anschlusspläne der Klemmenleisten X1 und X2 der beiden Geräte: Schalteinheit E1 und Signaleinheit E2

Aufgaben 24.1 und 24.2

24 Geräteunterlagen: Verbindungsplan und Anschlussplan einer Meldeanlage

Relais und Schütze sind Schaltgeräte mit elektromagnetischem Antrieb

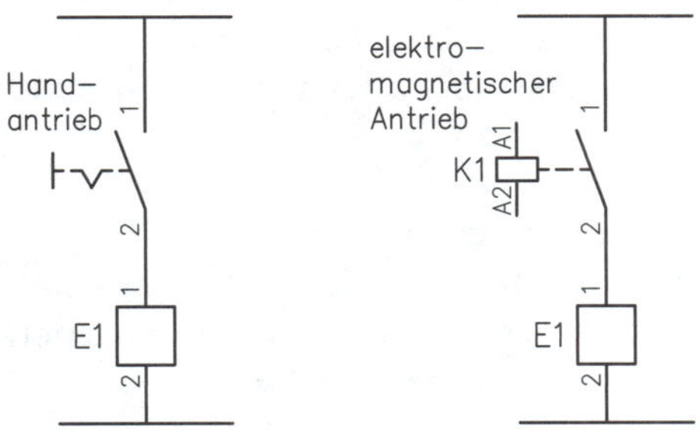

Beispiele für elektromagnetische Antriebe.

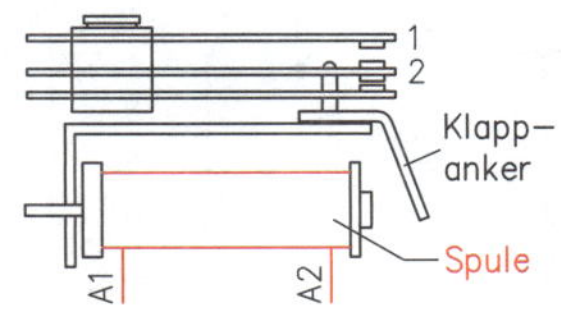

Relais mit Federsätzen

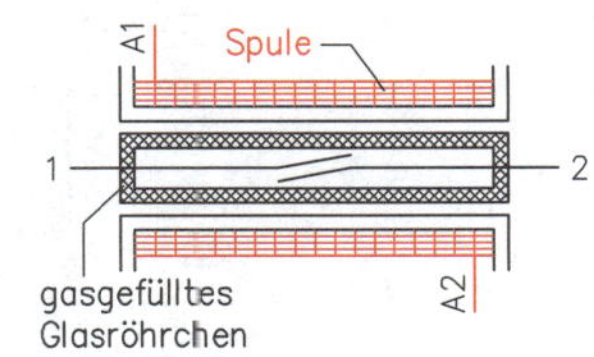

Zungenkontaktrelais (Reed-Relais)

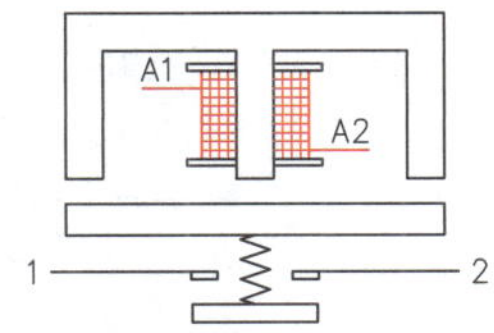

Schütz (Konstruktionsprinzip)

Relais wurden in der Nachrichtentechnik zum Übertragen von Signalen entwickelt.
Schütze wurden in der Energietechnik zum Schalten von Motoren entwickelt.
Heute gibt es zwischen den beiden Schaltgerätearten keine eindeutige Grenze. Es gibt Steuer- und Leistungsrelais und Steuer- und Leistungsschütze.

Steuerkreis – Leistungskreis

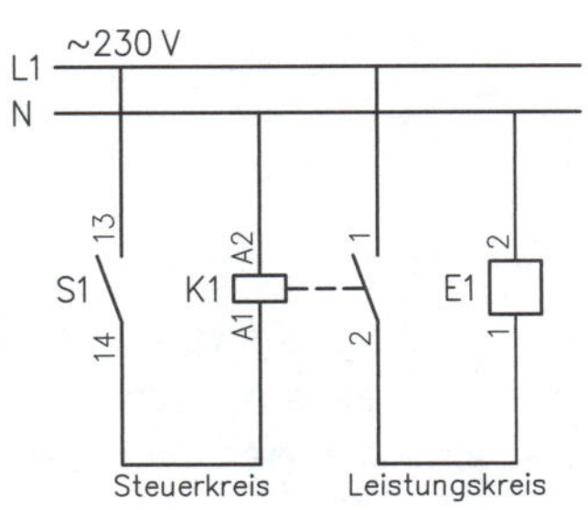

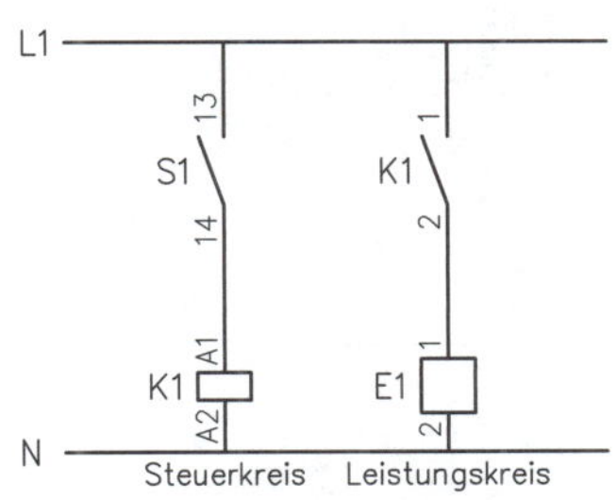

An der Betriebsmittelkennzeichnung kann man erkennen, welcher Schaltkontakt zu welcher Relaisspule gehört.

In jeder Relaisschaltung gibt es einen Steuerkreis und einen Leistungskreis. Im Steuerkreis wird die Relaisspule oder Schützspule mit einem Steuerschalter geschaltet.

Steuersicherungen

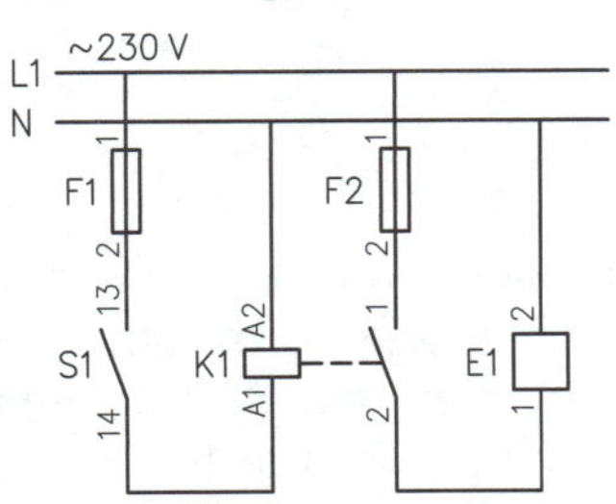

Hier sind Steuerkreis und Leistungskreis separat abgesichert.

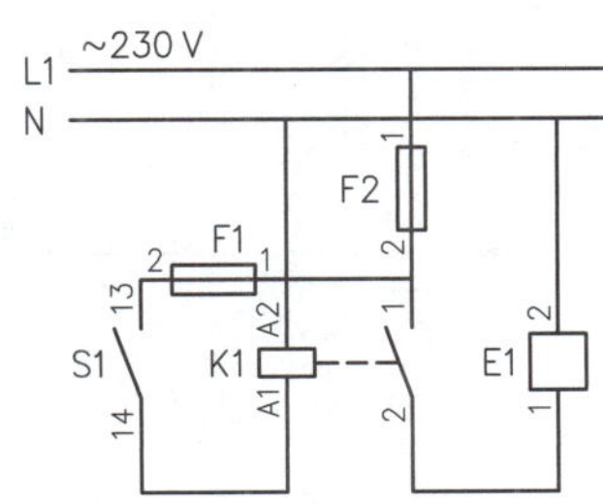

Hier ist die Sicherung im Leistungskreis Hauptsicherung. Mit ihr können beide Kreise zugleich spannungsfrei geschaltet werden.

Kennzeichnung von Steuerkontakten

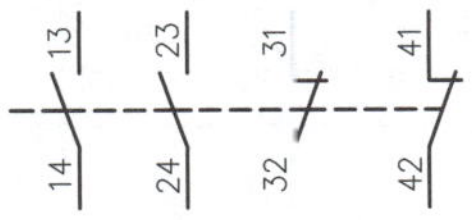

Steuerkontakte werden von links nach rechts fortlaufend nummeriert (1. Ziffer). Die zweite Ziffer kennzeichnet die Funktion:
1–2 = Öffner,
3–4 = Schließer.

In Motorstromkreisen sind Steuerkreise stets abgesichert

Steuerspannungen

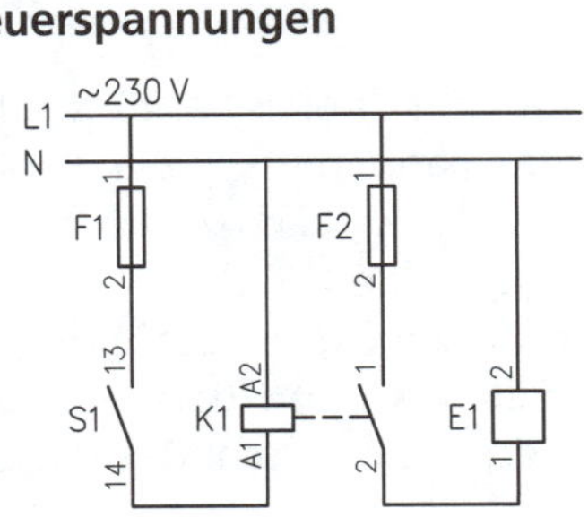

Steuerkreis und Leistungskreis liegen an derselben Spannung.

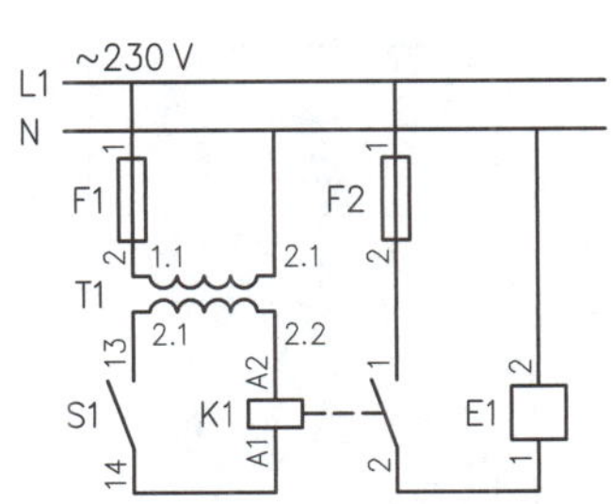

Die Steuerspannung wird von einem Steuertransformator abgenommen.

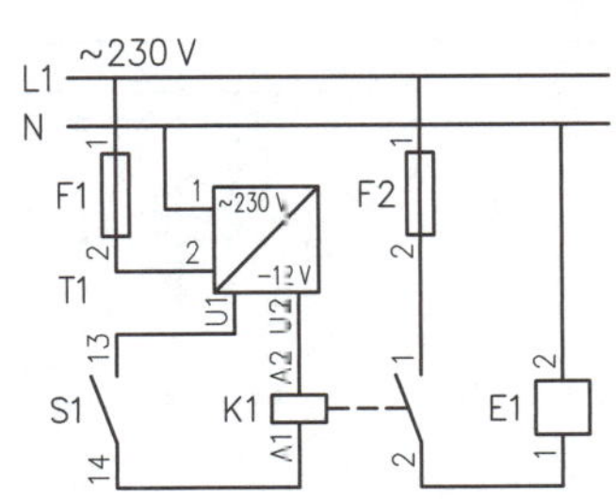

Die Steuerspannung wird von einem Netzgerät abgenommen (Kleinspannung).

Stellbetrieb und Tastbetrieb

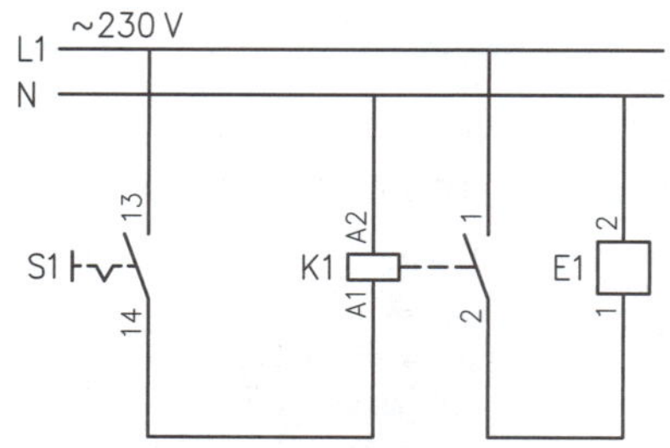

Stellbetrieb

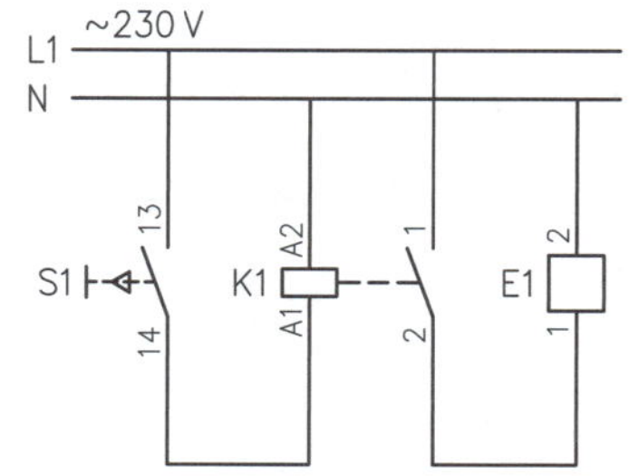

Tastbetrieb

Stellbetrieb
Der Steuerschalter ist ein Stellschalter. Der Steuerkreis hat zwei stabile Schaltzustände: Ein und Aus.

Tippbetrieb
Der Steuerschalter ist ein Testschalter. Der Steuerkreis hat nur einen stabilen Schaltzustand: Aus.

Selbsthaltung: Stellbetrieb mit Tastschaltern

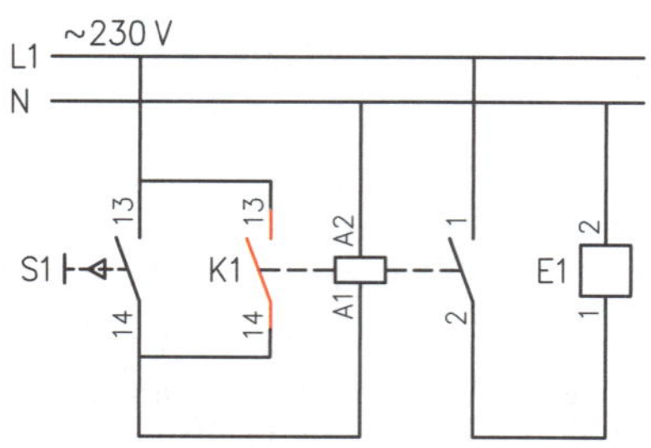

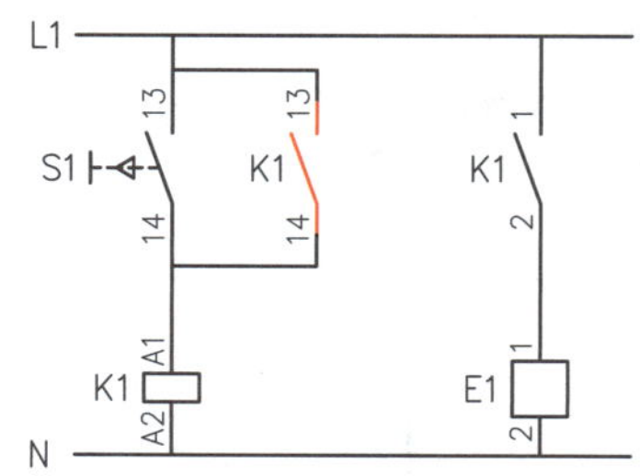

Ein zweiter Schließer am Relais wird dem Eintaster parallel geschaltet. Dieser parallel geschaltete Schließer wird Selbsthaltekontakt genannt.

Einschalten

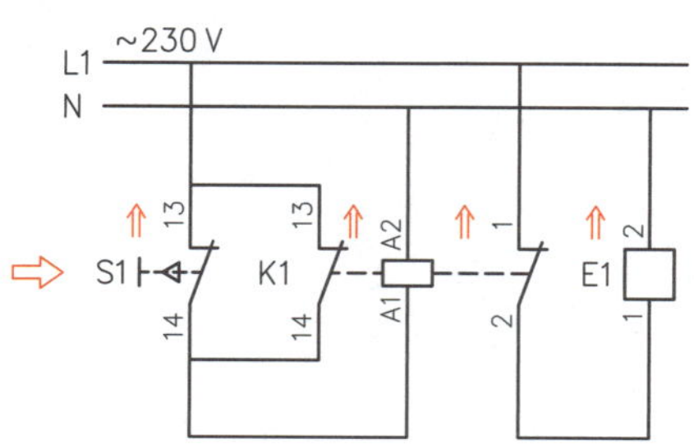

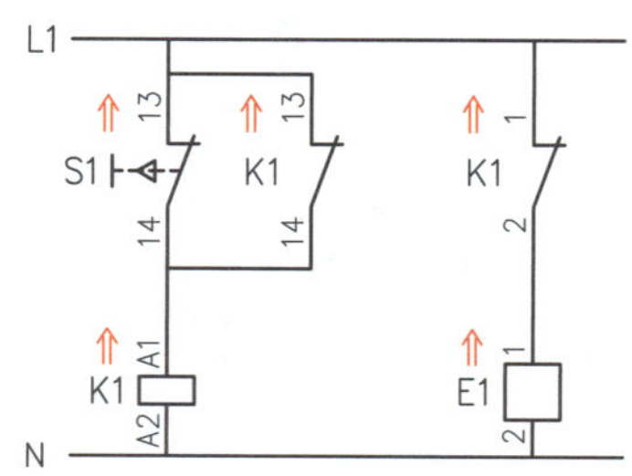

Durch Betätigung des Eintasters wird das Relais eingeschaltet. Das Relais schaltet den Verbraucher ein.

Halten

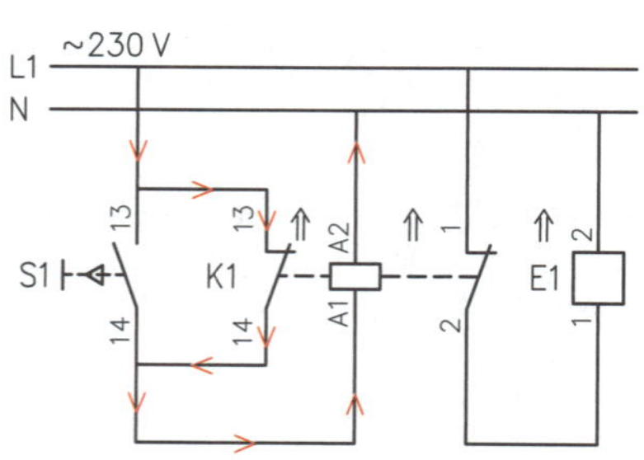

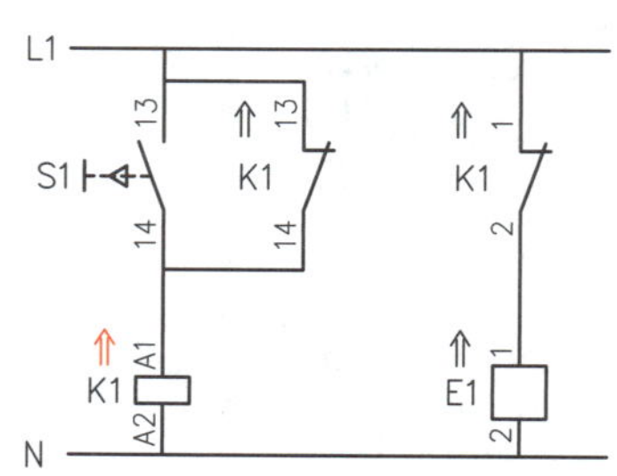

Wird der Eintaster freigegeben, kann das Relais nicht abfallen. Es bleibt über den Selbsthaltekontakt eingeschaltet (es hält sich selbst).

Ausschalten

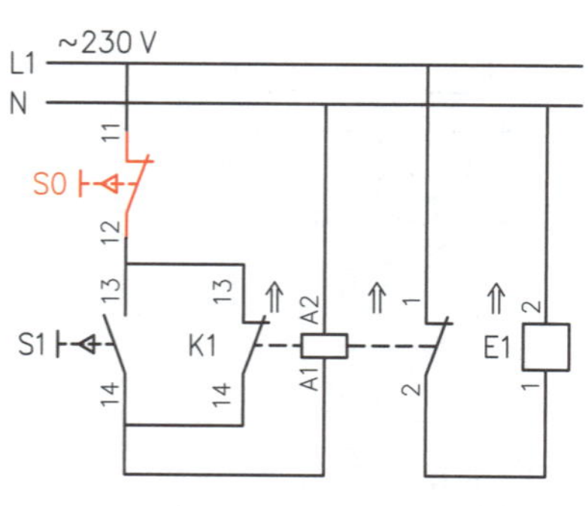

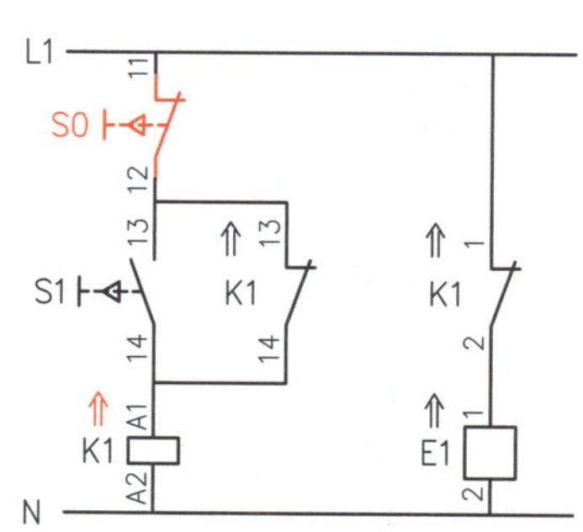

Damit das Relais abgeschaltet werden kann, muss in den Steuerkreis ein zusätzlicher Öffner eingebaut werden.
Wird dieser Öffner betätigt, fällt das Relais ab und der Leistungskontakt K1, 1–2 schaltet die Last ab.

Direktes und gesteuertes Schalten

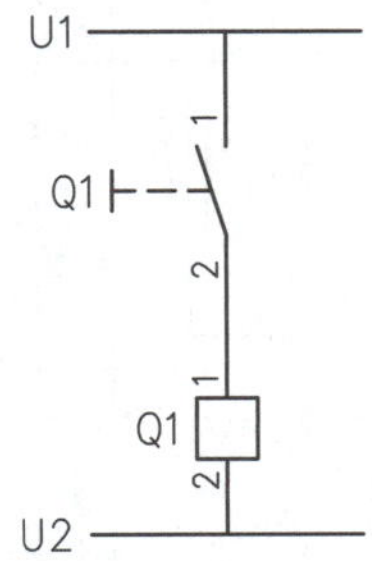

Beim direkten Schalten wird der Lastschalter direkt betätigt.

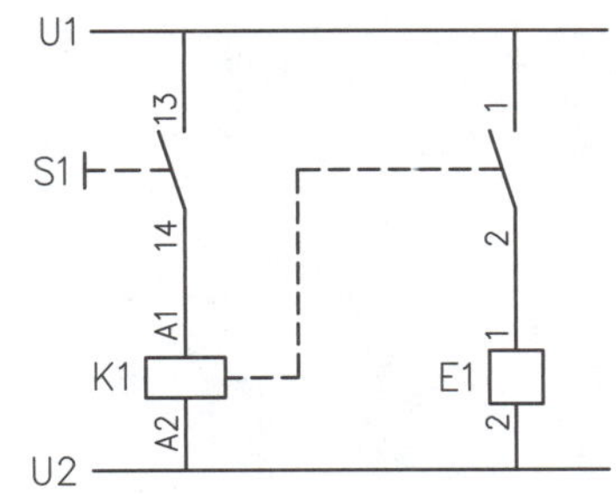

mechanisches Schalten mit Relais

Beim gesteuerten Schalten werden die Lastschalter nicht direkt betätigt, sondern mit Steuerschaltern angesteuert.

Der Transistor als gesteuerter elektronischer Schalter

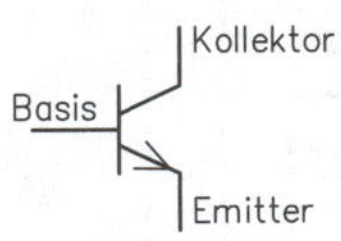

NPN-Transistor

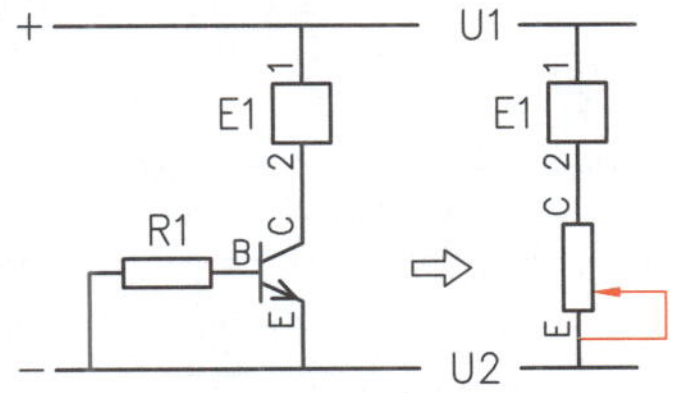

Wird die Basis eines NPN-Transistors mit dem Minuspol der Spannungsquelle verbunden (R1 ist ein Schutzwiderstand), ist er nicht angesteuert. Der Widerstand zwischen C und E ist dann sehr hoch.

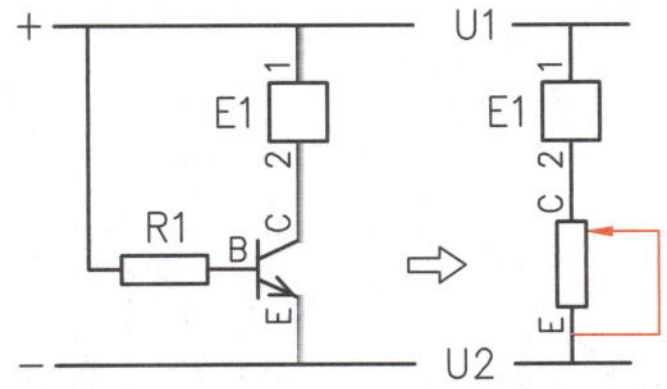

Wird die Basis eines NPN-Transistors mit dem Pluspol der Spannungsquelle verbunden, dann ist er durchgesteuert. Der Widerstand zwischen C und E ist dann sehr klein, und die Last ist eingeschaltet.

Mechanisches und elektronisches Schalten

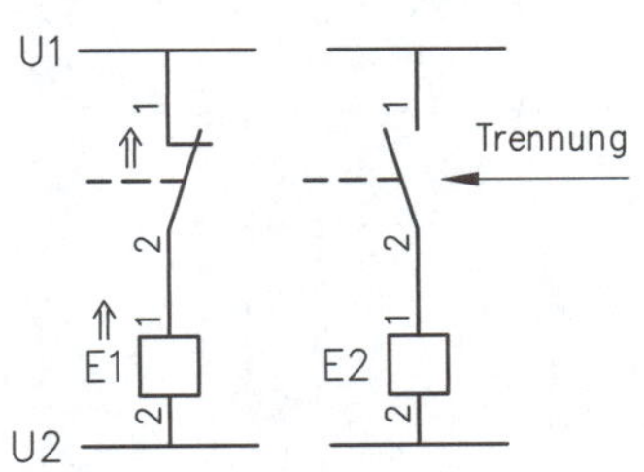

Beim mechanischen Schalten wird beim Abschalten der Stromweg mechanisch unterbrochen. Die Last ist galvanisch vom Netz getrennt.

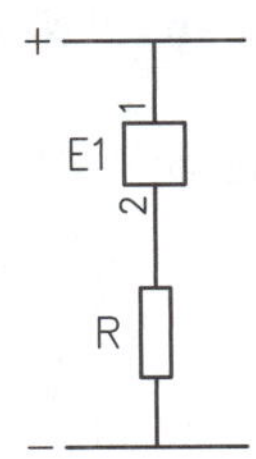

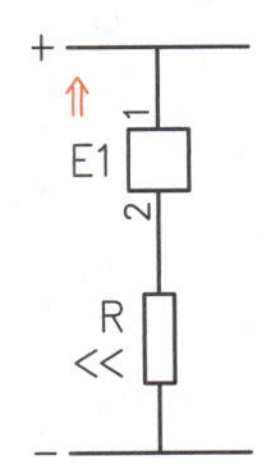

Der Reihenwiderstand ist sehr klein, die Last ist eingeschaltet.

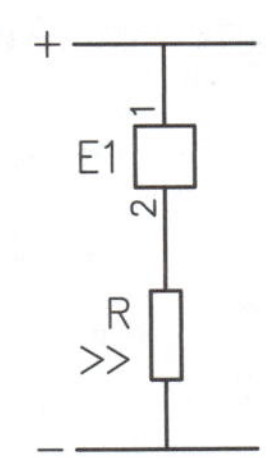

Der Reihenwiderstand ist sehr groß, die Last ist ausgeschaltet.

Beim elektronischen Schalten wird die Last durch die Veränderung eines Reihenwiderstands ein- und ausgeschaltet. Die Last ist deshalb nicht galvanisch vom Netz getrennt.

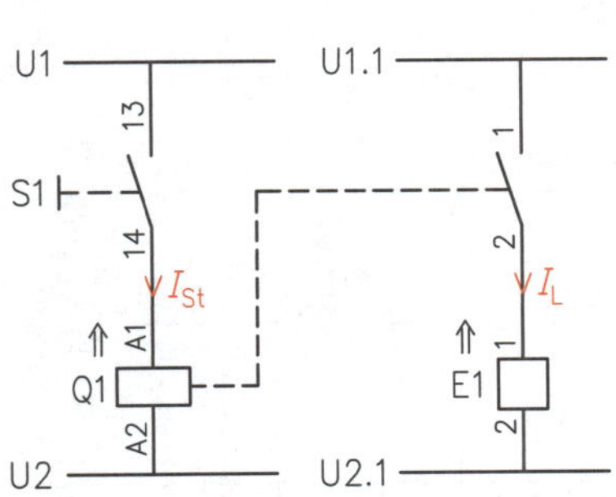

Beim mechanischen Schalten können Steuerstrom und Laststrom galvanisch getrennt (entkoppelt) werden.

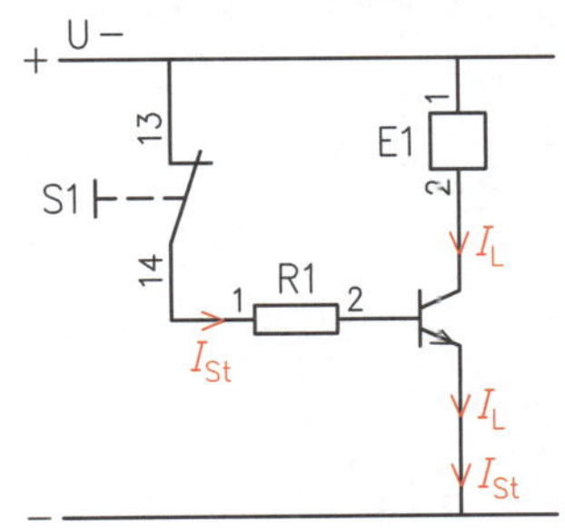

Beim elektronischen Schalten sind Steuer- und Laststrom nicht voneinander galvanisch getrennt.

1. Schalten über große Entfernungen mit geringem Energieverlust

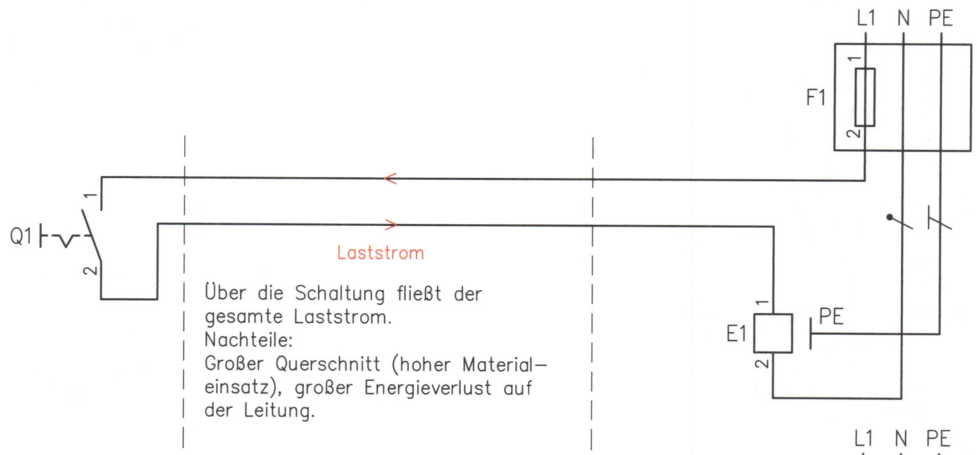

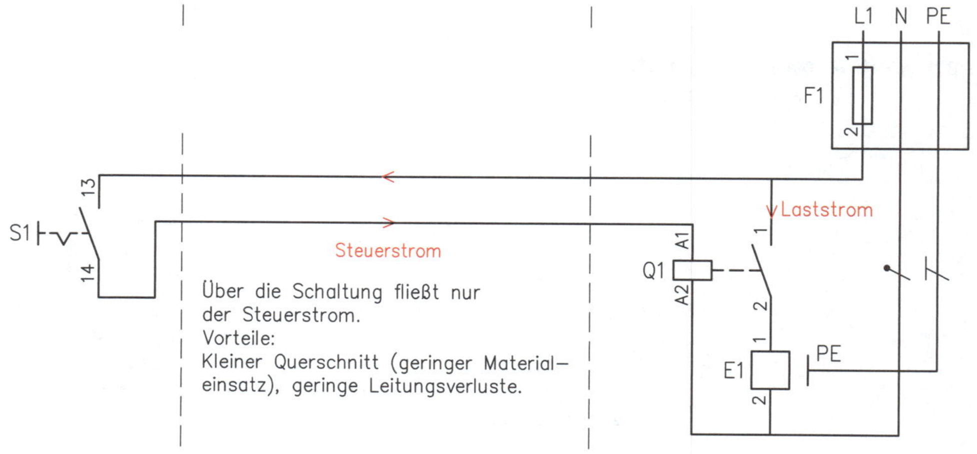

2. Schalten mit kleinen Schaltsignalen (Relais als Schaltverstärker)

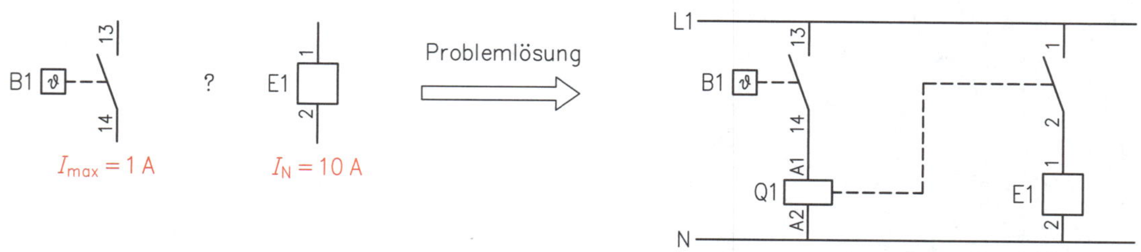

Problem:
Häufig tritt das Problem auf, dass die Schaltleistung eines Schaltgerätes zu gering ist, um die Last schalten zu können.

Das Schaltgerät mit der geringen Schaltleistung schaltet die Relaisspule. Der Leistungskontakt des Relais schaltet die Last. Das Relais wirkt als Schaltverstärker.

3. Schalten mit sehr kleinen Schaltsignalen (elektronische Schaltverstärker)

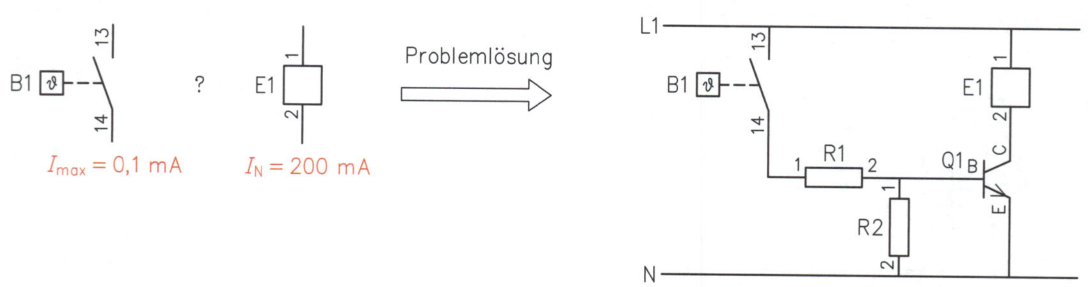

Problem:
Der Temperaturfühler hat eine so geringe Schaltleistung, dass er kein Relais ansteuern kann.

Das Schaltgerät mit der sehr kleinen Schaltleistung schaltet den Transistor. Der Transistor schaltet die Last. Der Transistor wirkt als Schaltverstärker.

Wirkungsweise und Gehäuseformen von Dioden

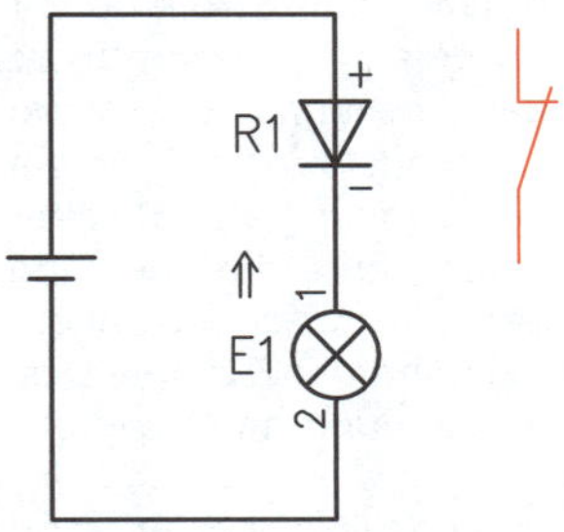

Eine Diode in Durchlassrichtung gepolt, wirkt wie ein geschlossener Schalter.

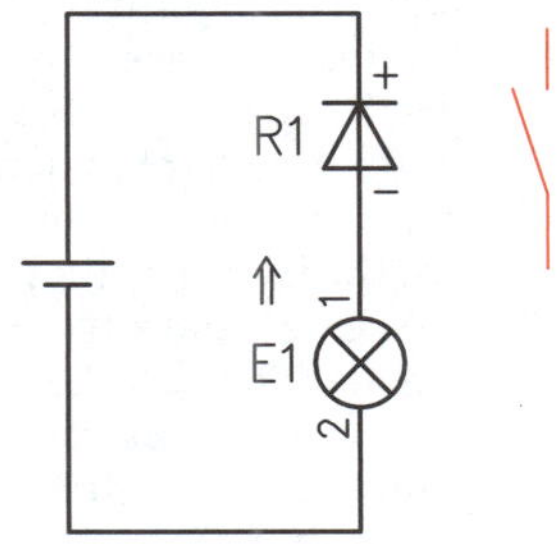

Eine Diode in Sperrrichtung gepolt, wirkt wie ein offener Schalter.

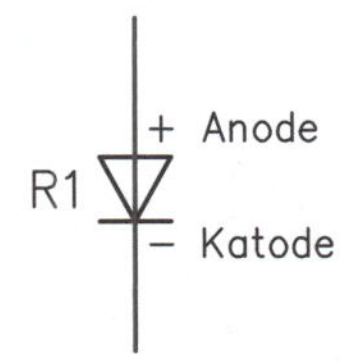

Eine Diode ist in Durchlassrichtung gepolt, wenn die Anode am Pluspol liegt.

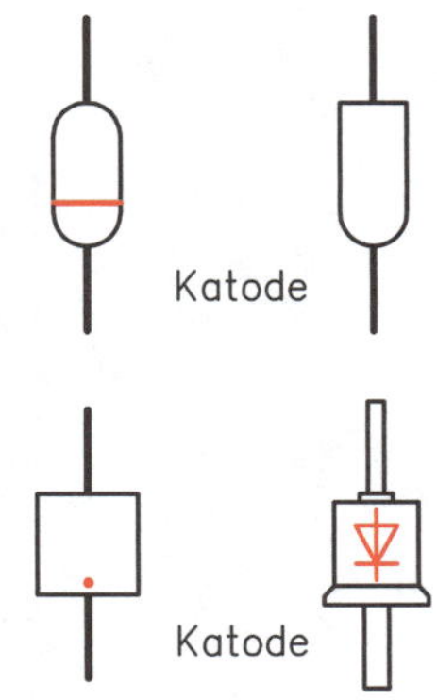

Gehäuseformen

Diodenkennlinie (vereinfachte Darstellung)

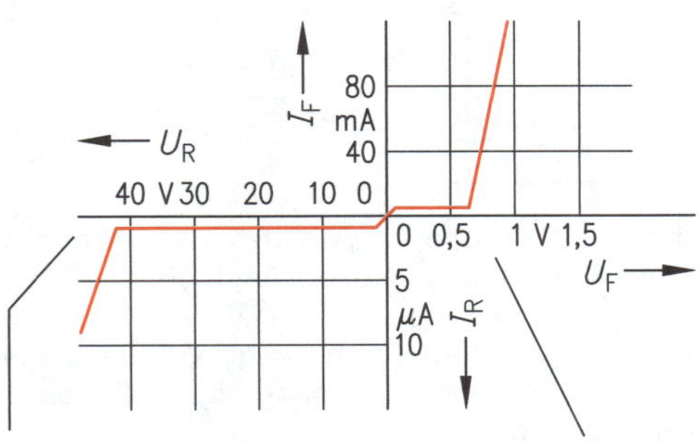

Durchbruch
Die Diode verliert ihre Sperrwirkung.
Die meisten Dioden werden in diesem Betriebszustand zerstört.

Schleusenspannung
Bis zu dieser Spannung leitet die Diode auch in Durchlassrichtung nicht.

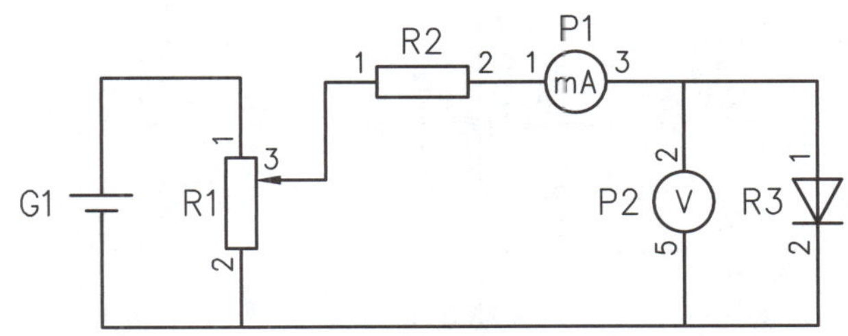

Messen der Vorwärts-(Durchlass) Kennlinie

U_F Vorwärtsspannung
I_F Vorwärtsstrom

F = forward, engl. – vorwärts
R = reverse, engl. – rückwärts

Schaltbeispiele

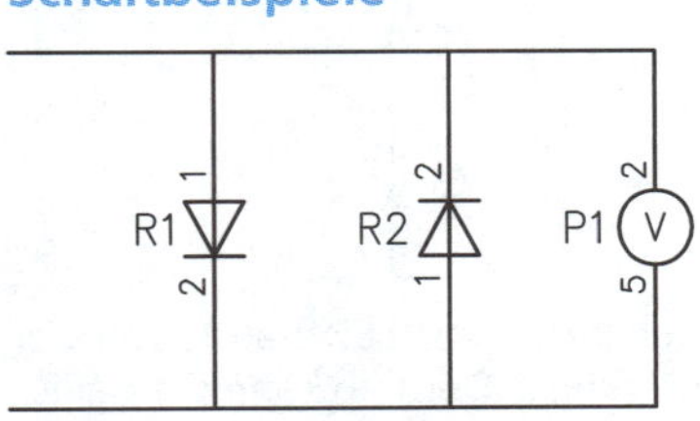

Dioden-Schutz für Messwerke
Die Spannung am Messwerk kann nie größer werden als die Schleusenspannung (bei Silizium-Dioden 0,6–0,7 V)

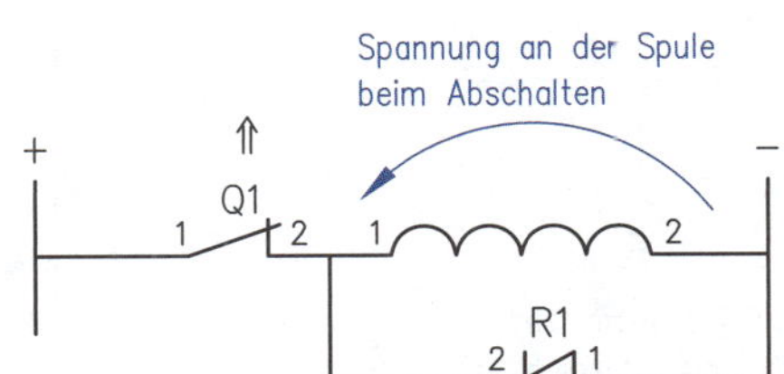

Schutz-Diode für den Schalter (Freilaufdiode)
Wenn der Schalter geöffnet wird, bricht in der Spule das Magnetfeld zusammen. Hierdurch entsteht eine hohe Spannung (Induktionsspannung). Damit diese Spannung für den Schalter nicht gefährlich wird, wird sie durch die Diode kurzgeschlossen.

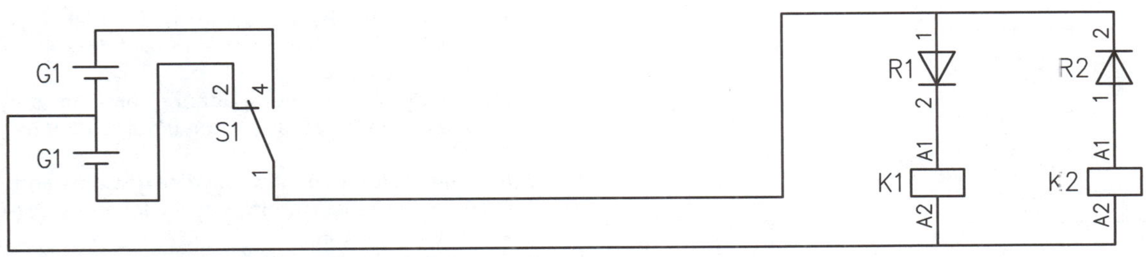

Entkopplung von Steuerbefehlen
Verbindet der Steuerschalter S1 die Anschlüsse 1–2, dann schaltet Relais K2.
Verbindet der Steuerschalter 1–4, dann schaltet das Relais K1.

Z-Diode

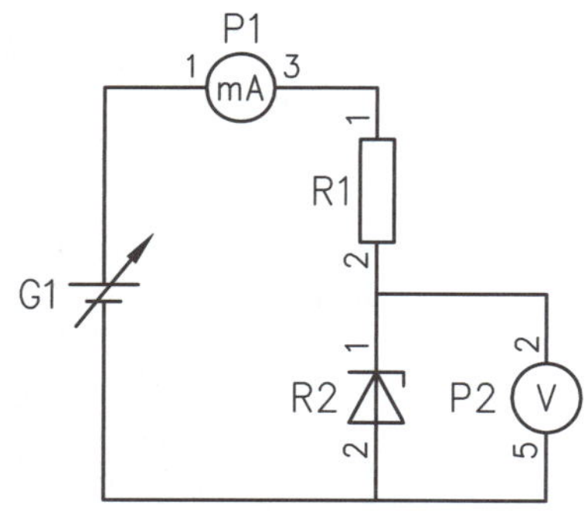

R2: Z–Diode mit $U_Z = 12$ V

Wird in der nebenstehenden Schaltung die Spannung von 0 V an hochgeregelt, dann fließt so lange kein Strom bis der Spannungsmesser 12 V anzeigt. Bei dieser Spannung bricht die Diode durch, d. h. sie geht aus dem hochohmigen Zustand in den niederohmigen über. Eine Z-Diode wird bei diesem Zustand nicht zerstört. Wird nun die Spannung an G1 weiter erhöht, dann erhöht sich auch die Stromstärke, die Spannung an der Z-Diode bleibt aber nahezu konstant. Mit zunehmender Stromstärke sinkt der Widerstand der Z-Diode. Deshalb fällt der Betrag, um den die Spannung an G1 erhöht wurde, an dem Widerstand R1 ab.

U_Z ist die Spannung, bei der eine Z-Diode ihre Sperrwirkung verliert.

Kennlinie (vereinfacht)

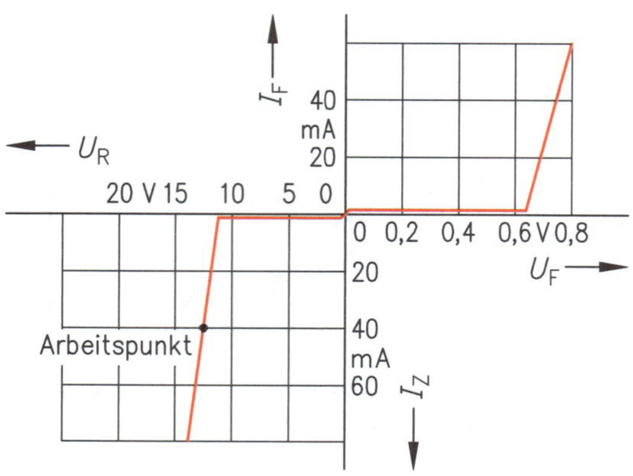

Spannungsstabilisierung

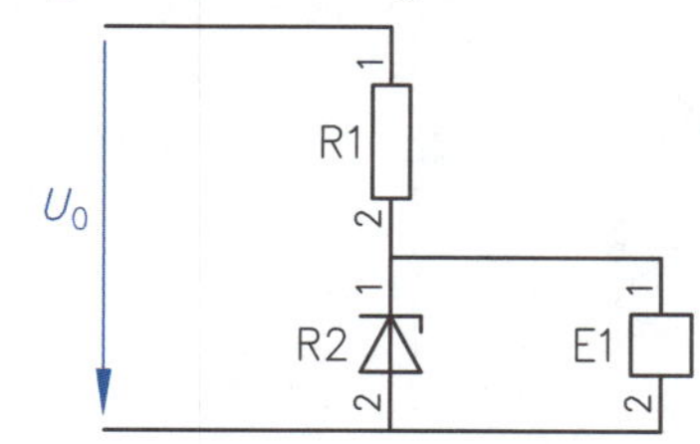

Ist U_0 so hoch, dass die Diode die Arbeitspunktwerte in der nebenstehenden Kennlinie hat, dann liegt die Last E1 an 13 V.

Schwankt nun die Spannung U_0 um einige Volt nach oben oder nach unten, dann bleibt die Spannung an E1, bis auf kleine Abweichungen, bei 13 V.

Leuchtdioden (LED = Licht emittierende Dioden)

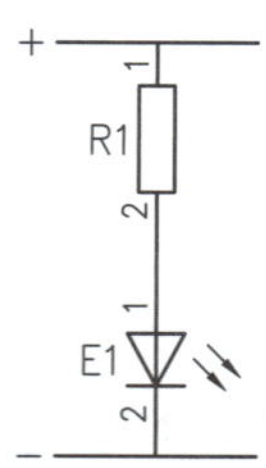

Leuchtdioden (LED) leuchten, wenn sie in Vorwärtsrichtung (Durchlassrichtung) betrieben werden.

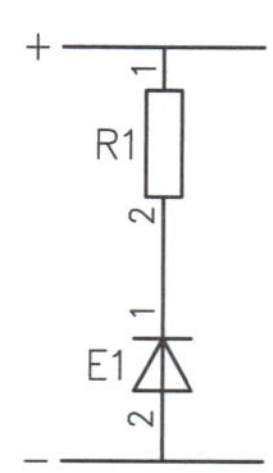

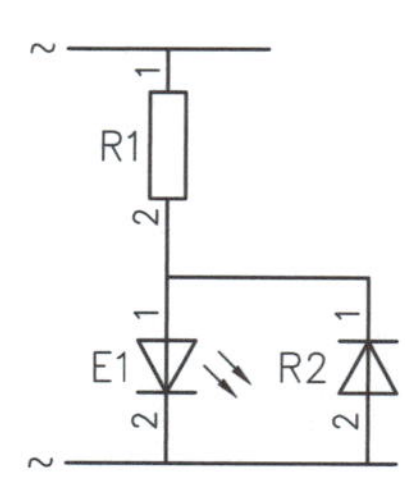

In Sperrrichtung betrieben, bleiben LED dunkel.

Da sie eine geringe Rückwärtsspannung (Sperrspannung) (3 V) haben, müssen sie im Wechselstrombetrieb durch eine Diode geschützt werden.

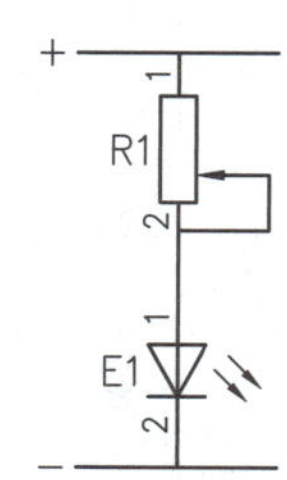

Die Helligkeit einer LED hängt von der Stromstärke ab. Deshalb kann die Heiligkeit mit dem Potenziometer eingestellt werden.

Die Stromstärken liegen zwischen 2 mA und 60 mA.

Kennlinie (vereinfacht)

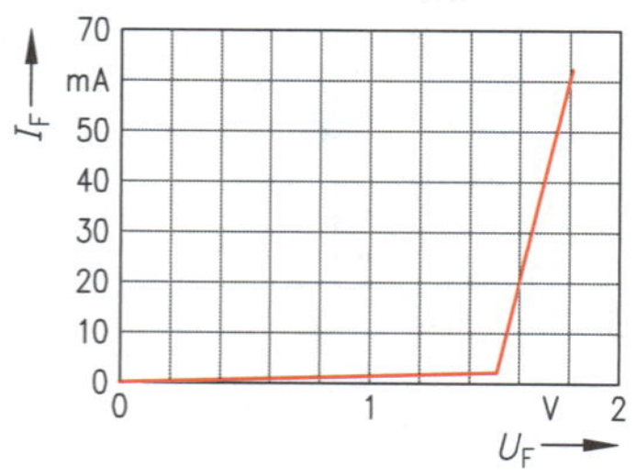

Für jeden LED-Typ gibt es eine spezifische Kennlinie.

Bestimmen des Vorwiderstandes

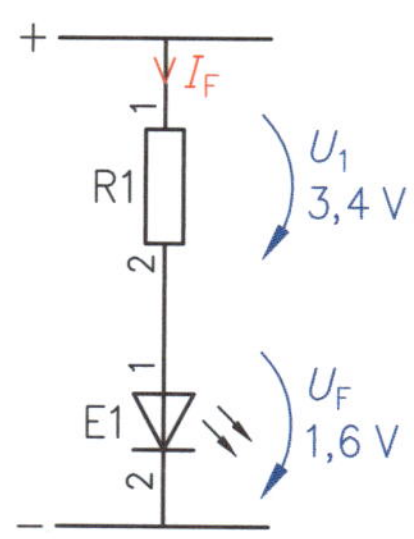

1. Bestimmen der Helligkeit durch die Wahl der Stromstärke. Hier nimmt man meist Erfahrungswerte, z. B. 20 mA.
2. Ermittlung der Diodenspannung anhand der Kennlinie. Die Diodenspannung beträgt 1,6 V bei 20 mA.
3. Bestimmen des Spannungsfalls am Vorwiderstand. Bei einer Betriebsspannung von 5 V fallen am Vorwiderstand 3,4 V ab.
4. Ausrechnen des Vorwiderstandes.

$$R_1 = \frac{U_1}{I_F} = \frac{3{,}4\ \text{V}}{20\ \text{mA}} = 170\ \Omega$$

Sensoren wandeln Änderungen nicht-elektrischer Größen in Änderungen elektrischer Größen um. Sie haben in der modernen Technik eine große Bedeutung.

Fotodioden Änderungen in der Beleuchtungsstärke führen zu Änderungen in der Stromstärke.

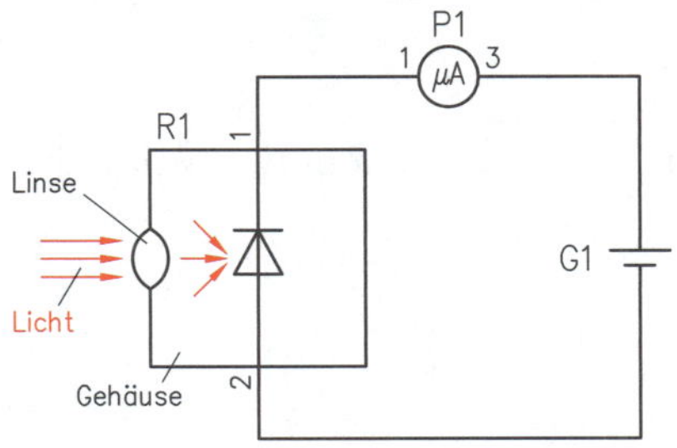

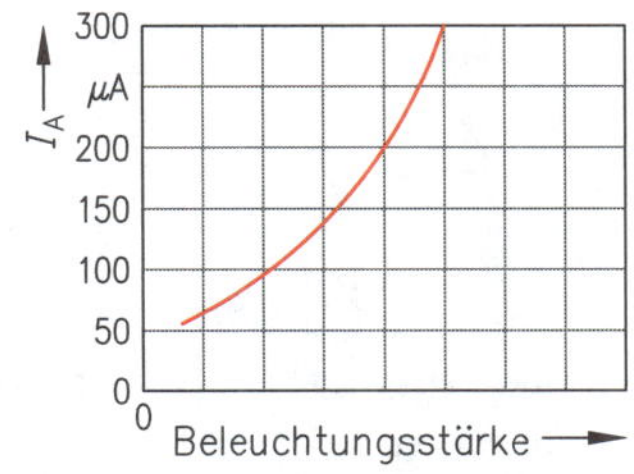

Kennlinie

Eine Fotodiode wird in Sperrrichtung betrieben
Nimmt die Beleuchtungsstärke zu, steigt der Sperrstrom.

Signalverarbeitung und -verstärkung

(Messbare Veränderungen von physikalischen Größen werden Signale genannt.)

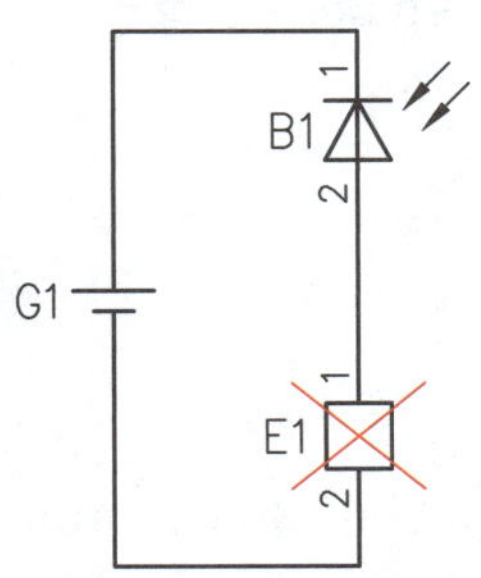

1. Das Stromsignal einer Fotodiode liegt im Bereich von 10–100 µA. Mit dieser geringen Stromstärke kann keine Last direkt geschaltet werden.

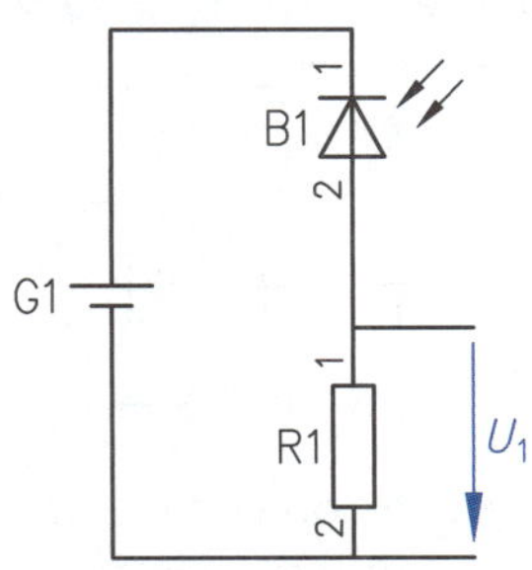

2. Mit einem hochohmigen Widerstand kann das Stromsignal in ein Spannungssignal umgewandelt werden.

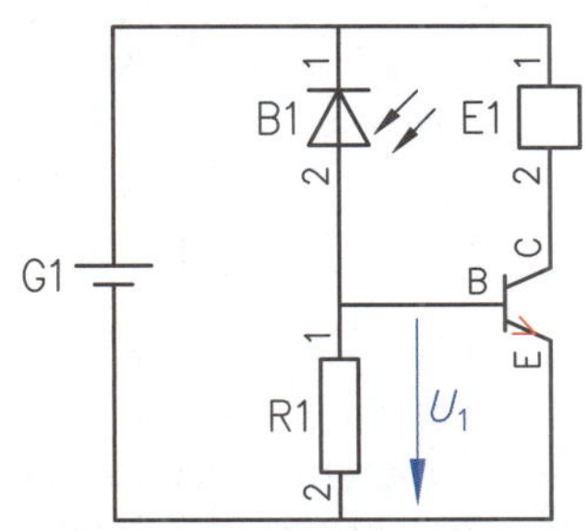

3. Mit dem Spannungssignal kann ein Transistor angesteuert werden. Der Laststrom eines Transistors liegt im Bereich von mA (z. B. 50 mA). Damit kann eine kleine Last geschaltet werden.

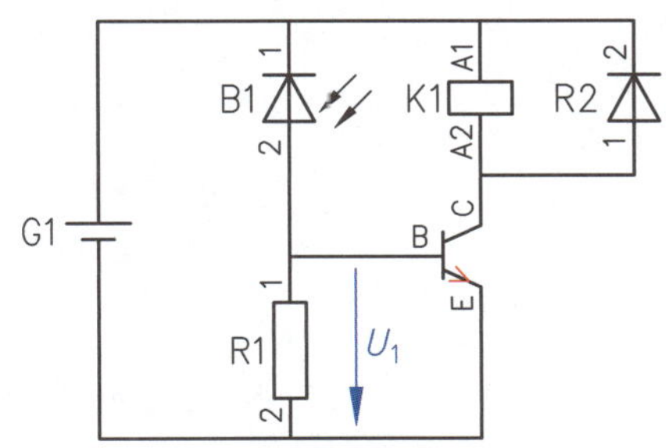

4. Wird mit dem Transistor ein Relais geschaltet, dann kann damit eine Last im Ampere-Bereich geschaltet werden. Die Freilauf-Diode R2 schützt den Transistor.

Heißleiter (NTC-Widerstände) – Kaltleiter (PTC-Widerstände)

Temperaturänderungen führen zu Widerstandsänderungen

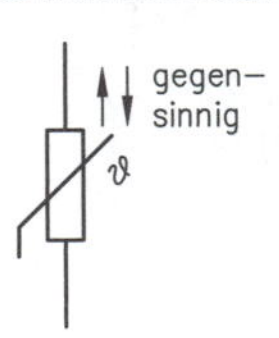

Heißleiter
Bei Erwärmung wird der Widerstand kleiner (3 %–6 % pro °C).
NTC = Negativer Temperatur-Coeffizient

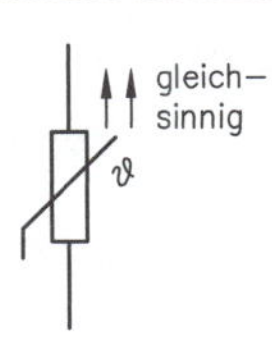

Kaltleiter
Bei Erwärmung wird der Widerstand größer (ca. 10 % pro °C).
PTC = Positiver Temperatur-Coeffizient

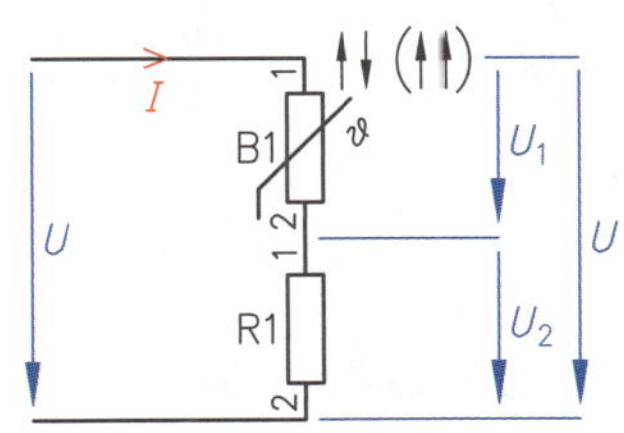

Grundschaltung
Heißleiter und Kaltleiter können sowohl an Gleichspannung als auch an Wechselspannung betrieben werden.
Bei einer Temperaturänderung verändert sich die Stromstärke. An beiden Widerständen kann ein entsprechendes Spannungssignal oder im Stromkreis ein Stromsignal abgenommen werden.

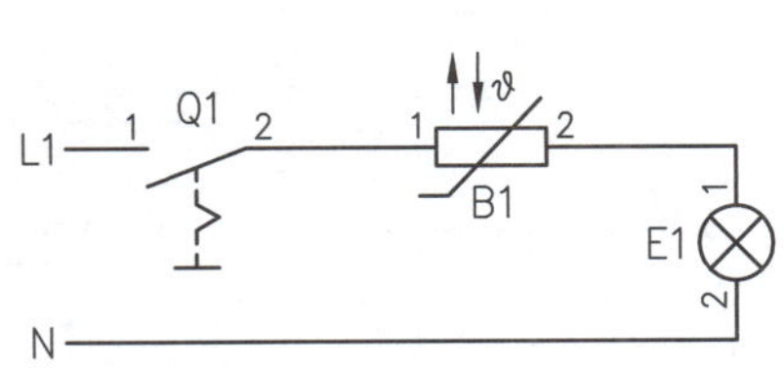

Schaltungsbeispiel Heißleiter
Je nach Typ arbeiten Heißleiter im mA- oder im A-Bereich. Sie können deshalb ohne Verstärker betrieben werden.
In dieser Schaltung wird die Lebensdauer der Lampe erhöht, weil beim Einschalten der Strom nur langsam ansteigt.

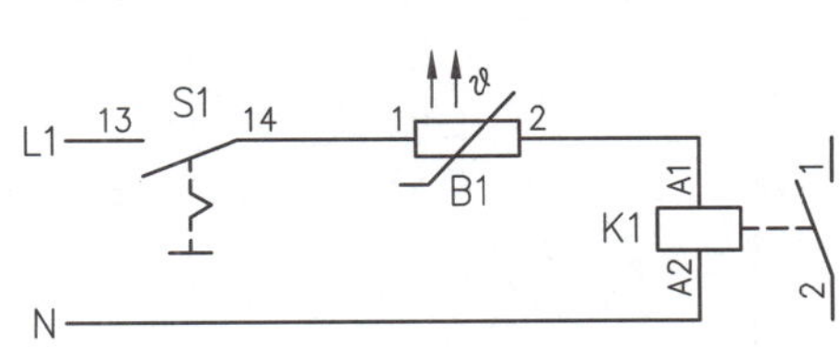

Schaltungsbeispiel Kaltleiter
Bei normaler Raumtemperatur kann das Relais eingeschaltet werden. Steigt jedoch die Temperatur über einen Grenzwert, dann fällt das eingeschaltete Relais ab.

Infrarot-Sensoren

Temperaturänderungen erzeugen Spannungssignale

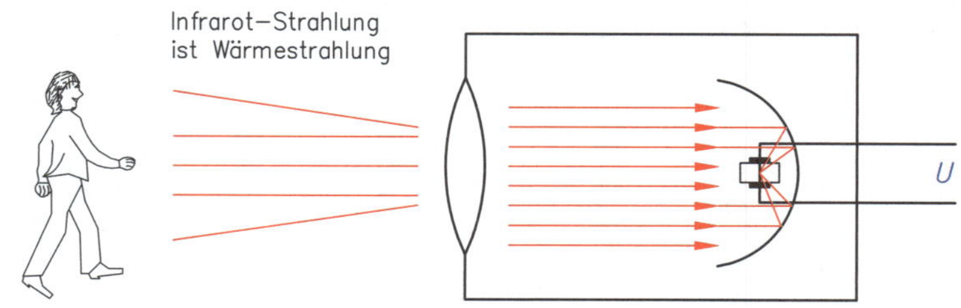

Spannungssignal

Infrarot-Sender

Optisches Fenster lässt nur die gewünschte Strahlung durch

Infrarot-Detektor

Im Brennpunkt eines Spiegelreflektors befindet sich ein Infrarot-Sensor.
Ein Infrarot-Sensor ist eine – mit einem speziellen Kunststoff – doppelseitig beschichtete Folie.
Bei Erwärmung entsteht zwischen den beiden Seiten eine elektrische Spannung.

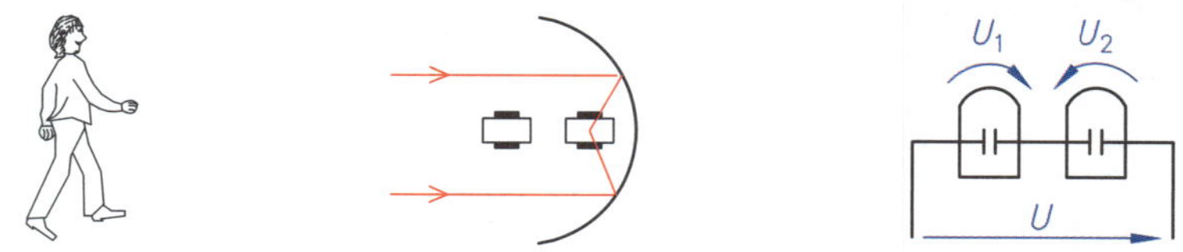

Damit der Detektor die Wärme einer sich nähernden Person von der Umgebungstemperatur unterscheiden kann, wird ein zweiter Infrarot-Sensor außerhalb des Brennpunktes des Spiegelreflektors dazu geschaltet. Die beiden Sensoren werden gegeneinander geschaltet.
Die Wirkung der Umgebungstemperatur hebt sich so auf.

Infrarot-Detektor

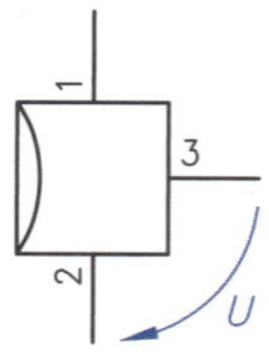

Infrarot-Detektor (noch nicht genormte aber empfohlene Darstellung)

Dieses Signal muss
- zum Schalten eines Relais verstärkt werden.
- ein Zeitglied ansteuern, wenn das Ausgangssignal zeitlich begrenzt sein soll.
- mit einem Lichtsensor gekoppelt werden, damit nur im Dunklen geschaltet wird.

Umfangreiche elektronische Schaltungen werden häufig mit Blocksymbolen dargestellt.

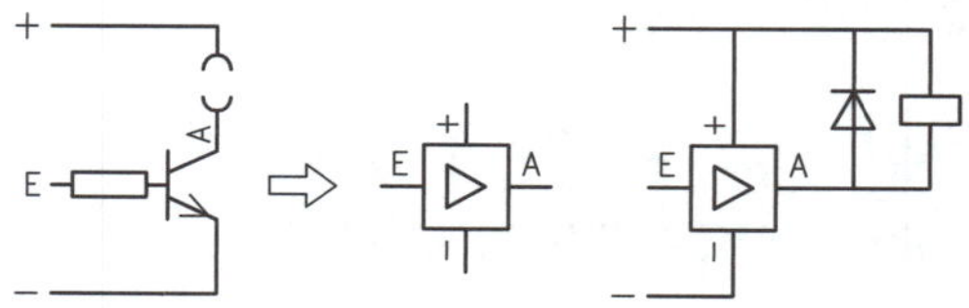

Beispiel: Blocksymbol-Verstärker

Zum Verarbeiten des Detektorsignals ist eine aufwendige Elektronik erforderlich.

Blockschaltbild des Infrarot-Bewegungsmelders (Ohne Lichtsensor)

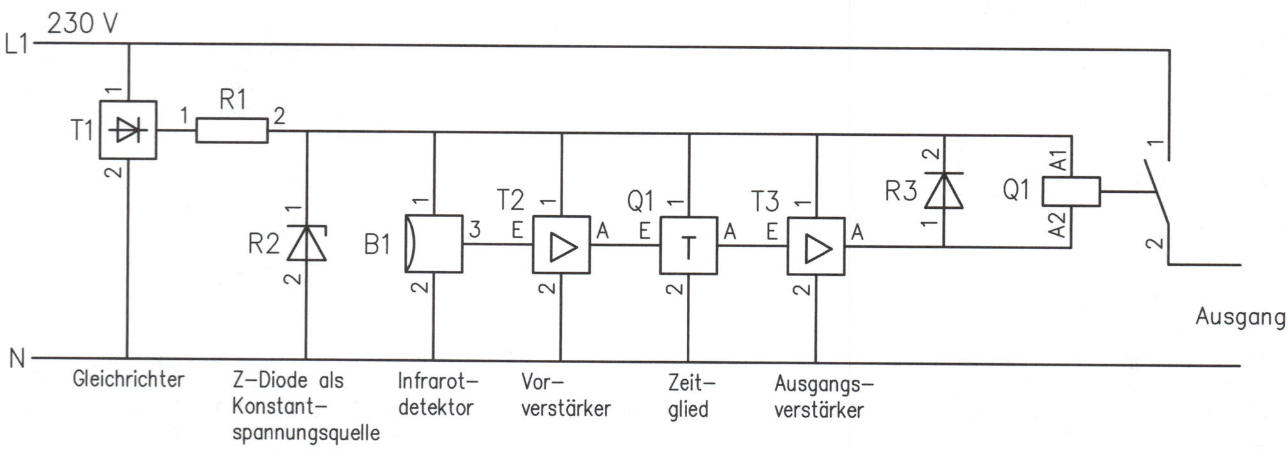

Digitale Schaltungselemente mit mehreren Eingängen

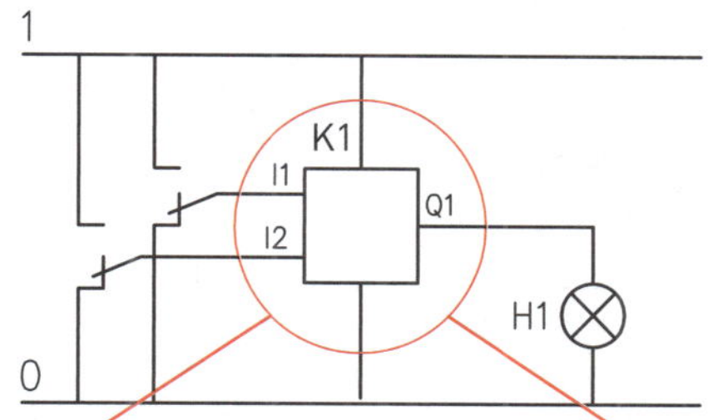

UND–Verknüpfung

ODER–Verknüpfung

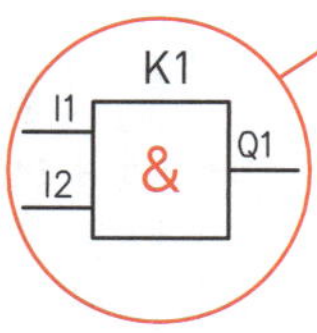

Am **Schaltzeichen** erkennt man die Funktion:

& bedeutet UND-Verknüpfung

≥1 bedeutet ODER-Verknüpfung

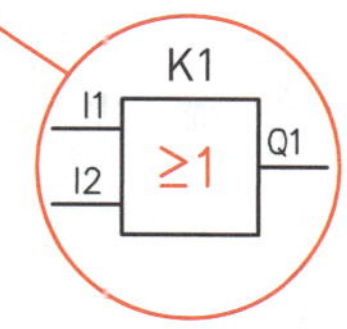

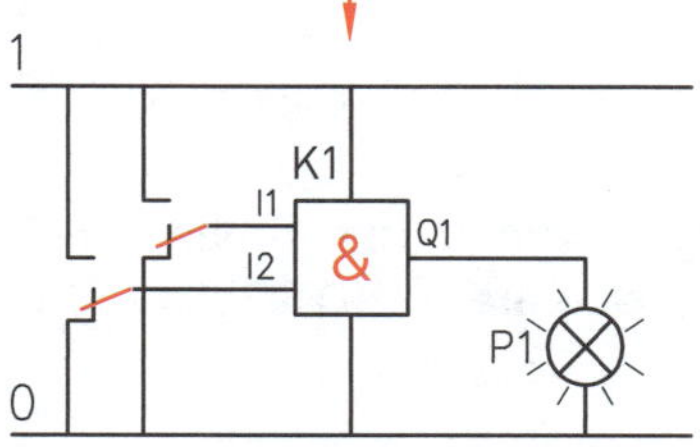

Die **Schaltung** zeigt die beiden Möglichkeiten:

& Der Ausgang schaltet, wenn beide Eingänge I1 **und** I2 auf 1 liegen.

≥1 Der Ausgang schaltet, wenn einer der Eingänge I1 **oder** I2 auf 1 liegt.

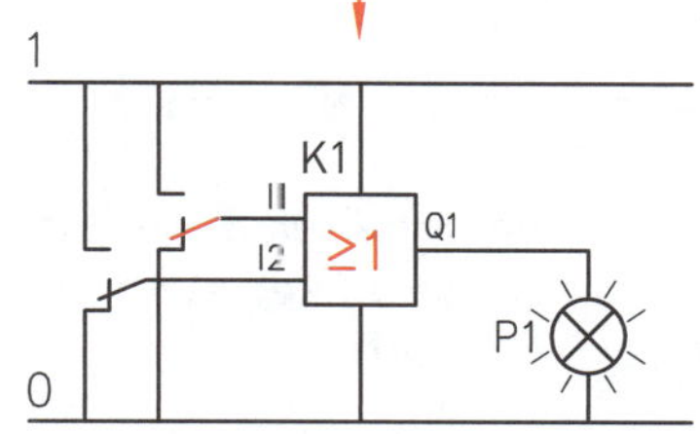

I2	I1	Q1
0	0	0
0	1	0
1	0	0
1	1	1

Die **Funktionstabelle** erfasst alle Schaltmöglichkeiten der Eingänge und der Ausgänge.

I2	I1	Q1
0	0	0
0	1	1
1	0	1
1	1	1

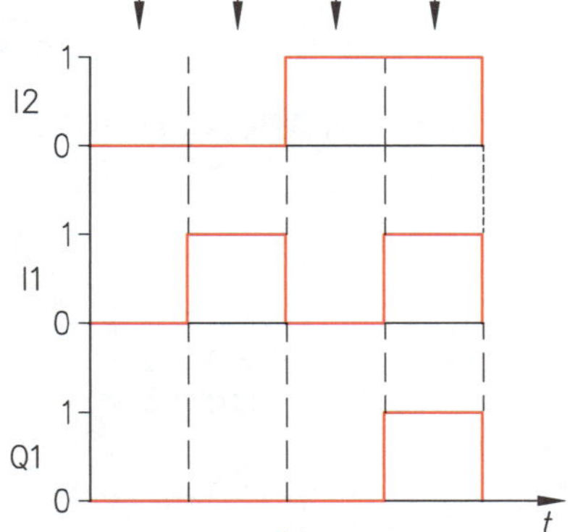

Im **Funktions-Zeit-Diagramm** kann man sehr schnell erkennen, bei welchen Eingangszuständen der Ausgang „schaltet".

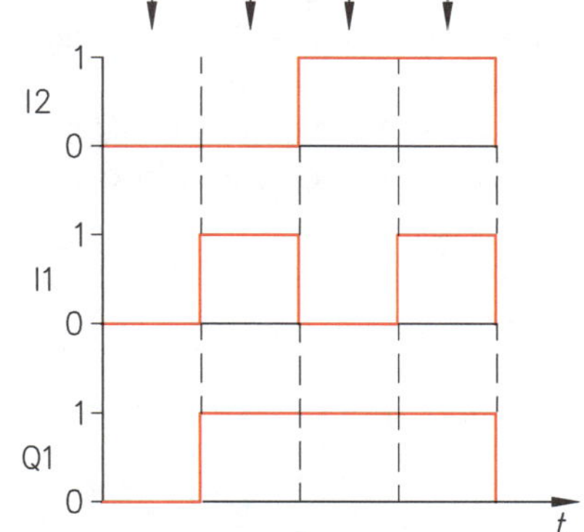

$Q1 = I1 \wedge I2$

∧ bedeutet UND
wenn I1 = 1 **UND** I2 = 1 dann Q1=1

In einer **Funktionsgleichung** kann man das Zusammenwirken von Eingängen und Ausgängen in der kürzesten Form darstellen.

$Q1 = I1 \vee I2$

∨ bedeutet ODER
wenn I1 = 1 **ODER** I2 = 1 dann Q1 = 1

1-Verknüpfung

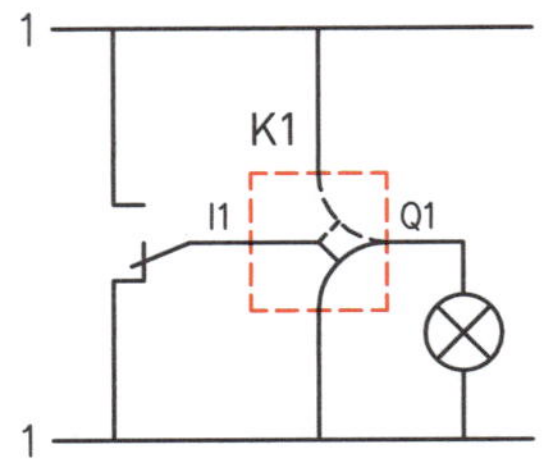

Modell der Innenschaltung

I1	Q1
0	0
1	1

Funktionstabelle

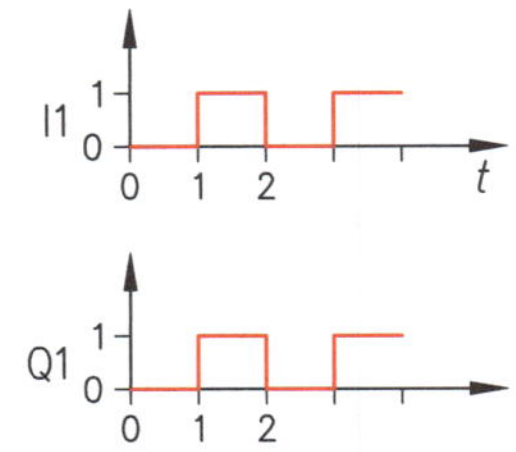

Funktions-Zeit-Diagramm

Q1 = I1
Funktionsgleichung

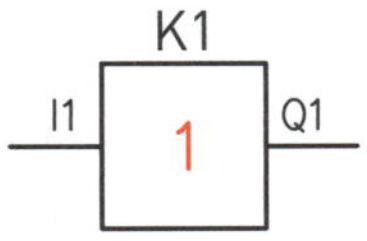

Schaltzeichen

Bei diesem Schaltelement hat der Ausgang stets den gleichen Signalzustand wie der Eingang.

Umkehr-Verknüpfung

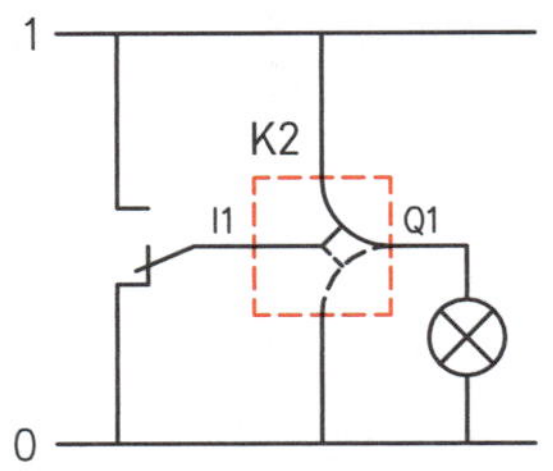

Modell der Innenschaltung

I1	Q1
0	1
1	0

Funktionstabelle

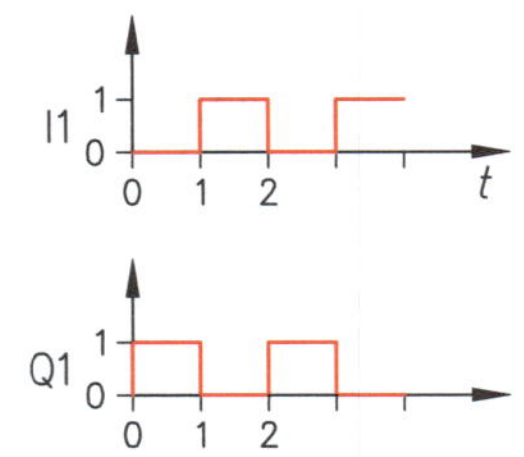

Funktions-Zeit-Diagramm

$Q1 = \overline{I1}$
Funktionsgleichung

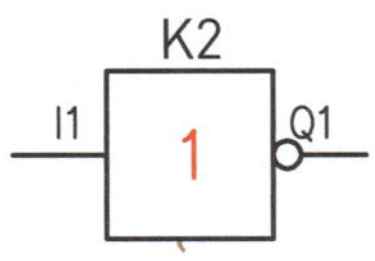

Schaltzeichen

Bei diesem Schaltelement hat der Ausgang stets den umgekehrten (invertierten) Signalzustand wie der Eingang. Für die Umkehr-Verknüpfung sind auch die Bezeichnungen **Inverter, Nicht-Element, NOT-Gatter** üblich (Gatter = Gitter).

Kombination einer UND-Verknüpfung mit einem Inverter

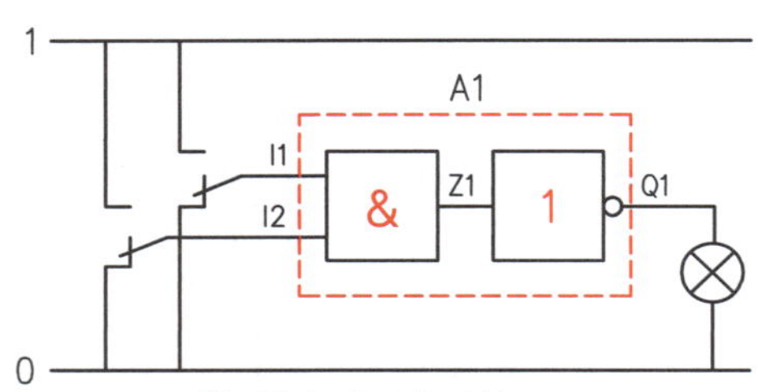

Z1=Zwischenfunktion

I1	I2	Z1	Q1
0	0	0	1
0	1	0	1
1	0	0	1
1	1	1	0

Funktionstabelle

$Q1 = \overline{I1 \wedge I2}$
Funktionsgleichung

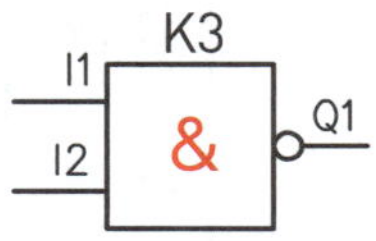

Schaltzeichen

Die Kontrolllampe zeigt an, wenn ein Eingang oder beide Eingänge auf 0-Signal liegen.

Die Verschaltung einer UND-Verknüpfung mit einem Inverter wird **NAND-Verknüpfung** (NOT **AND**) oder **NAND-Gatter** genannt und als integriertes Bauteil hergestellt.

Kombination einer ODER-Verknüpfung mit einem Inverter

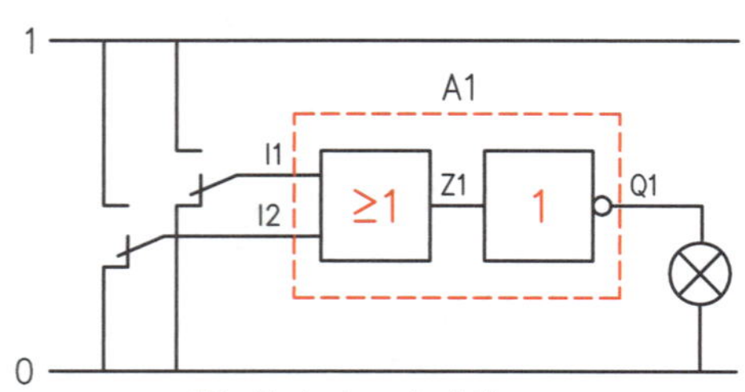

Z1=Zwischenfunktion

I1	I2	Z1	Q1
0	0	0	1
0	1	1	0
1	0	1	0
1	1	1	0

Funktionstabelle

$Q1 = \overline{I1 \vee I2}$
Funktionsgleichung

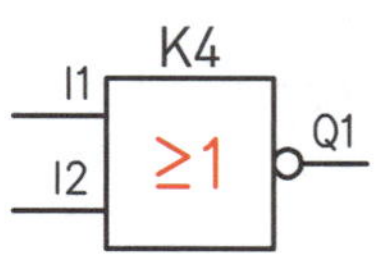

Schaltzeichen

Die Kontrolllampe zeigt an, wenn beide Eingänge auf 0-Signal liegen.
Die Verschaltung einer ODER-Verknüpfung mit einem Inverter wird **NOR-Verknüpfung** (NOT **OR**) oder **NOR-Gatter** genannt und als integriertes Bauteil hergestellt.

Der Entwurf der Steuerung für eine Maschine oder Anlage verlangt eine systematische Vorgehensweise. Die vollständige Beachtung der Schritte 1–7 ist dabei oft hilfreich.

1. Technologieschema

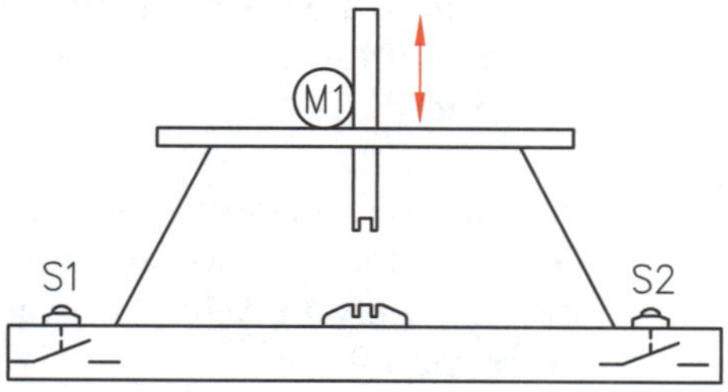

Im **Technologieschema** wird in stark vereinfachter Form der Aufbau einer Maschine oder Anlage dargestellt.
Die für die Steuerungsaufgabe wichtigen Betriebsmittel, z. B. Ein-/Ausschalter, Meldeleuchten, Antriebsmotoren usw., werden eingezeichnet.

2. Funktionsbeschreibung

Der Stanzstempel darf nur abfahren, wenn sichergestellt ist, dass beide Hände aus dem Gefahrenbereich entfernt sind.

In der **Funktionsbeschreibung** wird das Zusammenwirken der im Technologieschema dargestellten Maschine oder Anlage mit den jeweiligen Betriebsmitteln beschrieben.

3. Zuordnungsliste

Betriebsmittel	Betriebsmittelkennzeichnung	Steuerungskennzeichnung	Funktion/Signal
Pilztaster	S1	I1	Handsicherheit links = 1
Pilztaster	S2	I2	Handsicherh. rechts = 1
Stempelmotor	M1	Q1	Stanzen = 1

Die Betriebsmittel werden den Eingängen und den Ausgängen der Steuerschaltung **zugeordnet**.
Zusätzlich wird festgelegt, ob eine Funktion mit „0"-Signal oder mit „1"-Signal ausgelöst werden soll.

4. Funktionstabelle

I2	I1	Q1
0	0	0
0	1	0
1	0	0
1	1	1

In der **Funktionstabelle** werden alle möglichen Betriebszustände einer Maschine oder Anlage systematisch erfasst.

5. Funktions-Zeit-Diagramm

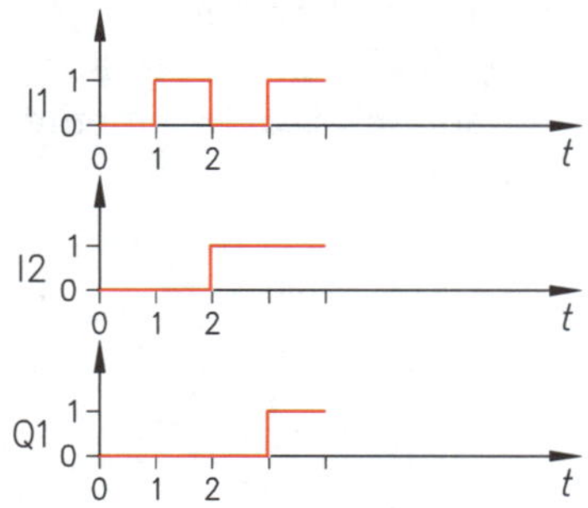

Das **Funktions-Zeit-Diagramm** erlaubt einen vollständigen Überblick über die Betriebszustände einer Maschine oder Anlage. Die Betriebszustände werden entsprechend der Funktionstabelle in das Diagramm eingezeichnet.

6. Funktionsgleichung

$Q1 = I1 \wedge I2$

Die Auswertung der Funktionstabelle führt zur **Funktionsgleichung** der Steuerschaltung.

7. Logikplan

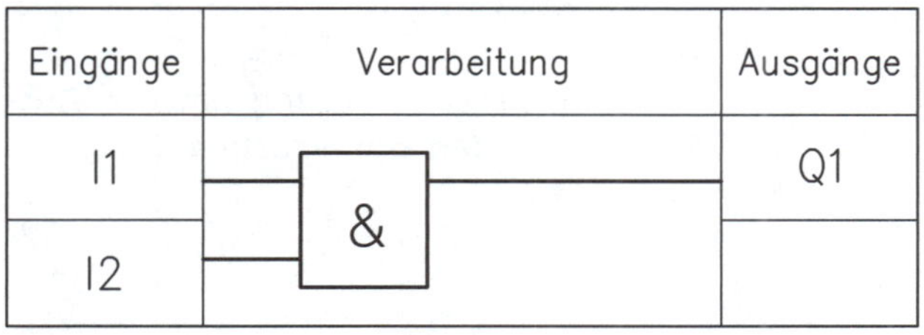

Im **Logikplan** werden die für die Steuerungsaufgabe erforderlichen Verknüpfungen der Ein- und Ausgänge durch genormte Schaltzeichen dargestellt.

Anschlusskennzeichnung

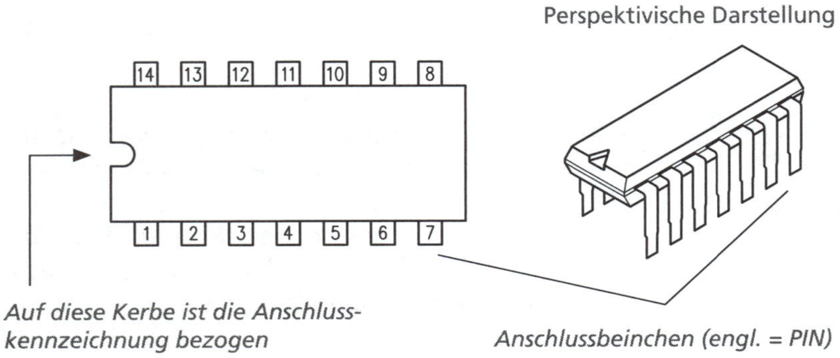

In der Entwicklung elektronischer Bauelemente werden immer mehr Funktionen auf kleinstem Raum in einem Bauteil zusammengefasst (integriert).

Bauteile, die mit ihren elektrischen Daten besonders gut zusammen passen, werden Schaltkreisfamilien genannt.

Spannungsversorgung

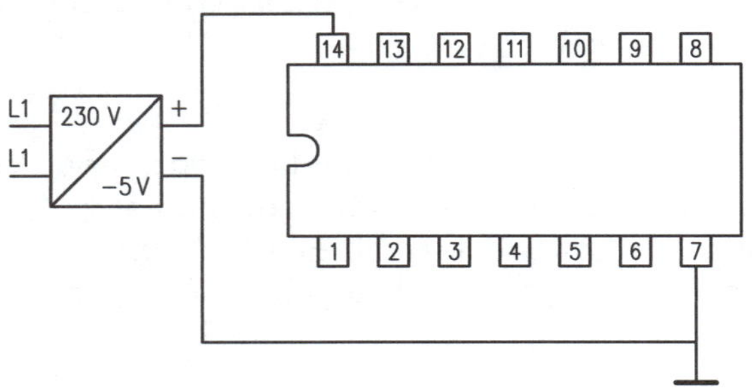

Die Logikschaltkreise benötigen eine stabilisierte Gleichspannung von 5 V.

Bei den meisten Logikschaltkreisen liegt der + 5 V-Anschluss an PIN 14, der 0 V-Anschluss an PIN 7.

Es ist üblich, den 0 V-Anschluss mit Masse zu verbinden.

Eingangsstromstärke bei einem Logik-Element

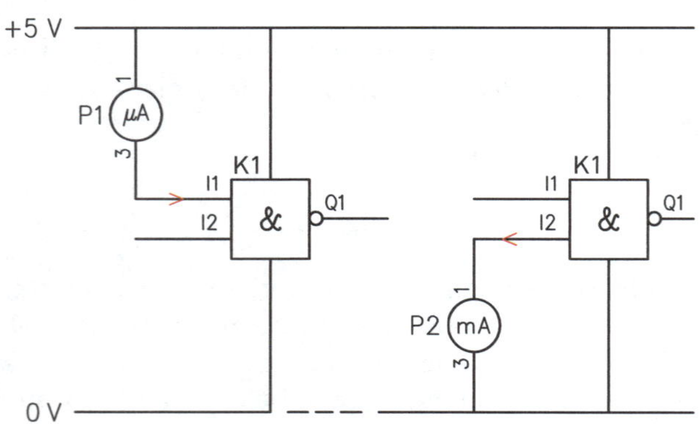

Wird der Eingang eines Logik-Elementes mit dem Pluspol verbunden (Signalzustand 1), dann fließt ein kleiner Strom in den Eingang.

Wird der Eingang mit dem 0 V-Anschluss verbunden (Signalzustand 0), fließt ein Strom aus dem Eingang des Schaltelementes heraus. (Fan-In = 1)

Ausgangsbelastung bei einem Logik-Element

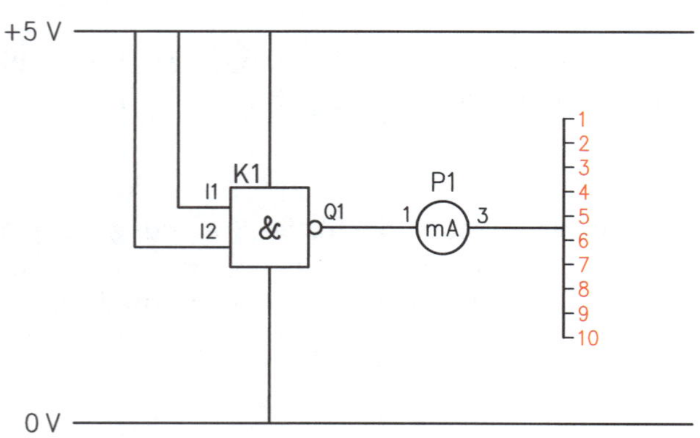

Der Ausgang eines Logik-Elementes kann mit bis zu 10 Standardeingängen von weiteren Schaltelementen belastet werden.
(Fan-Out = 10)

In dieser Schaltung hat der Ausgang den Signalzustand 0.

Eingangsbeschaltung

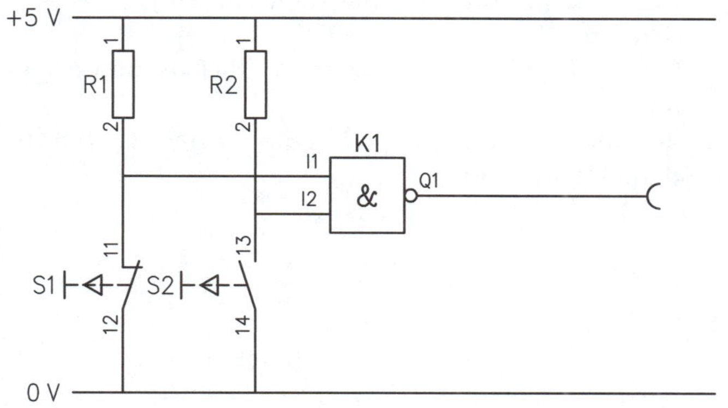

Offene Eingänge von Logik-Elementen verhalten sich so, als ob an ihnen 1-Signal anliegen würde.

Eingänge dürfen daher nicht unbeschaltet bleiben.

Steuerschalter werden über Widerstände (pull-up-Widerstände) mit +5 V verbunden.

Bei Betätigung von S1 liegt an I1 1-Signal; bei Betätigung von S2 liegt an I2 0-Signal.

Ausgangsbeschaltung

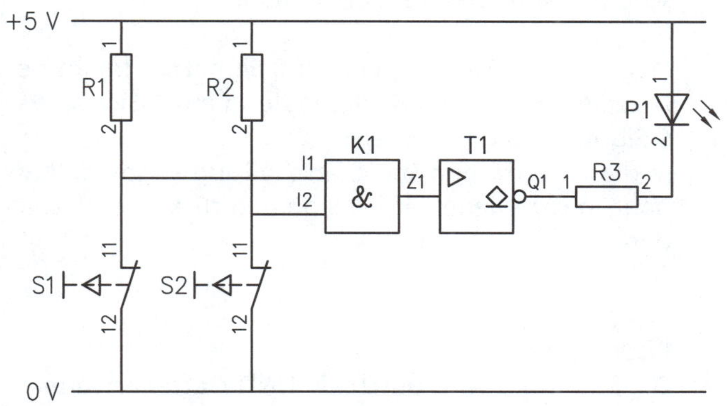

Die Ausgangsstufen von Logik-Elementen können nur mit einer geringen Stromstärke belastet werden.
Größere Belastungen werden daher über Verstärkerstufen (Treiberstufen) angeschlossen.
Solche Treiberstufen werden in open-collector-Technik (o.c.) geschaltet und erlauben daher auch den Anschluss einer höheren Lastspannung.
Treiberstufen dürfen parallel geschaltet werden. Hierdurch wird die Schaltleistung erhöht.

▷ = Kennzeichen für Verstärkerstufe

◇ = Kennzeichen für open-collector-Technik

74 LS 00

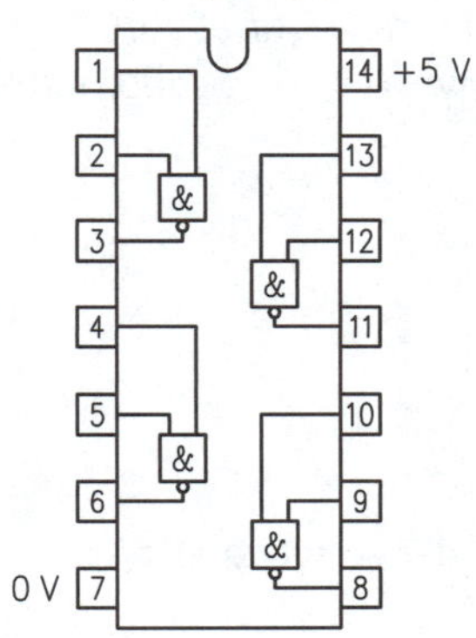

4 NAND-Gatter mit je 2 Eingängen

74 LS 02

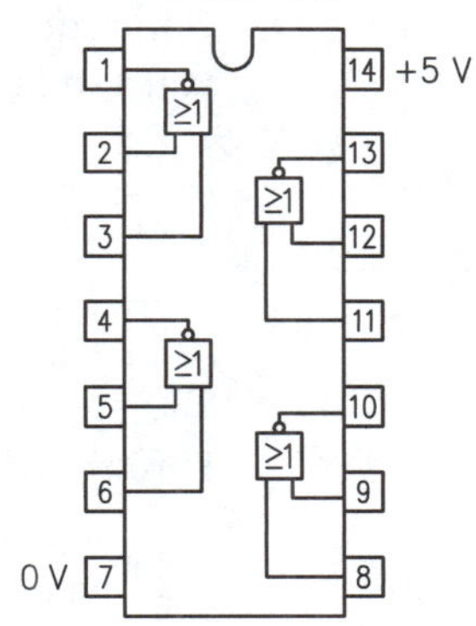

4 NOR-Gatter mit je 2 Eingängen

74 LS 04

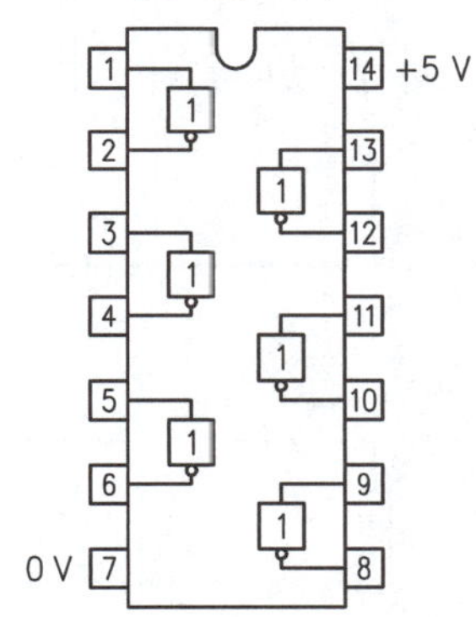

6 einstufige Inverter

74 LS 06

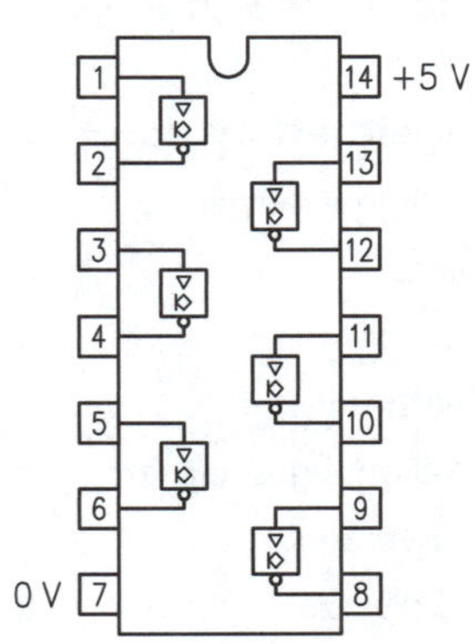

6 Treiberstufen je 30 V/40 mA

74 LS 08

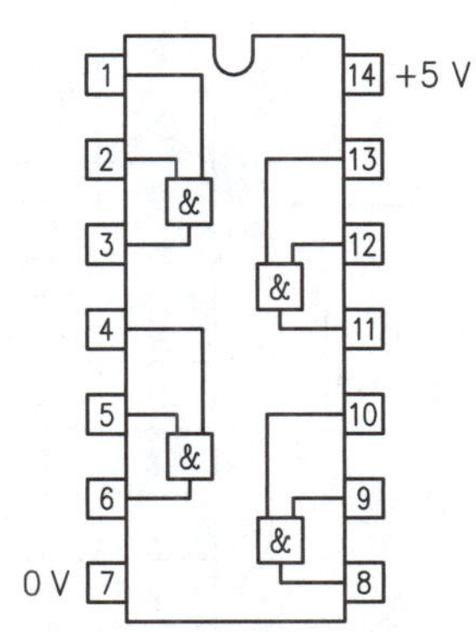

4 UND-Gatter mit je 2 Eingängen

74 LS 32

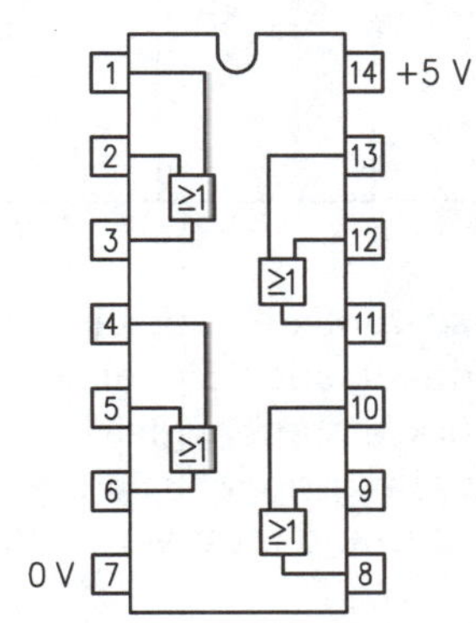

4 ODER-Gatter mit je 2 Eingängen

34 Integrierte digitale Schaltkreise: Beschaltung von Ein- und Ausgängen, Anschlussbelegung integrierter Schaltkreise

Aufgaben 34.1 und 34.2

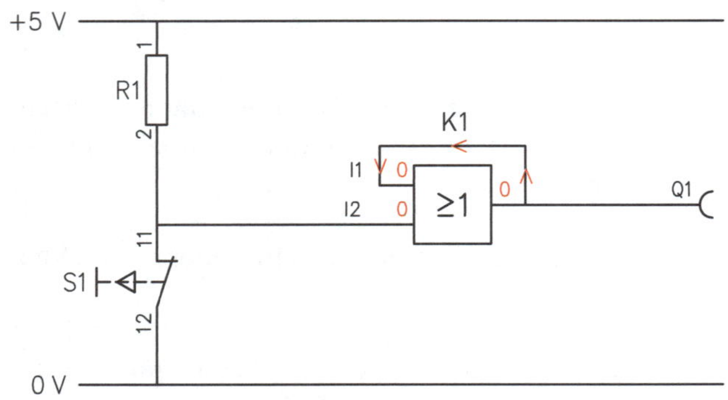

Schaltverbindungen

Der Ausgang Q1 wird mit dem Eingang I1 verbunden.

Solche Verbindungen werden Rückkopplung genannt.

Bei einer Rückkopplung wirkt das Ausgangssignal auf den Eingang zurück.

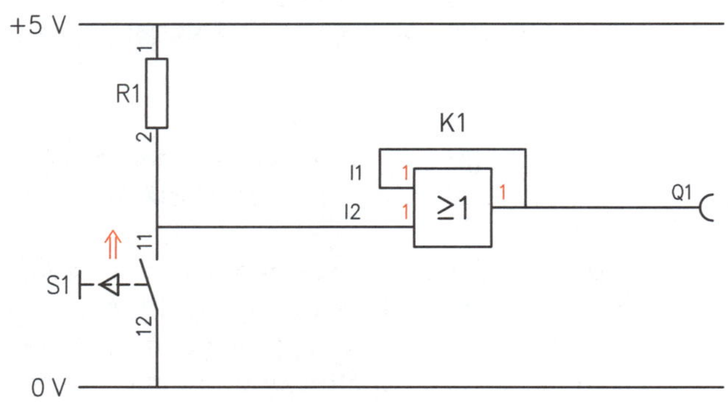

Setzen

Durch Betätigung von S1 wird der Eingang des ODER-Gatters auf 1-Signal geschaltet. Der Ausgang Q1 schaltet dann ebenfalls auf 1-Signal.

Liegt an dem Eingang wieder 0-Signal an, bleibt der Ausgang wegen der Rückkopplung auf 1-Signal, das 1-Signal wird gespeichert.

In dieser einfachen Speicherschaltung kann der Ausgang nicht wieder auf 0-Signal zurückgesetzt werden.

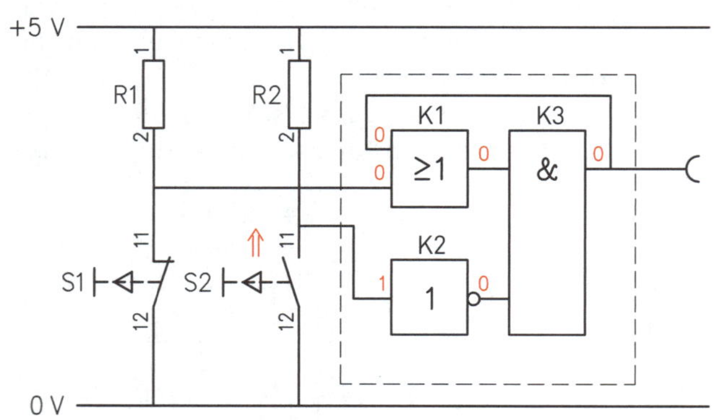

Rücksetzen

Die Schaltung wird durch ein UND-Gatter erweitert. Mit einem 0-Signal an dem zweiten Eingang kann das UND-Gatter gesperrt werden. Der Ausgang schaltet dann auf 0-Signal und der Speicher wird zurückgesetzt.

Damit der Speicher mit einem 1-Signal zurückgesetzt werden kann, wird der Inverter C2 vorgeschaltet.

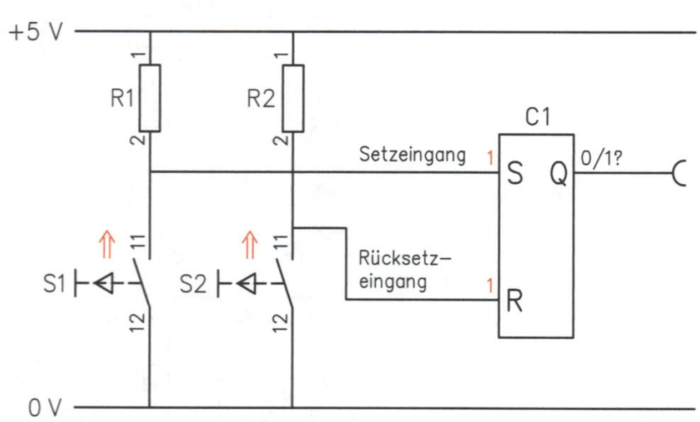

Wird sowohl der Setzeingang als auch der Rücksetzeingang auf 1-Signal gelegt, dann erfolgen Setz- und Rücksetzbefehl gleichzeitig.

Das Ausgangssignal ist unbestimmt.

Dieser Zustand muss vermieden werden.

Funktionstabelle

Zum Zeitpunkt t_1 hat der Ausgang Q diesen Signalpegel.

Wenn danach eine dieser Signalkombinationen an den Eingängen eingestellt wird,

dann hat der Ausgang Q zum Zeitpunkt t_2 diesen Signalpegel.

Q_{t1}	R	S	Q_{t2}	**Speicherfunktion**
0	0	0	0	0-Signal gespeichert
0	0	1	1	setzen
0	1	0	0	unverändert
0	1	1	x	verboten
1	0	0	1	1-Signal gespeichert
1	0	1	1	unverändert
1	1	0	0	rücksetzen
1	1	1	x	verboten

Aufgaben 35.1 und 35.2

35 Integrierte digitale Schaltkreise: Speicherelemente – Setzen, Rücksetzen

Mit Logikmodulen den Steuerungsaufwand minimieren

Die Eingangstür einer Bank soll sensorgesteuert bei Personenkontakt öffnen und nach Ablauf der Wartezeit automatisch schließen.

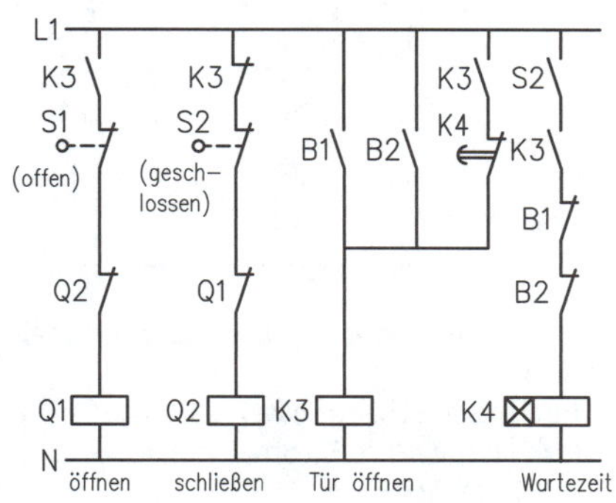

B1, B2: Bewegungssensoren

Verdrahtungsprogrammierte Lösung

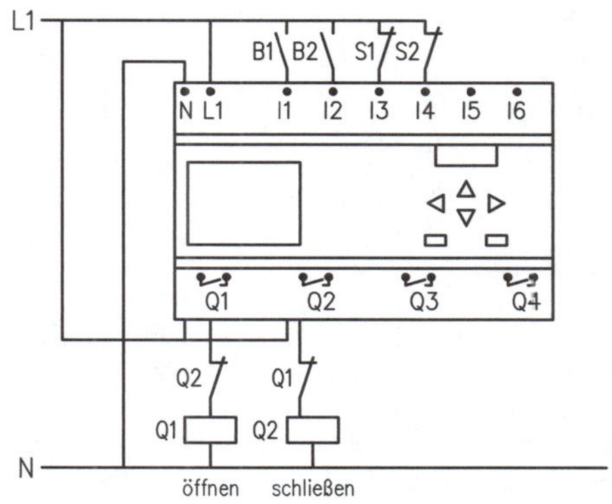

Lösung mit Logikmodul

Aufbau eines Logikmoduls

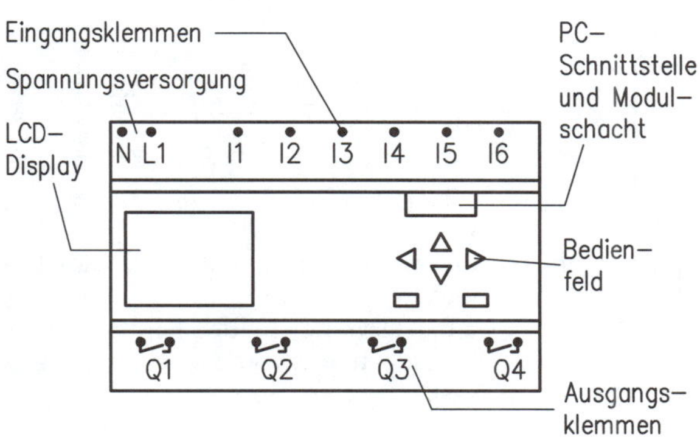

Programmierbare Grundfunktion (Auswahl)

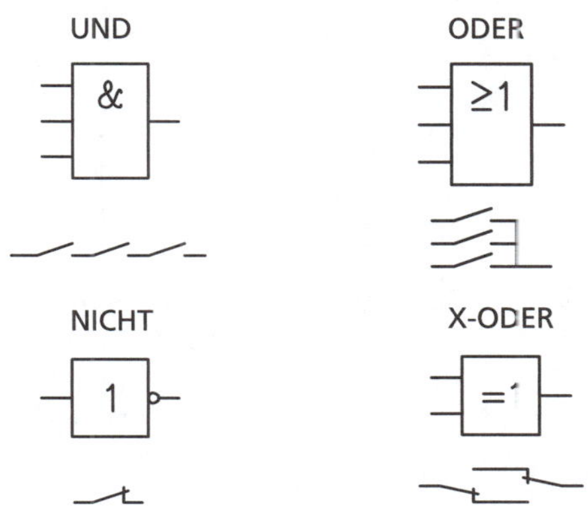

Logikmodule werden in Verteiler- oder Schaltschränken auf Hutschienen aufgeschnappt. In den Modulschacht können Speicherbausteine mit dem jeweiligen Steuerprogramm eingesteckt werden.

Programmierbare Sonderfunktionen (Auswahl)

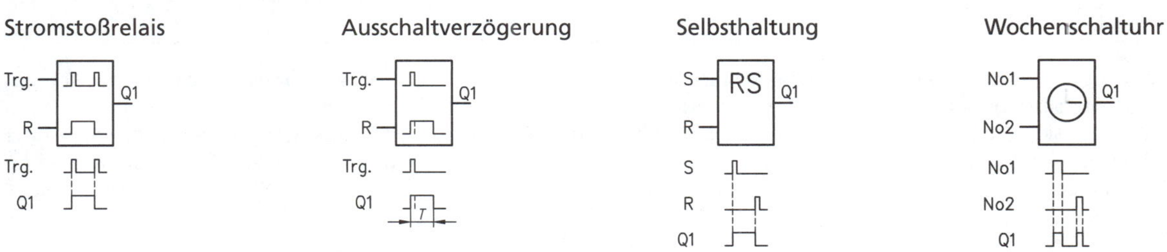

Programmierregeln

Logikmodule müssen entsprechend der jeweiligen Steueraufgabe programmiert werden. Die Programmierung erfolgt direkt über das Bedienfeld oder – komfortabler – über einen PC.

Es ist sinnvoll, bei der Programmerstellung folgende Regeln zu beachten:

1. Das Steuerungsprogramm muss vor der Eingabe in das Logikmodul zunächst sorgfältig geplant werden.
2. Bei direkter Programmierung wird das Programm vom Ausgang zum Eingang hin eingegeben.
3. Vor einem Einsatz unter Betriebsbedingungen müssen die Steuerungsfunktionen sorgfältig erprobt werden.
4. Das Steuerungsprogramm und die Beschaltung des Logikmoduls müssen sorgfältig dokumentiert werden.

Steuerprogramm

Automatiktür

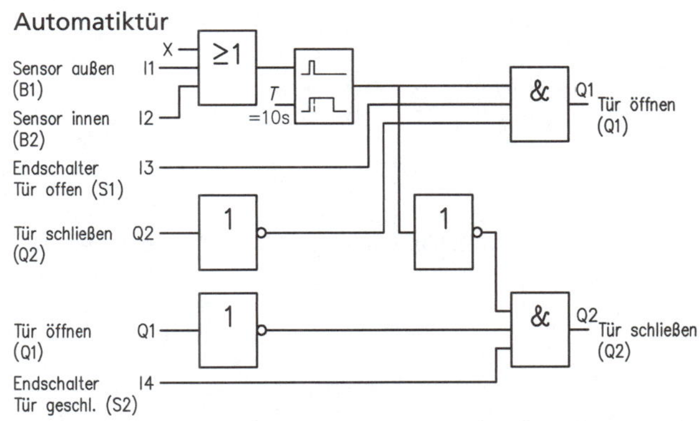

Messung der Stromstärke

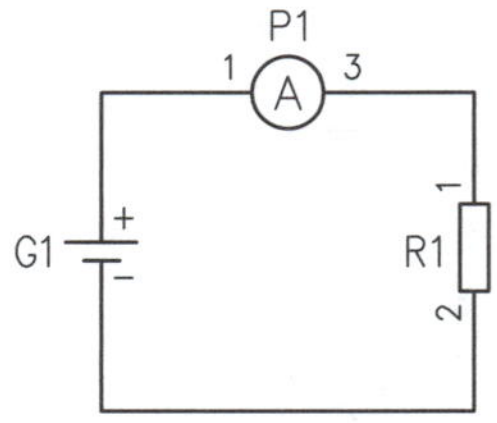

Damit der Innenwiderstand des Strommessers das Messergebnis nur unwesentlich beeinflusst, soll dieser sehr klein sein. (Je kleiner der Innenwiderstand, desto geringer der Messfehler.)

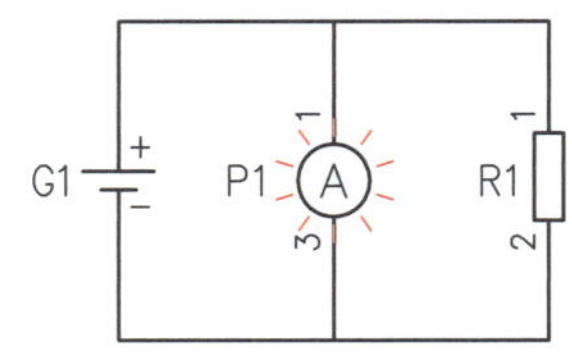

„Falsche Schaltung“
Der kleine Innenwiderstand des Strommessers bewirkt in dieser Schaltung einen **Kurzschluss**, der zur Zerstörung des Messgerätes führt.

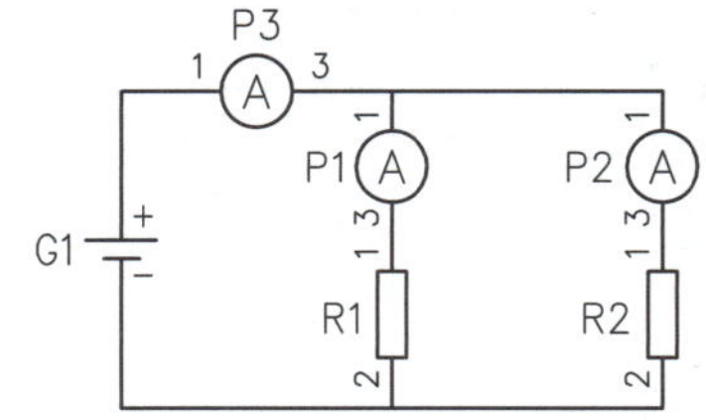

Strommessungen in einer Parallelschaltung
Hier misst Strommesser P1 den Strom durch R1, P2 den Strom durch R2 und P3 den Gesamtstrom.

Messbereichserweiterung

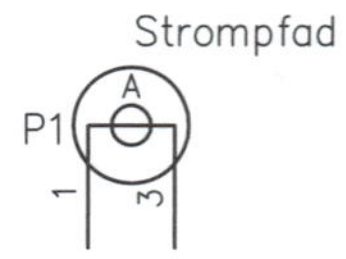

Strommesser mit Darstellung des Messwerks

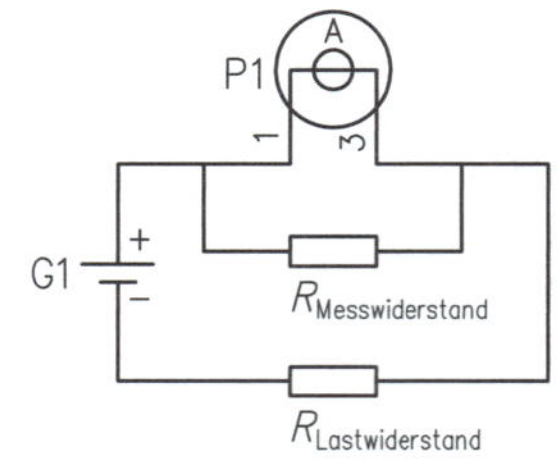

Durch einen zum Messwerk parallel geschalteten **niederohmigen** Messwiderstand wird der Messbereich des Strommessers vergrößert.

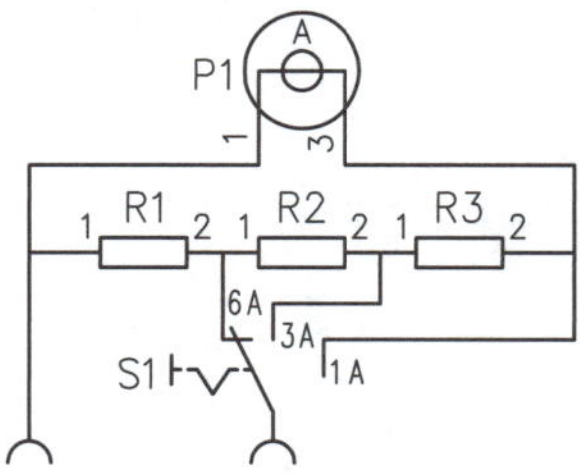

Strommesser mit mehreren Messbereichen
Je nach Schalterstellung liegt ein anderer Widerstandswert parallel zum Messwerk.

Messung der Spannung

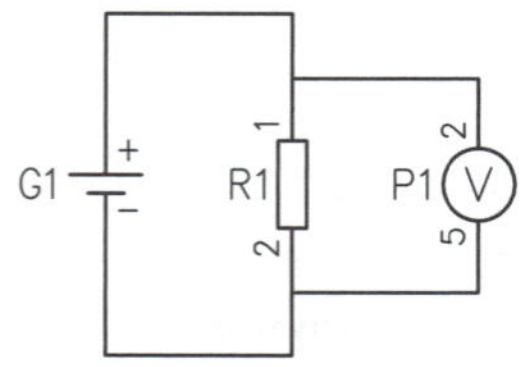

Damit der Innenwiderstand des Spannungsmessers das Messergebnis nicht beeinflusst, soll dieser sehr hoch sein. (Je größer der Innenwiderstand, desto geringer der Messfehler.)

„Falsche Schaltung“
Der hochohmige Spannungsmesser schaltet den Lastwiderstand praktisch aus.

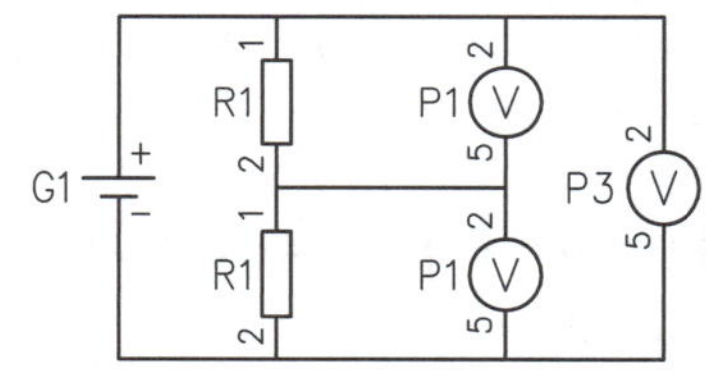

Spannungsmessungen in einer Reihenschaltung
Hier misst der Spannungsmesser P1 die Spannung an R1, P2 die Spannung an R2 und P3 die Gesamtspannung.

Messbereichserweiterung

Spannungsmesser mit Darstellung des Messwerkes

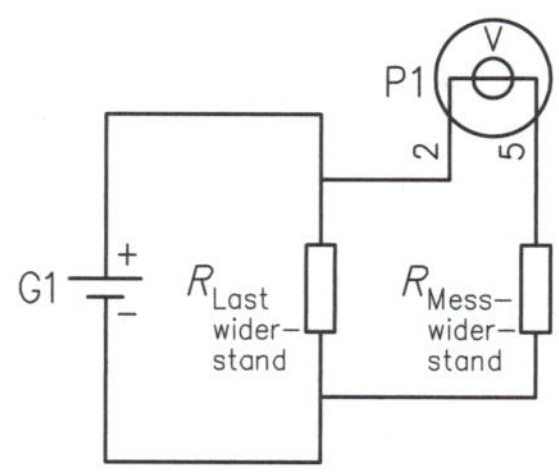

Durch einen zum Messwerk in Reihe geschalteten **hochohmigen** Messwiderstand wird der Messbereich vergrößert.

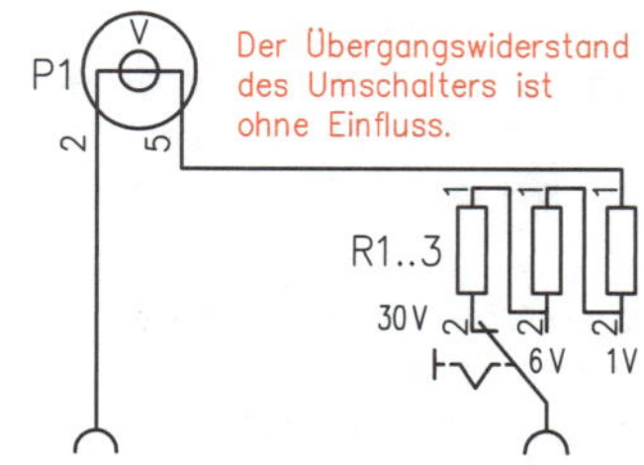

Spannungsmesser mit mehreren Messbereichen
Je nach Schalterstellung liegt ein anderer Widerstand in Reihe zum Messwerk.

Messung des elektrischen Widerstandes

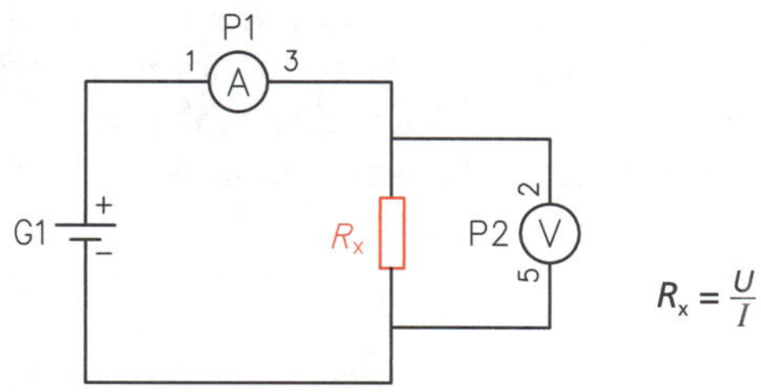

„Durch Strom- und Spannungsmessung"
Aus den Ergebnissen der Strom- und Spannungsmessung wird der Widerstand errechnet.

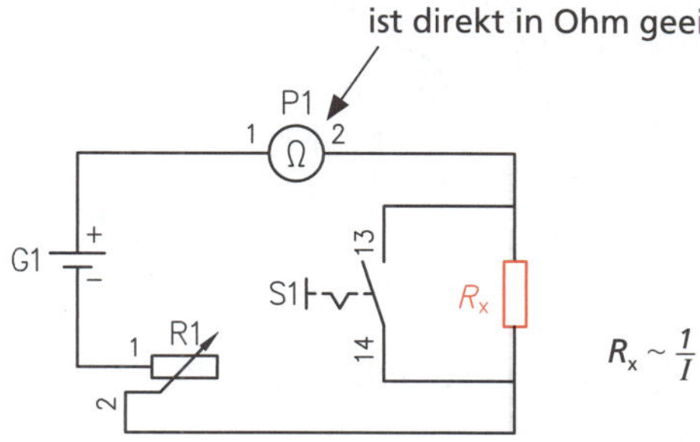

„Nur durch Strommessung"
Bei betätigtem Schalter S1 wird durch Verstellen von R1 der Strommesser P1 auf Endausschlag (R_x = 0 Ω) gebracht. Bei geöffnetem Schalter bestimmt jetzt der unbekannte Widerstand R_x den Stromrückgang.

Messung der elektrischen Leistung

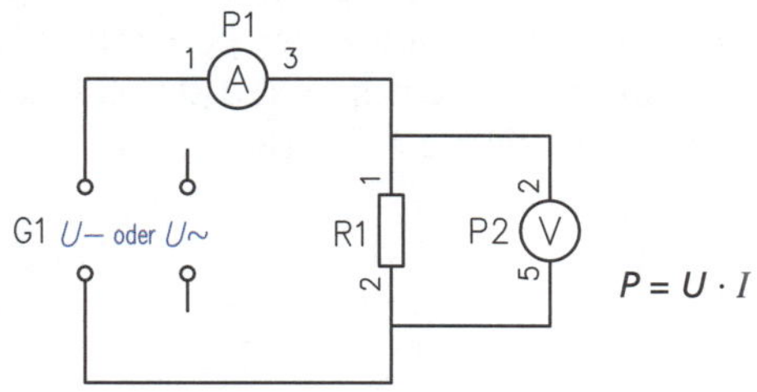

Aus den Ergebnissen der Strom- und Spannungsmessung wird die Leistung berechnet. Diese Schaltung eignet sich auch für Messungen an Wechselspannung bei ohmscher Belastung.

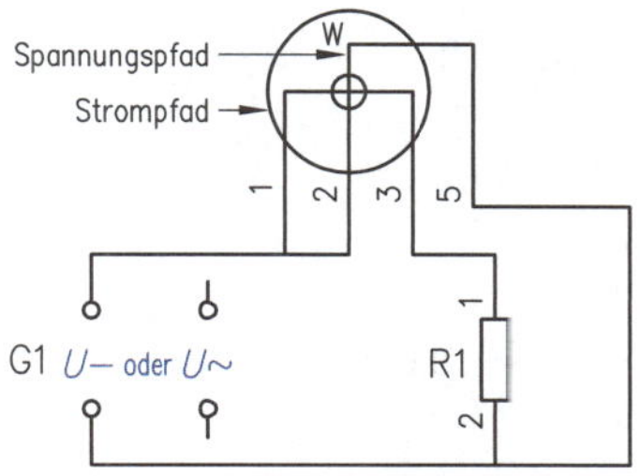

Ein Leistungsmesser mit angeschlossenem Strom- und Spannungspfad zeigt die Leistung ohne Rechnung direkt an. Diese Schaltung gilt für Gleich- und Wechselspannung.

Messung der elektrischen Arbeit

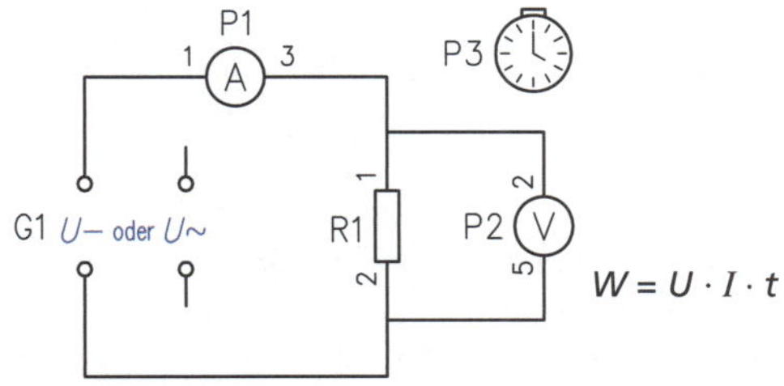

Aus den Ergebnissen der Strom-, Spannungs- und Zeitmessung wird die Arbeit (Energie) berechnet. Diese Schaltung eignet sich auch für Messungen an Wechselspannung bei ohmscher Belastung.

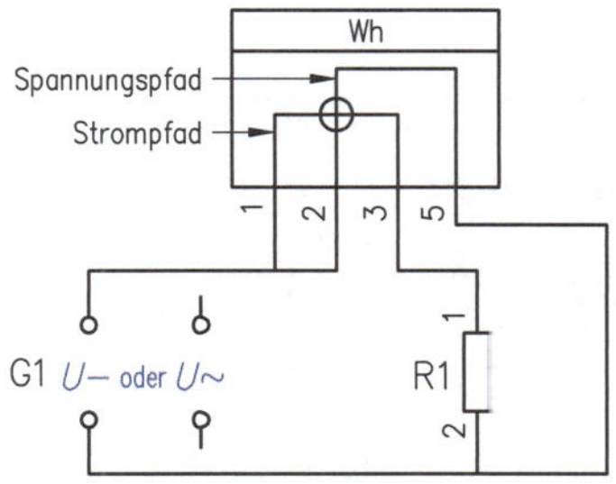

Ein Zählwerk addiert fortlaufend die elektrische Arbeit. Ein gewünschter Arbeitsbetrag wird aus der Differenz zweier Ablesungen ermittelt. Auch diese Schaltung gilt für Gleich- und Wechselspannung.

Wirkungsprinzip der braunschen Röhre

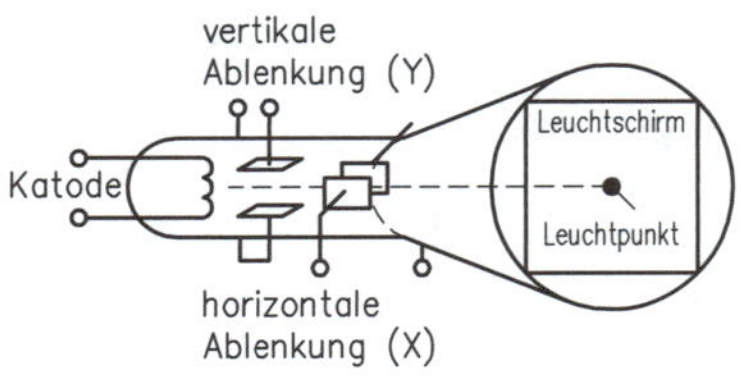

Die zentrale Baugruppe des Oszilloskops ist die braunsche Röhre. Durch die Spannungen an den paarweise rechtwinklig zueinander angeordneten Kondensatorplatten wird der Elektronenstrahl horizontal (*x*-Achse) und vertikal (*y*-Achse) abgelenkt.

Grundprinzip und Anschlüsse

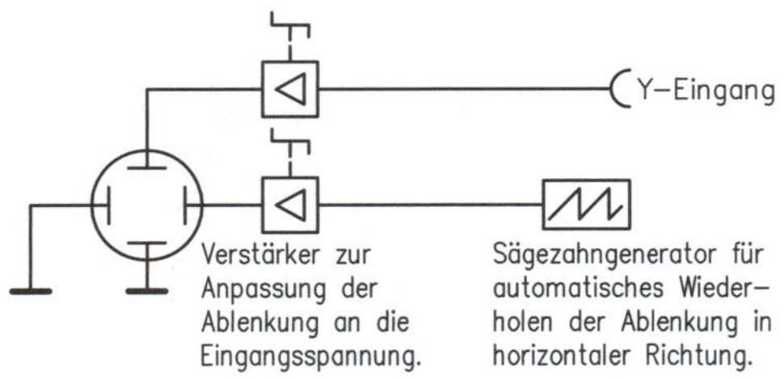

Die an den *Y*-Eingang angeschlossene Messspannung verschiebt den Leuchtpunkt vertikal. Die Verschiebung in horizontaler Richtung erfolgt mit der Spannungsänderung des Sägezahngenerators.
Der Faktor, um den der Leuchtpunkt verschoben wird, kann durch die Einstellung der Verstärker vergrößert und verringert werden.

Entstehung des Schirmbildes

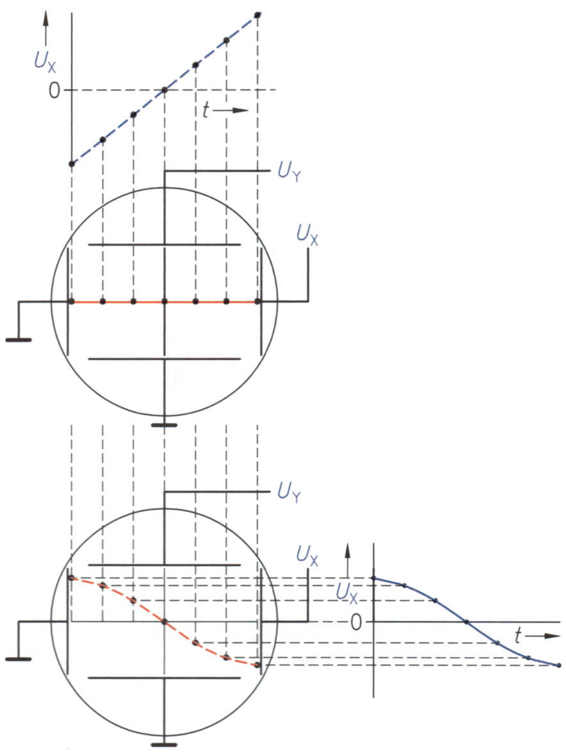

In Abhängigkeit von der Polarität und Höhe der Sägezahnspannung U_x wandert der Leuchtpunkt vom linken Rand bis zum rechten Rand des Bildschirms. Dieser Vorgang wiederholt sich periodisch.

In Abhängigkeit von der Polarität und Höhe der angeschlossenen Messspannung U_y wird der Leuchtpunkt zusätzlich mehr oder weniger weit nach oben oder nach unten abgelenkt.

Bedienungselemente

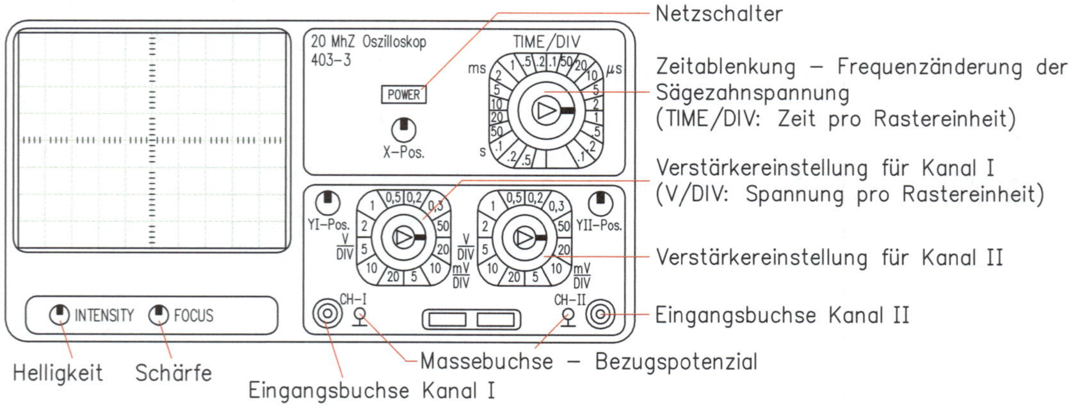

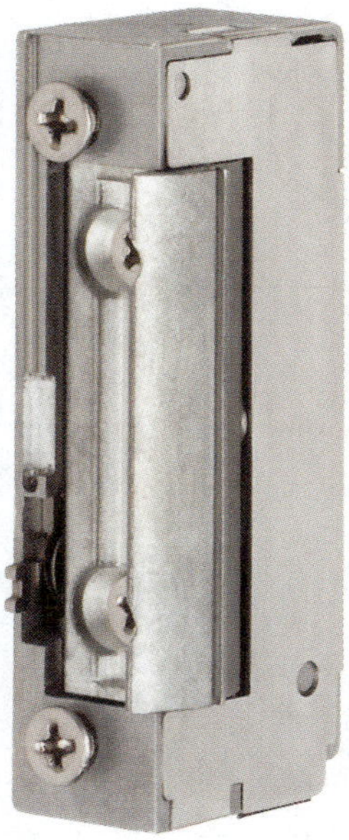

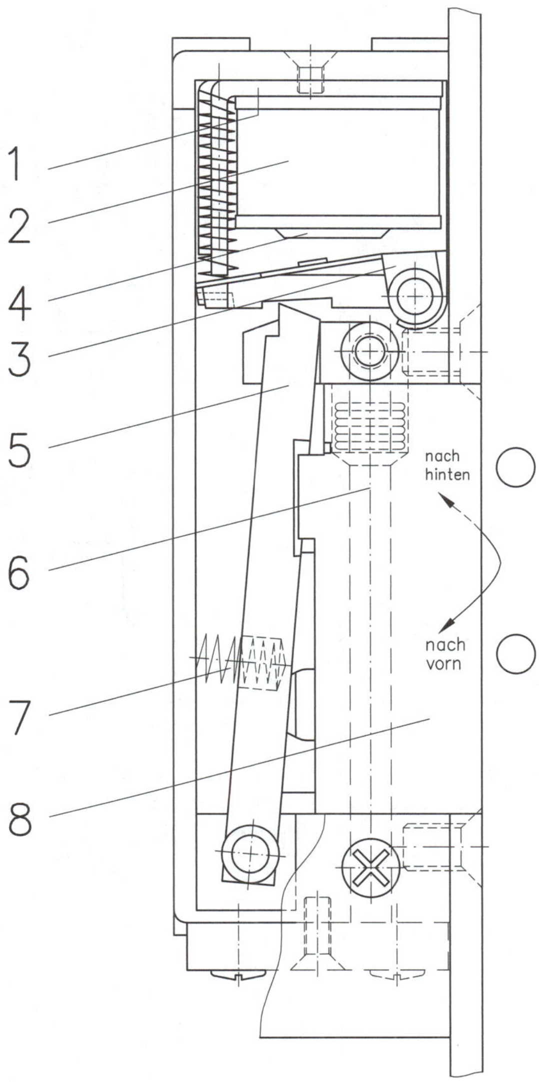

Der abgebildete Türöffner ermöglicht das fernbediente Öffnen einer Tür, die ins „Schloss“ gefallen ist. Dazu wird die Spule an Spannung angeschlossen. Über Spulenkern und Jochplatte wird ein magnetischer Kreis gebildet und der Außenanker wird angezogen. Jetzt ist der Wechsel entriegelt und die Schlossfalle lässt sich auf der Achse bewegen. Dabei wird der Wechsel nach links gedrückt.

1. Markieren Sie in der Zusammenbauzeichnung die Bauteile mit einem Textmarker farbig, die in der Tabelle aufgeführt sind.
2. Der Türöffner ist eingeschaltet. Kreuzen Sie die Richtung an, in die sich die Schlossfalle bewegen lässt.
3. In welche Richtung muss die Kraft der Feder wirken, damit die Schlossfalle nach dem Öffnen wieder verriegelt wird? Markieren Sie die Richtung durch einen Pfeil.
4. Suchen Sie aus der Gesamtzeichnung die Bauteile heraus, die in der Tabelle aufgelistet sind und tragen Sie die zugehörigen Nummern in die Tabelle ein.

Darstellungsarten

Bauteilnummer	Bauteilbezeichnung
	Außenanker
	Spulenkern
	Spulenjoch
	Wechsel
	Spule
	Schlossfalle
	Achse der Schlossfalle

Datum

Name

Klasse

Vier Darstellungsarten sind gegeben. Schreiben Sie unter jede dieser Darstellungen die richtige Bezeichnung.

Montagezeichnung für einen Transistor

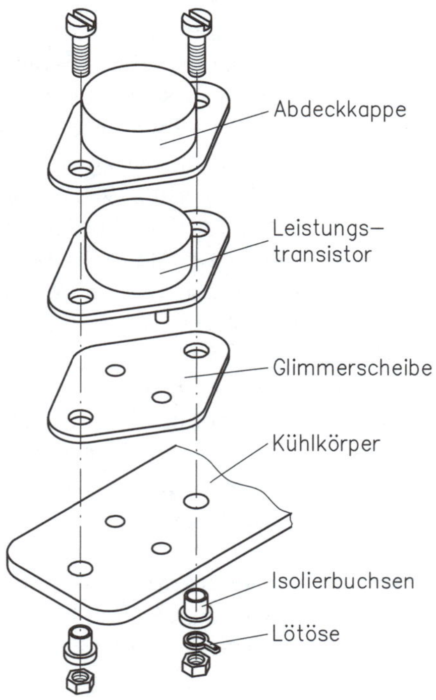

Abdeckkappe für einen Transistor

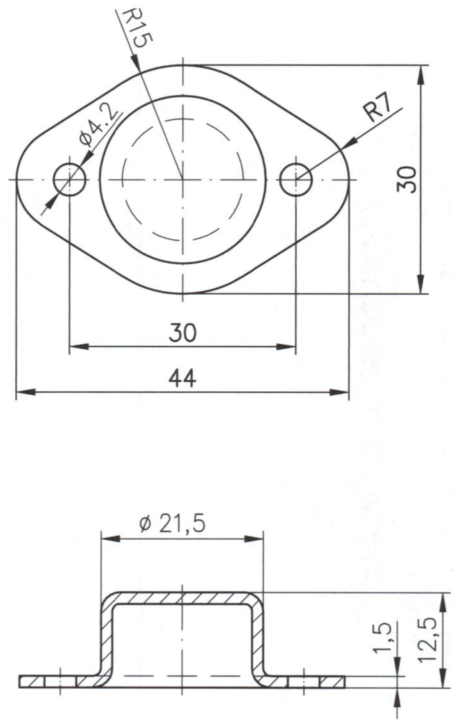

Abstandhalter für einen Blitzableiter

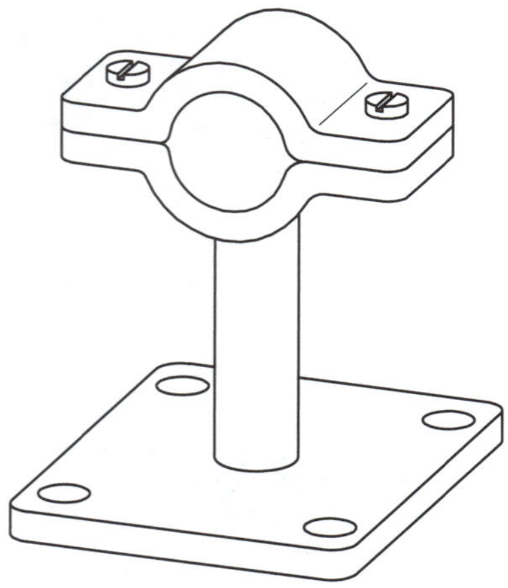

Erdungsschelle

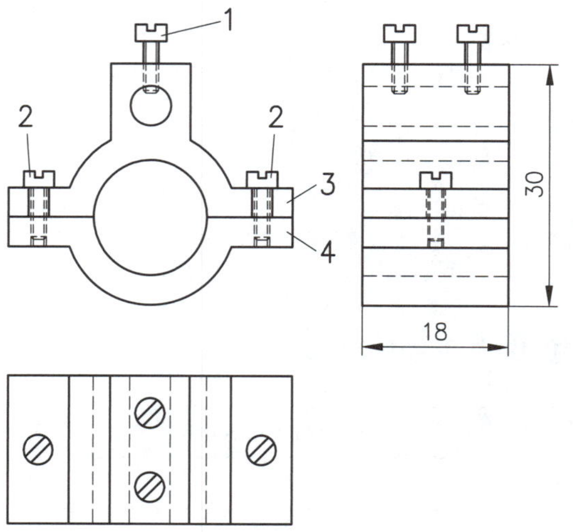

Die Gesamtzeichnung zeigt eine Haupterdungsschiene, die aus mehreren Teilen besteht, in zusammengebautem Zustand. Bei Schnitten werden die einzelnen Teile durch verschiedene Schraffuren voneinander abgehoben.
Ordnen Sie die in der Explosionszeichnung dargestellten Einzelteile den entsprechenden Teilen in der Gesamtzeichnung zu. Schreiben Sie dazu in die vorgegebenen Kreise beider Zeichnungen die Nummern der Einzelteile aus der Stückliste.

Explosionszeichnung

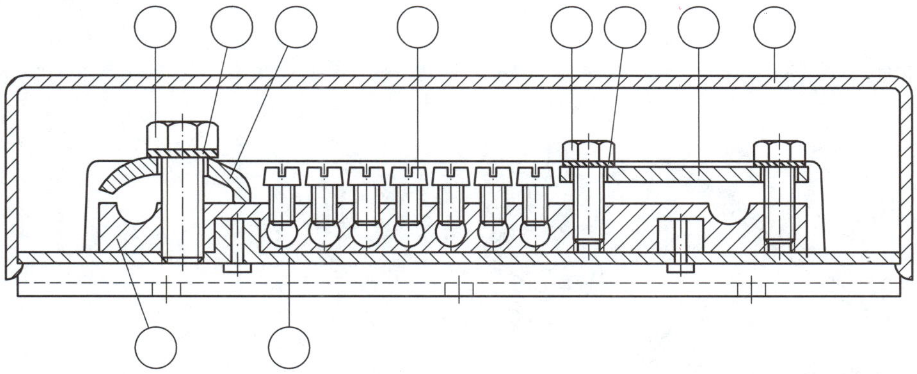

Anschlussmöglichkeiten:
1 x Rundstahl ∅ 8–10 mm
7 x Rundleiter bis 16 mm²
1 x Flachstahl bis 20 mm Breite oder
1 x Rundstahl ∅ 8–10 mm

1	Grundplatte	1	PS – schlagfest
2	Abdeckhaube	1	Polystrol, schlagfest
3	Sechskantschraube	1	M 8 x 20, Fe verzinkt
4	Sechskantschraube	2	M 6 x 15, Fe verzinkt
5	Fächerscheibe	2	A 6,4 V2A
6	Fächerscheibe	1	A 8,4 V2A
7	Kontaktleiste	1	MS 58
8	Klemmschelle	1	St galv. verzinkt
9	Überleger	1	St galv. verzinkt
10	Zylinderschraube	14	MS vernickelt
Pos.	**Benennung**	**Stück**	**Werkstoff/Bemerkung**

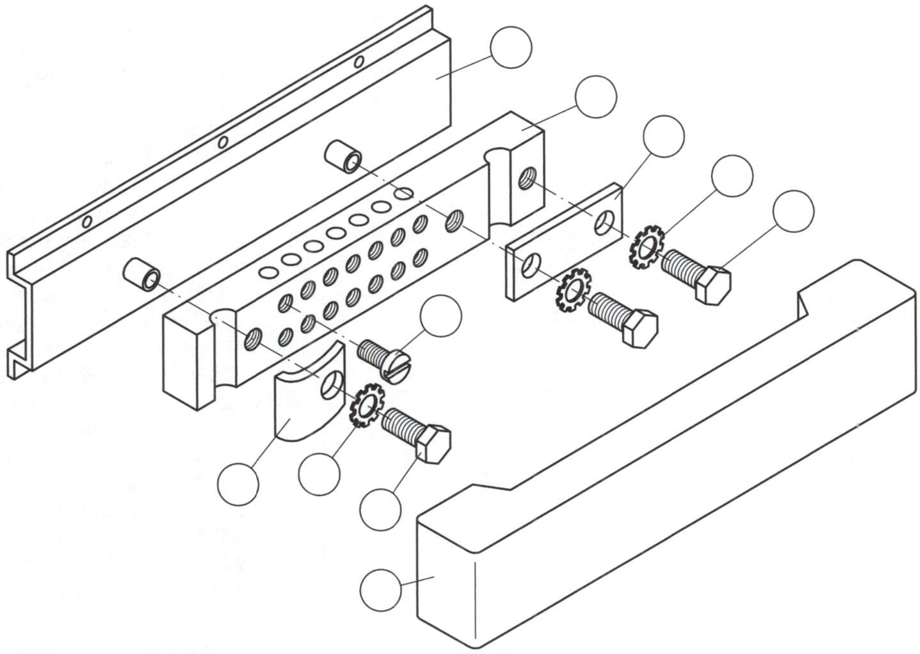

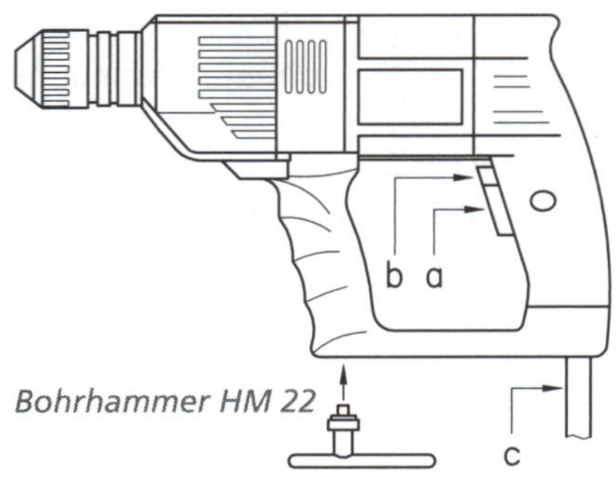

Bohrhammer HM 22

An dem Bohrhammer müssen der Schalter (a), der Schalter für R/L-Lauf (b) sowie die Netzzuleitung (c) erneuert werden.

1. Geben Sie die genauen Bestelldaten der für diese Reparatur erforderlichen Ersatzteile an.

2. Planen und beschreiben Sie die erforderlichen Arbeitsschritte.

Explosionszeichnung

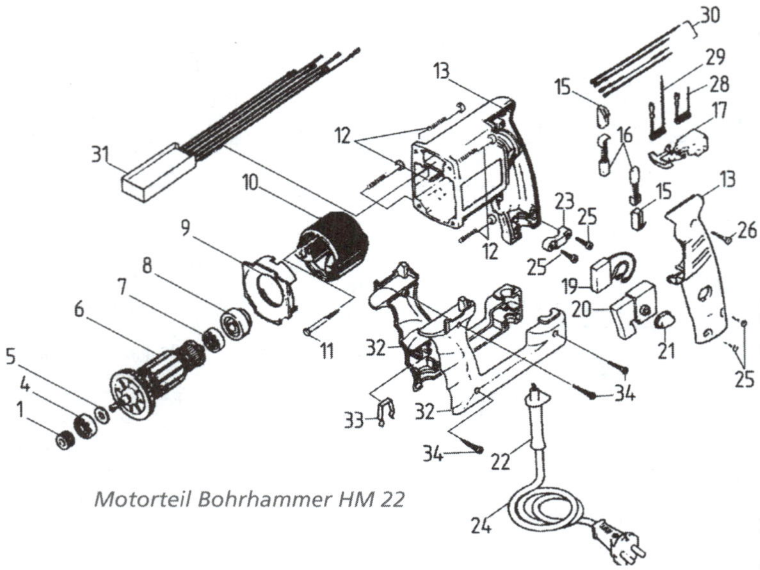

Motorteil Bohrhammer HM 22

zu 1:

Pos.	Teile-Nr.	Bezeichnung

zu 2:

Ersatzteilliste Bohrhammer HM 22

Pos.	Teile-Nr.	Bezeichnung
1	21501	Förderring
4	10028	Kugellager
5	18400	Passscheibe DIN 988
6	16590	Anker 230 V
7	12422	Rillenkugellager
8	18182	Gummilagerteil
9	11741	Luftleitring
10	19630	Stator
11	13596	Linsenschraube 4 x 50
12	13597	Linsenschraube 4 x 60
13	25379	Gehäuse HM22-2E, blau
15	12006	Kohlehalter
16	18467	Kohlebürste
17	14250	Umschalter Links-Rechts
19	24812	Kondensator, HM22
20	24848	Poti-Schalter
21	12044	Arretierknopf, orange
22	14291	Knickschutzhülle, Kema
23	15056	Zugentlastung
24	15063	Netzkabel, Semko
25	12090	Linsenschraube 4 x 19
26	12137	Schraube 4 x 19
28	12735	UKW-Drossel F 1756-05
29	12736	UKW-Drossel F 1756-06
30	19605	Schaltlitze 100 mm
31	24813	Vollwellenregler
32	24739	Handgriff HM22
33	24746	Haltefeder HM10.66
34	12137	Schraube 4 x 19

(Nach Originalunterlagen eines Herstellers)

Kennzeichnen Sie die Körperecken mit den vorgegebenen Zahlen. (Vorn liegende Ecken: Zahlen außerhalb der Ansicht; dahinter liegende Ecken: Zahlen innerhalb der Ansicht in Klammern.)

Normalprojektion

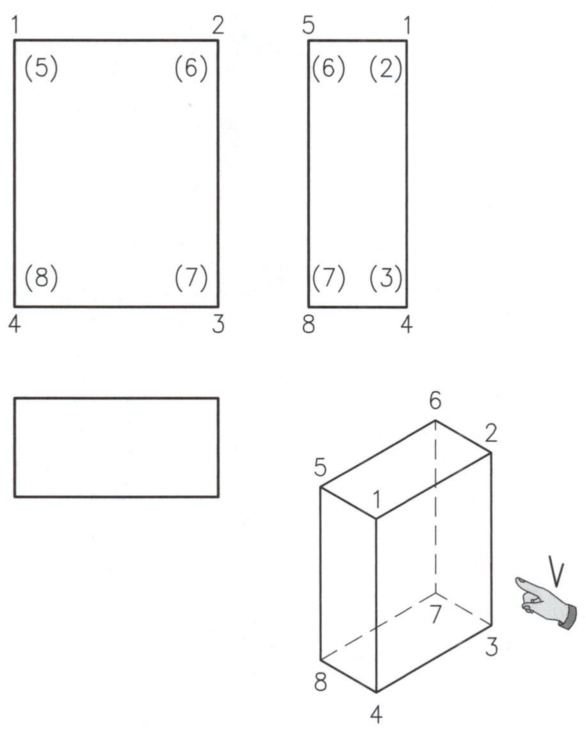

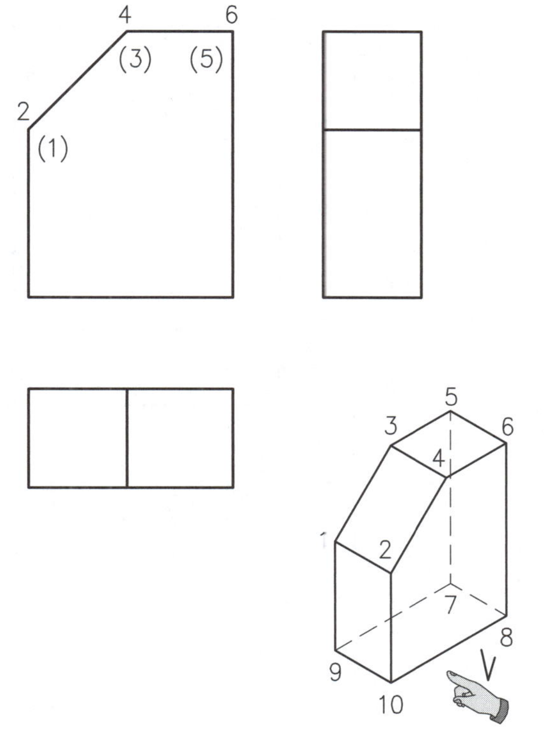

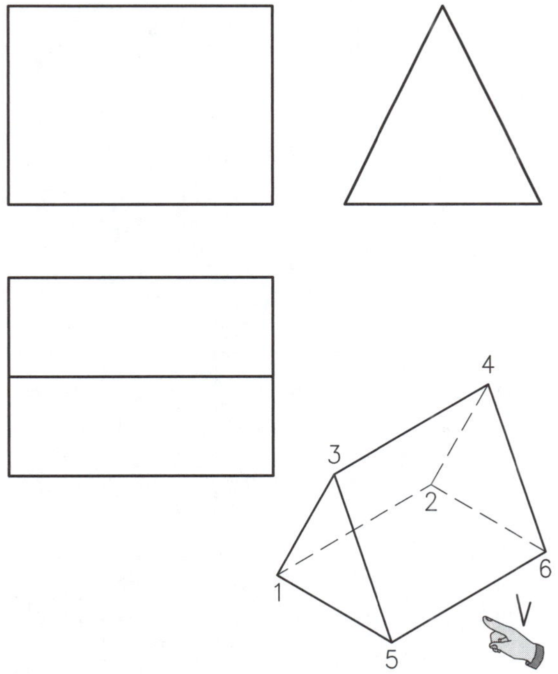

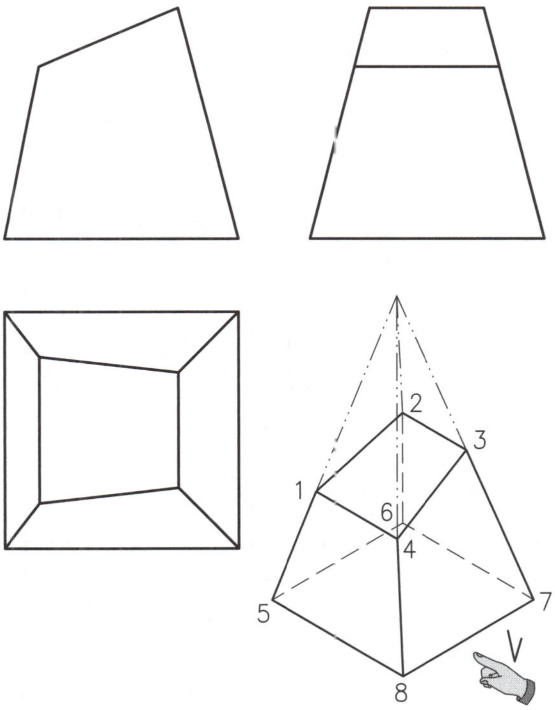

Konstruieren Sie jeweils aus gegebenen Ansichten einmal die Draufsicht und einmal die Seitenansicht.

Normalprojektion

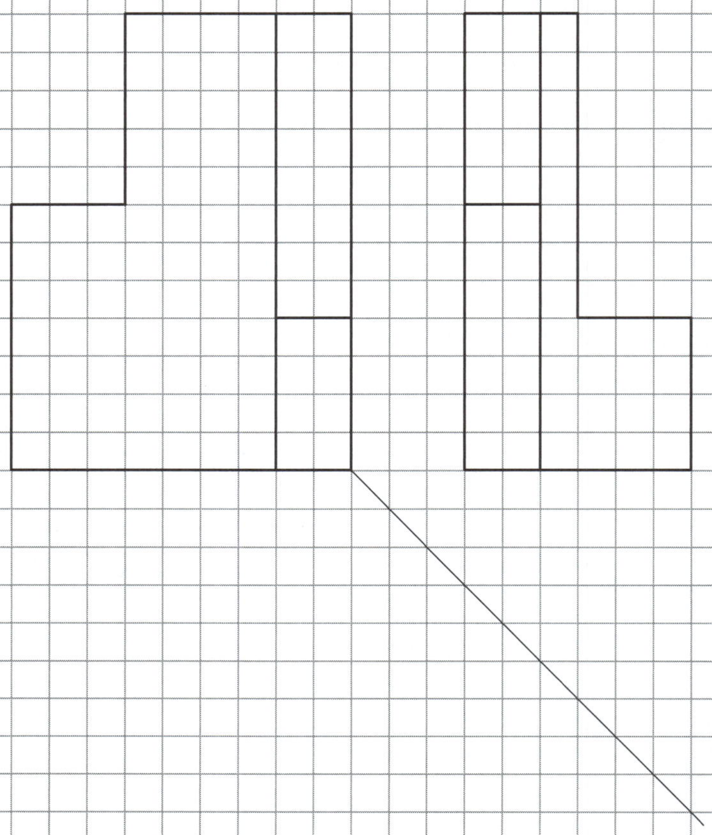

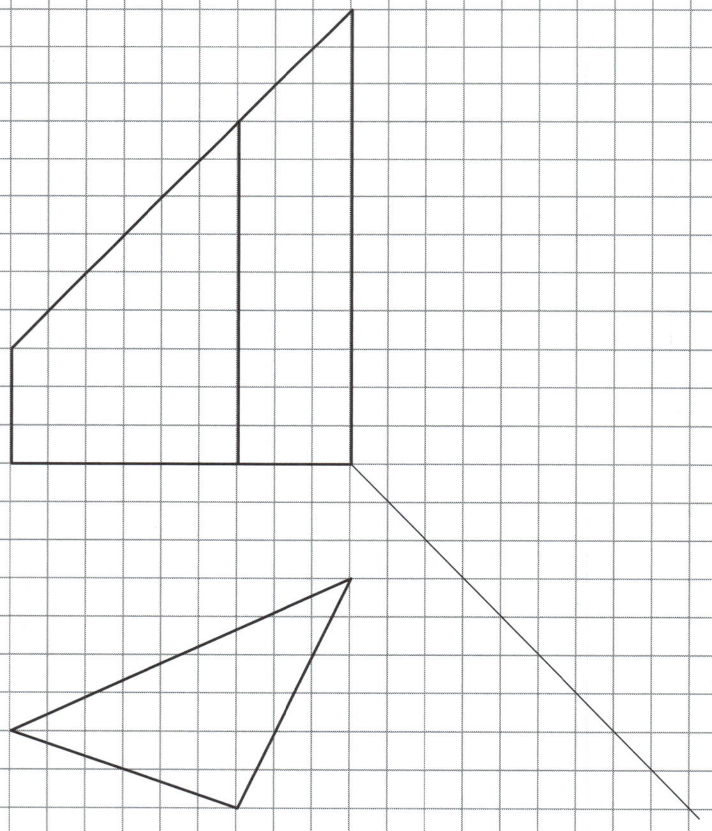

Der Spulenkern wird aus einem 3 mm dicken Blech hergestellt und soll die angegebenen Abmessungen haben. Die beiden Ecken *c* werden ausgestanzt. Hierdurch entsteht die Verbindungsnase, über die der Spulenkern mit der Spulenjochplatte vernietet wird.

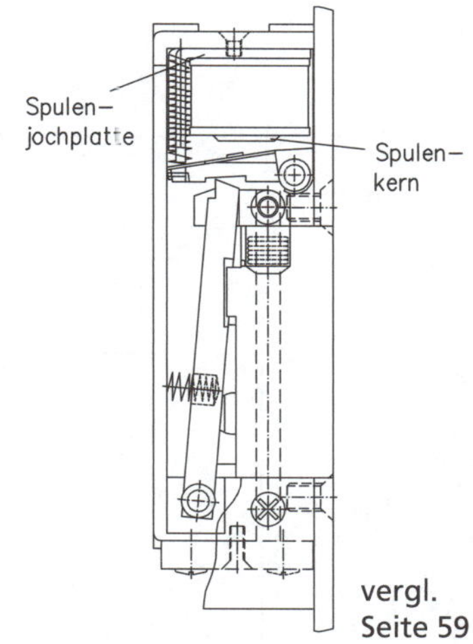

vergl. Seite 59

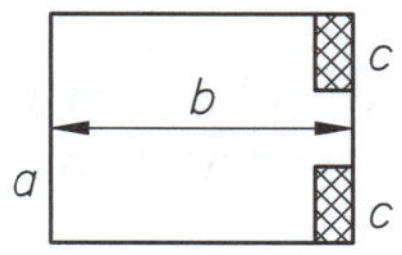

Verbindungsnase

a = 15 mm
b = 35 mm
c = 2,5 mm x 5 mm

Skizze des Spulenkerns

Fertigen Sie die normgerechte Zeichnung des Spulenkerns an. Wählen Sie für Ihre Zeichnung einen geeigneten Maßstab.

Maßstäbe

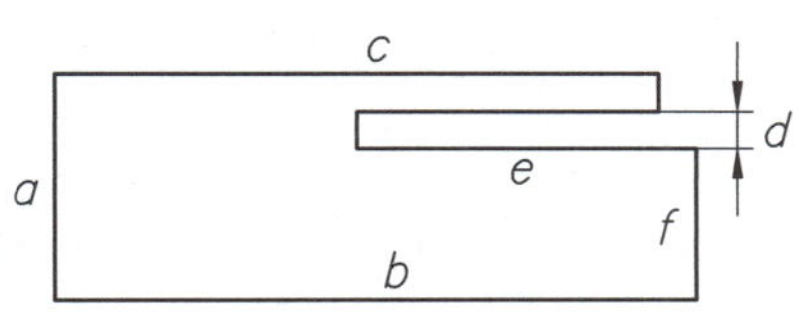

Skizze des Spulenkerns

Der Rohling der Spulenjochplatte hat die angegebenen Abmessungen.

a = 15 mm	d = 2,5 mm	Dicke des Blechs = 1,5 mm
b = 42,5 mm	e = 22,5 mm	
c = 40 mm	f = 10 mm	

Fertigen Sie die normgerechte Zeichnung des Rohlings an. Wählen Sie für Ihre Zeichnung einen geeigneten Maßstab.

Maßeintragung

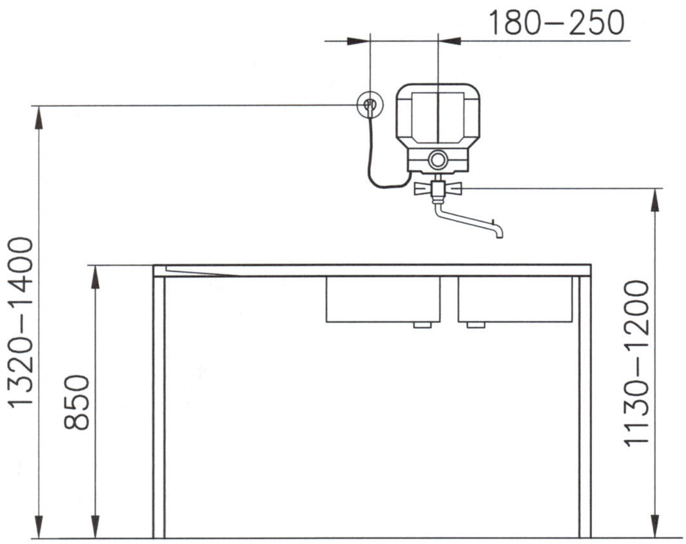

1. Welche Höhe wird für die Montage der Steckdose empfohlen?

____

2. Welcher Abstand sollte zwischen „Mitte Steckdose“ und „Mitte Kochendwassergerät“ eingehalten werden?

____

3. Ermitteln Sie den Abstand zwischen der Arbeitsfläche und dem Wasseranschluss des Kochendwassergerätes.

____

Maßeintragung

Leuchtstofflampen

Nennleistung der Lampe in Watt	Lichtfarbe	Lichtstrom in lm	Rohrdurchmesser *d* in mm	Länge *l* in mm	Bild-Nr.
8	DE LUXE Daylight	300	16	288	1
15	NATURA DE LUXE	520	26	438	2
16	LUMILUX INTERNA	1300	26	720	3
30	LUMILUX Tageslicht	2300	26	895	4
36	LUMILUX INTERNA	3100	26	970	5
65	LUMILUX Hellweiß	5000	38	1500	6

Tragen Sie an den Lampen die der Tabelle entsprechenden Maße ein.

1 : 100

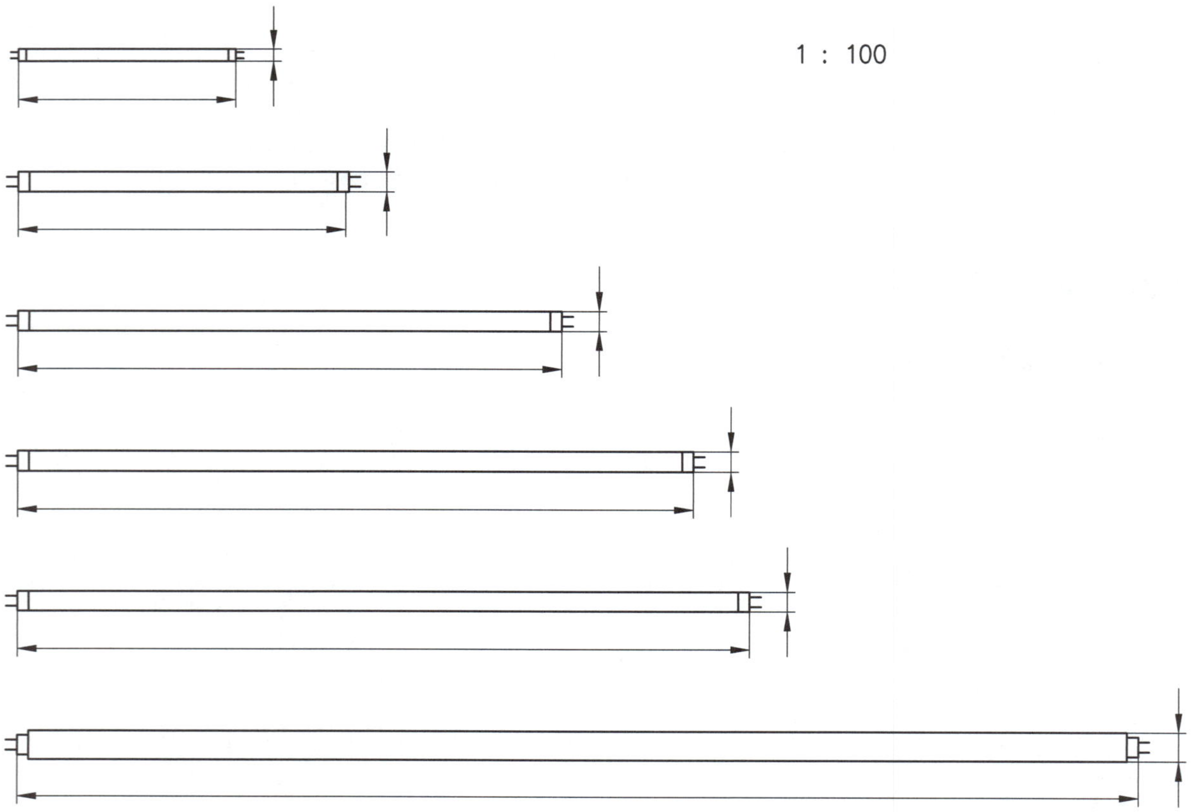

Die Installationsrohre einer elektrischen Anlage sollen mit Rohrklemmschellen befestigt werden. Die Schellen werden auf Profilschienen an der Wand befestigt.

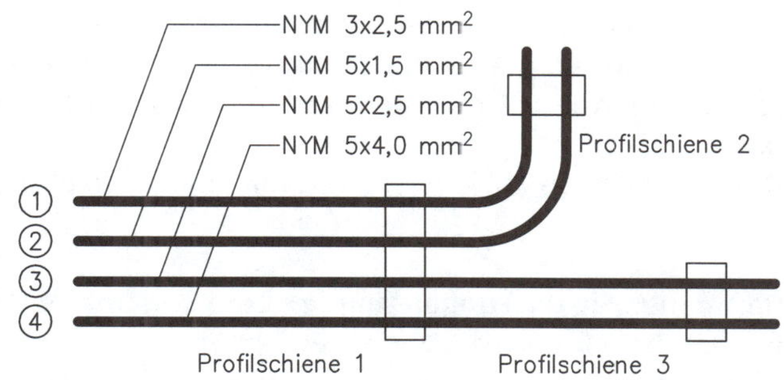

Profilschiene:

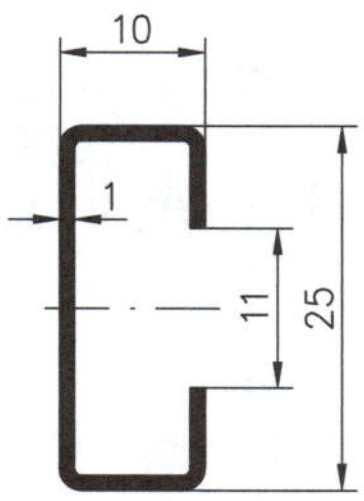

Rohrklemmschelle:

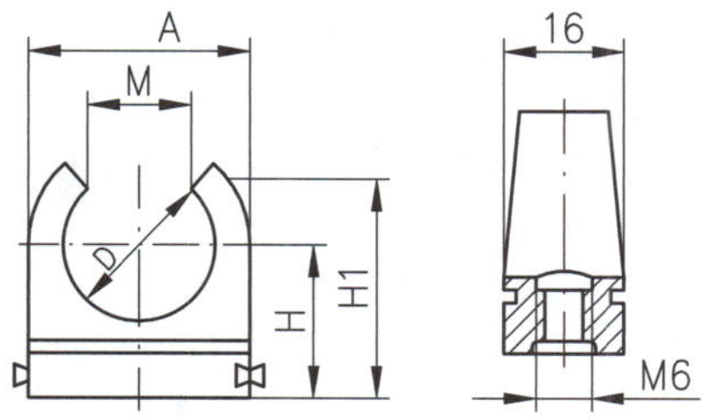

Schellen-nenn-größe	Rohrnenngröße		D	A	M	H	H1
	Außen-∅ mm	Innen-∅ mm	mm	mm	mm	mm	mm
J 11	13,0	11,0	12	18,5	8,8	16,4	23,0
J 13	15,8	13,5	15	21,0	11,2	17,5	24,8
J 16	18,7	16,0	18	25,0	13,5	19,0	27,7
J 19	21,2	19,0	20	28,0	14,5	20,0	30,1
J 23	28,5	23,0	28	36,5	20,0	24,0	37,2

Leitungsabmessungen:

Leitungsbezeichnung	Nennquerschnitt mm²	Aderanzahl	Außenabmessung mm
NYM	1,5	3	10,0
NYM	1,5	5	12,0
NYM	2,5	3	11,5
NYM	2,5	5	13,5
NYM	4	5	16,5

Maßbezugskanten, Kettenmaße, Toleranzen

1. Wählen Sie anhand der Leitungsangaben die erforderlichen Rohr- und Schellennenngrößen aus.

	Leitung 1	Leitung 2	Leitung 3	Leitung 4
Rohrnenngröße				
Schellennenngröße				

2. Ermitteln Sie, wie lang die Profilschienen 1, 2 und 3 sein müssen. (Zugabe für die Befestigung der Schiene: 2 cm)

Profilschiene 1: __________ Profilschiene 2: __________ Profilschiene 3: __________

3. Bemaßen Sie an dem Teilstück der Profilschiene 1

a) die abzuschneidende Länge,
b) die Positionen der Schellen.

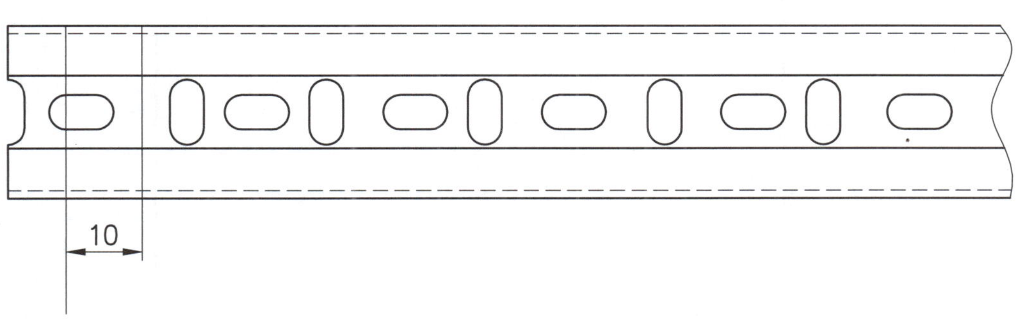

Name

Datum

Klasse

Die Abdeckung dieses Kleinverteilers hat für die im Verteiler montierten Geräte zwei Ausschnitte.
Unter dem oberen Ausschnitt sind von links beginnend ein Hauptschalter und ein 4-poliger Fehlerstromschutzschalter montiert. Unter dem unteren Ausschnitt sind von links beginnend 8 Sicherungsautomaten eingebaut.
Die Einbaubreite soll je Ausschnitt mit einem „Toleranzzuschlag" von + 0,2 mm je montiertem Gerät berechnet werden.

Bestimmen Sie die Längen für die obere und untere Blindplatte zum Abdecken der in den Ausschnitten übrigbleibenden Lücken, die von einer 1-m-Stange abgesägt werden.
Zeichnen Sie die Trennungslinien zwischen den eingebauten Geräten und die beiden Blindabdeckungen maßstabsgerecht mit der jeweiligen Längenangabe ein.

Einbaugeräte für diesen Kleinverteiler

Kleinverteiler

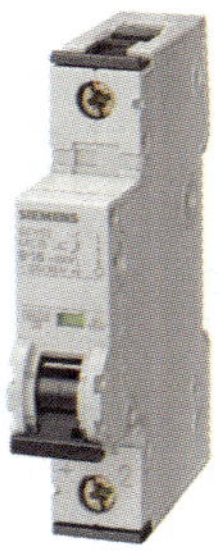

Sicherungsautomat 16 A Einbaubreite 17,5 mm

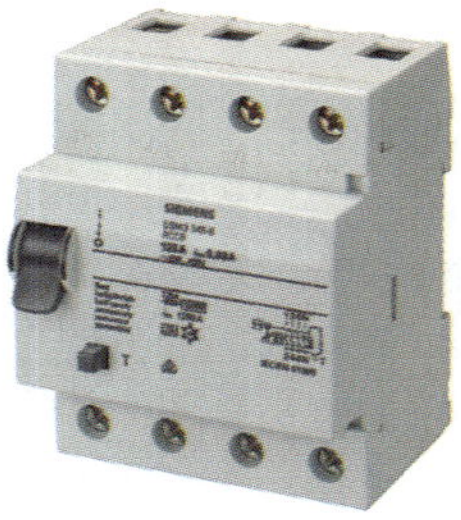

Fehlerstromschutzschalter Einbaubreite 70 mm

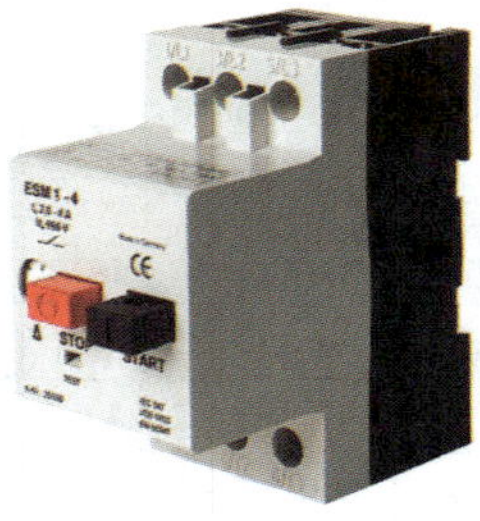

Hauptschalter 3-polig, 63 A Einbaubreite 44 mm

Blindplatten Breite 46/54 mm

Maßbezugskanten, Kettenmaße, Toleranzen

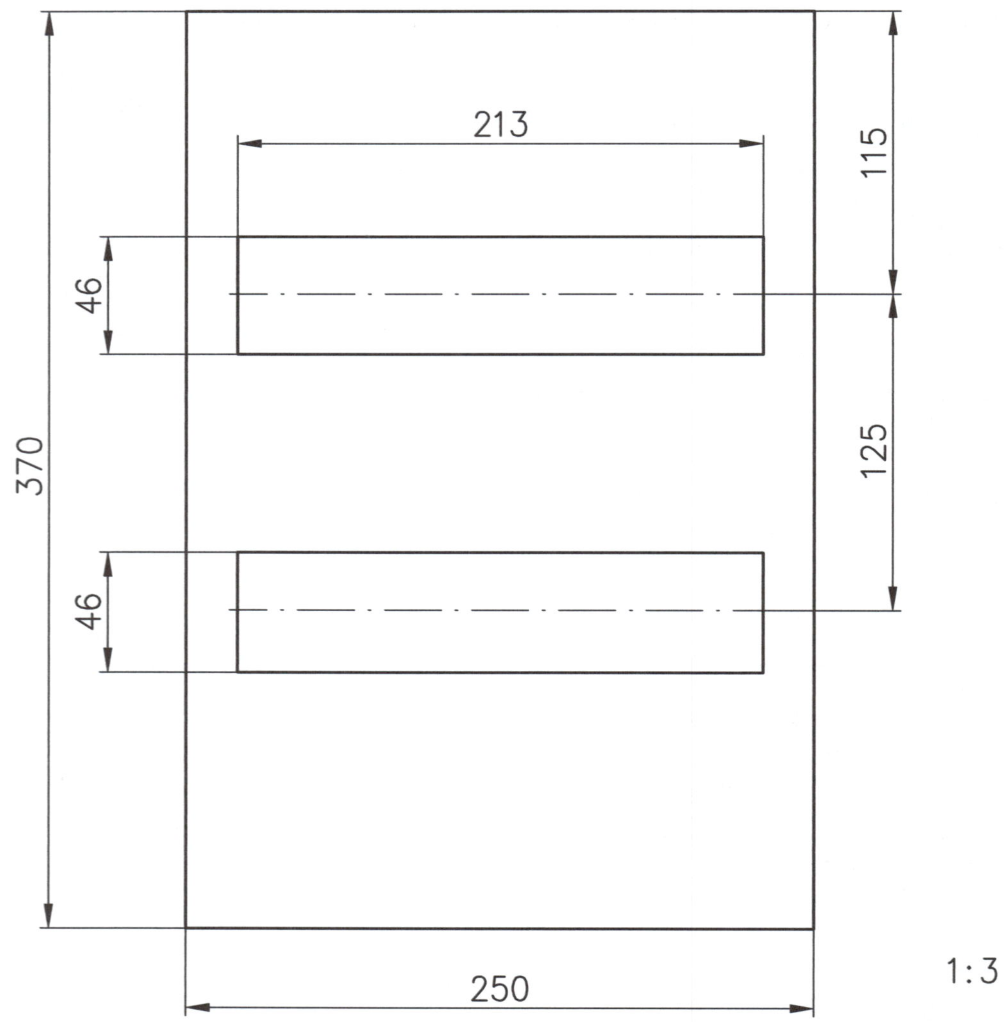

Name

Klasse

5.2

Datum

5 Kleinverteiler, Längenbestimmungen von Blindplatten

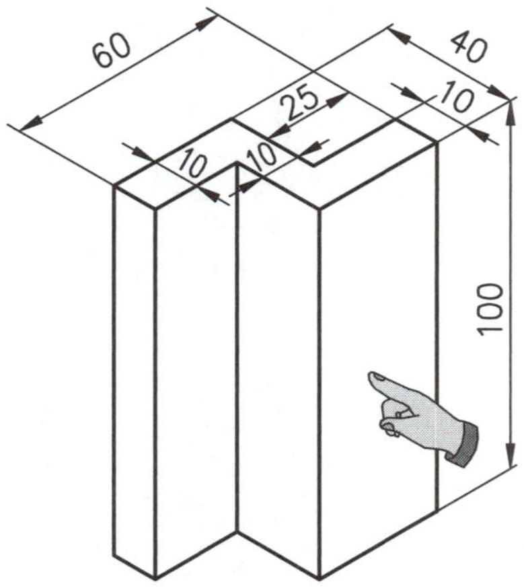

Zeichnen Sie das Z-Stück in drei Ansichten und bemaßen Sie normgerecht.

Verdeckte Kanten

6.1

Name

Datum

Klasse

Der Außenanker des Türöffners besteht aus 1 mm dickem Blech. Er ist in der Fertigungszeichnung als Rohling dargestellt.
Die in der Draufsicht sichtbare Stegbreite beträgt 8,2 mm.

Zeichnen Sie die Draufsicht und ergänzen Sie das fehlende Maß.

Hinweis
Aus zeichnerischen Gründen wird hier der nicht-genormte Maßstab 3:1 verwendet.

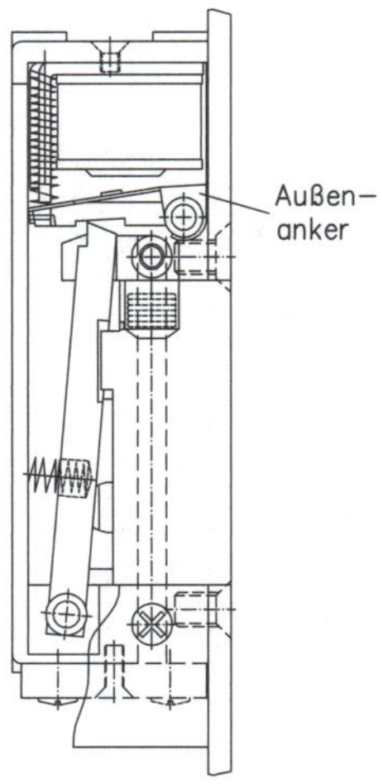

vergl. Seite 59

Verdeckte Kanten

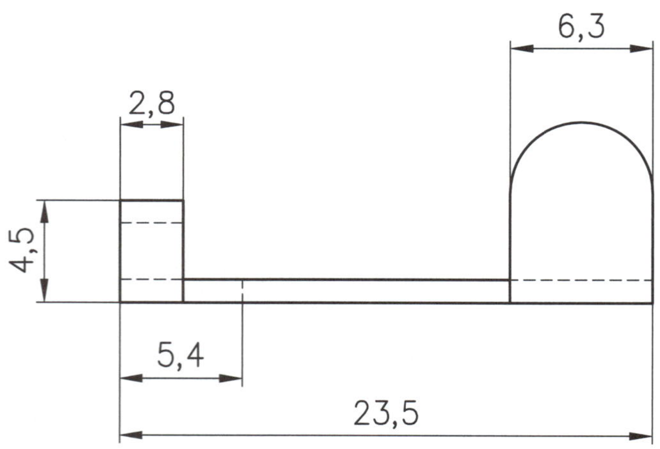

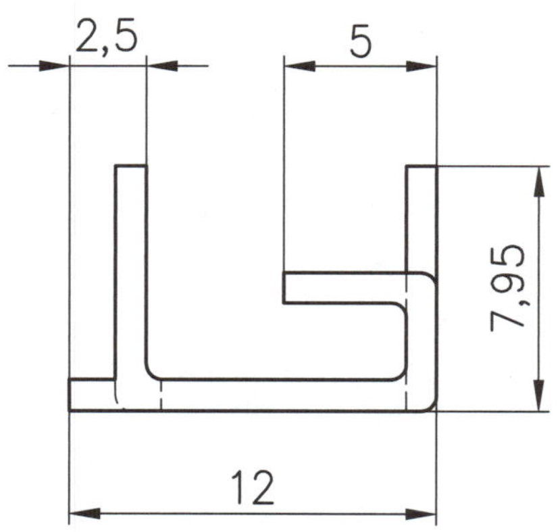

3:1

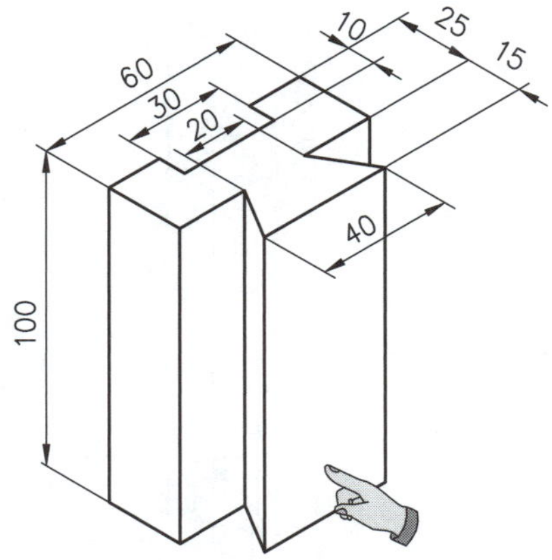

Das nebenstehend dargestellte symmetrische Werkstück (Schwalbenschwanz mit Nut) ist in drei Ansichten zu zeichnen und normgerecht zu bemaßen.

Mittellinien

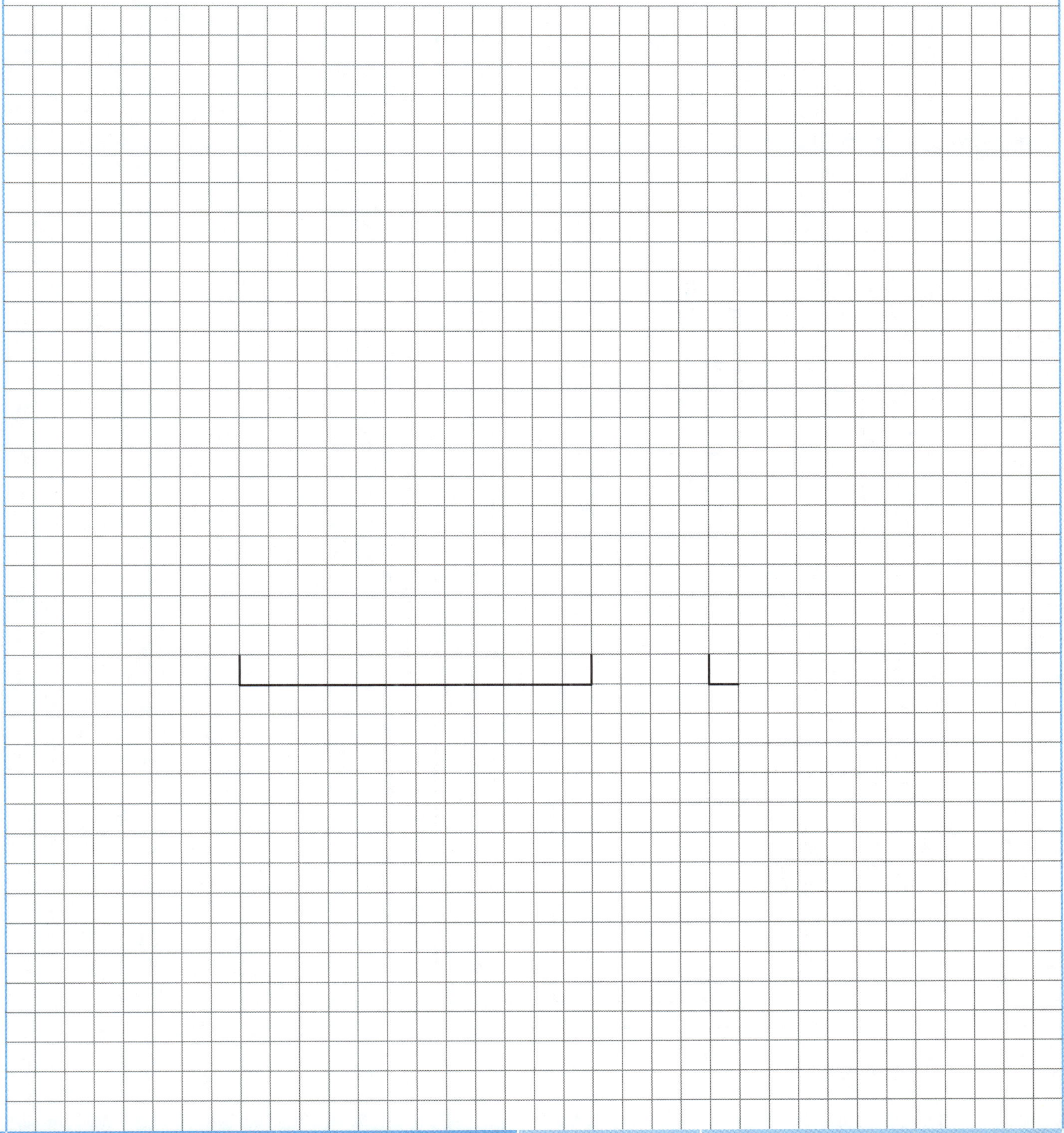

7.1	Name
Datum	Klasse

Der Spulenkörper des Türöffners ist als Rohling dargestellt.
Die Innenabmessungen des Durchbruchs betragen 12,2 mm x 3,2 mm.
Die Außenabmessungen des Durchbruchs betragen 14,2 mm x 5 mm.

Zeichnen Sie die Seitenansicht des Rohlings und bemaßen Sie den symmetrisch angeordneten Durchbruch.

Hinweis

Aus zeichnerischen Gründen wird hier der nicht-genormte Maßstab 3:1 verwendet.

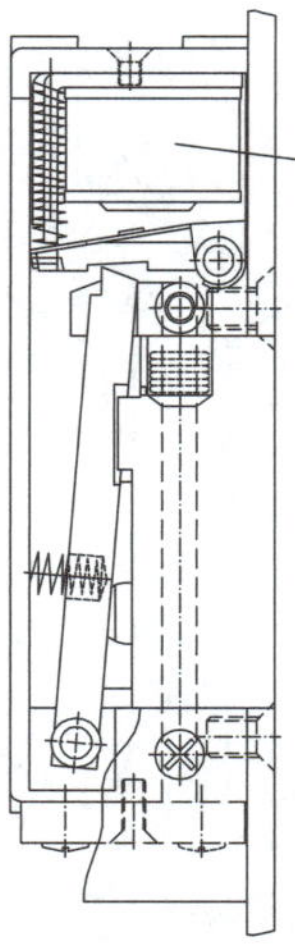

vergl. Seite 59

Mittellinien

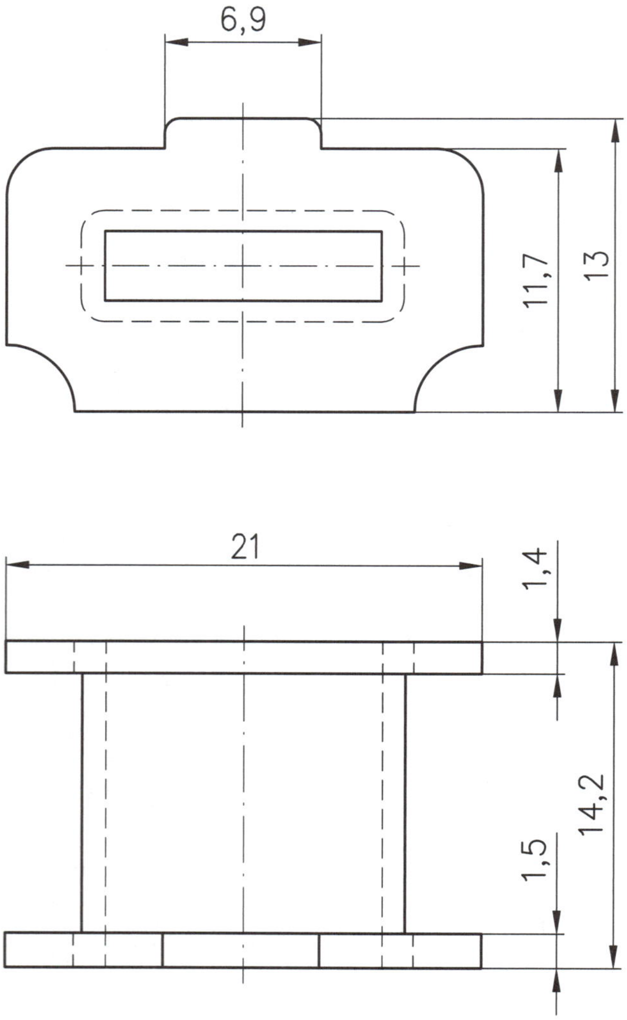

3:1

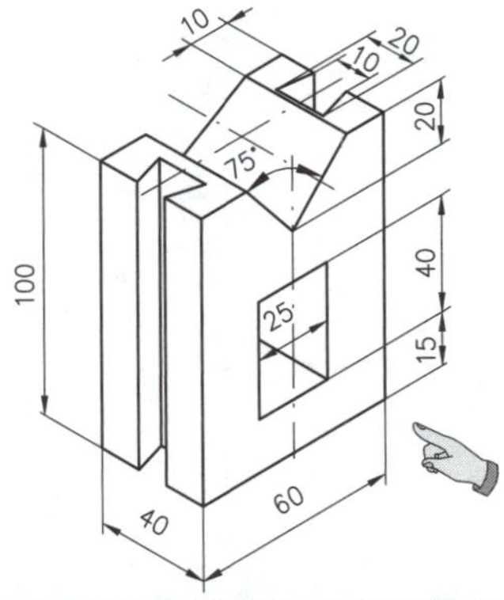

Zeichnen Sie das dargestellte Prisma in drei Ansichten und bemaßen Sie die Zeichnung normgerecht.

Winkel und durchbrochene Körper

Der Rohling für den Wechsel des Türöffners hat die Abmessungen 8 x 5 x 61,5 (Tiefe x Höhe x Länge).

Es sind drei Schrägen anzubringen. Die Schräge A hat einen Winkel von 83° gegen die Senkrechte, die Schräge C einen Winkel von 8° gegen die Senkrechte. Die Schräge B hat einen Winkel von 5° gegen die Waagerechte und ist um 45° nach hinten abgeschrägt.

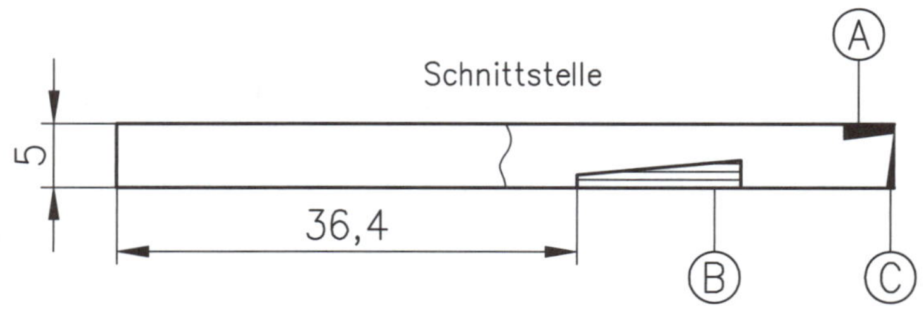

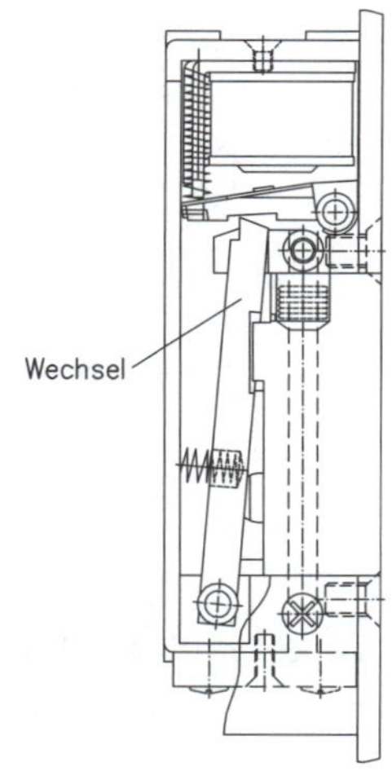

vergl. Seite 59

Bemaßen Sie an dem dargestellten Teilstück die Winkel normgerecht und ergänzen Sie die Draufsicht.

Hinweis:
Aus zeichnerischen Gründen wird hier der nicht-genormte Maßstab 4:1 verwendet.

Winkel und durchbrochene Körper

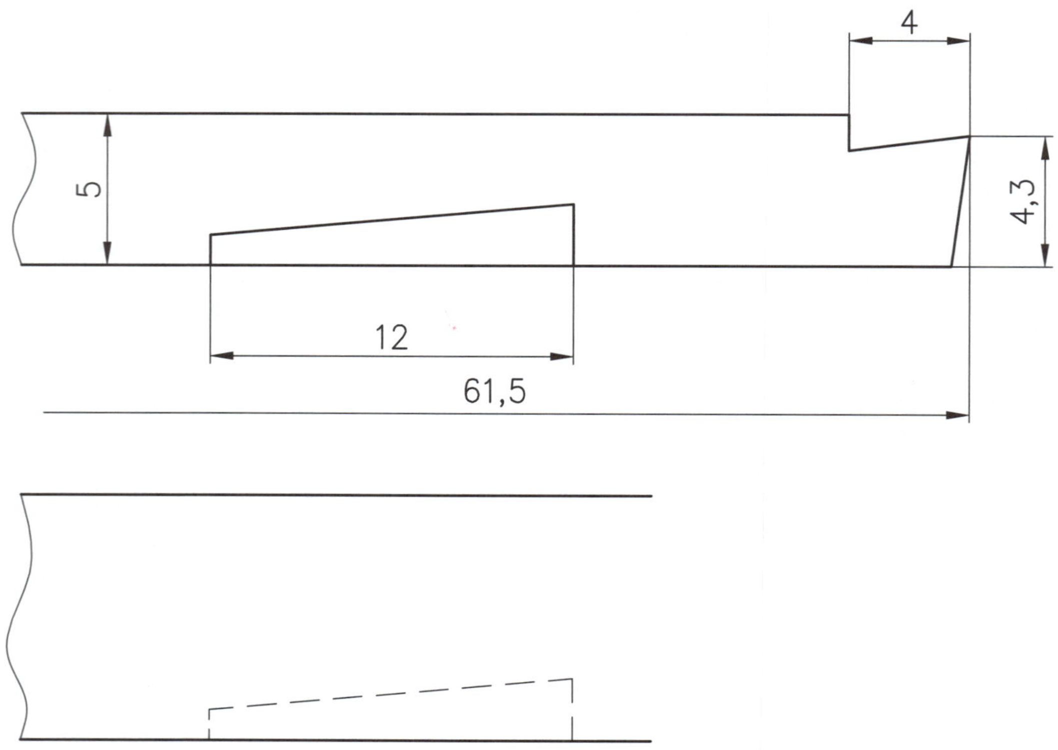

4:1

In den Rohling des Außenankers sollen 3 Bohrungen eingebracht werden.

Die zwei Bohrungen in den Schenkeln des Rohlings haben einen Durchmesser von 4,2 mm. Sie werden mittig in einem Abstand von 4,8 mm zur Unterseite des Stegs gebohrt
Die Bohrung im Steg hat einen Durchmesser von 2,1 mm. Sie befindet sich 2,5 mm vom vorderen Rand und 12,5 mm vom rechten Rand des Werkstücks.

Ergänzen Sie die Bohrungen in allen Ansichten und bemaßen Sie diese normgerecht.

Hinweis

Aus zeichnerischen Gründen wird hier der nicht-genormte Maßstab 3:1 verwendet.

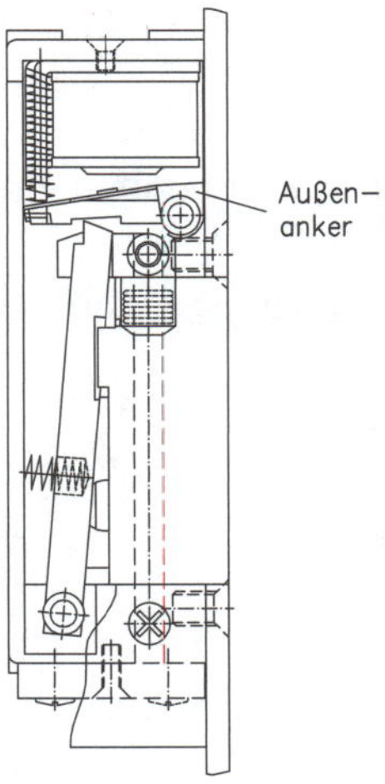

vergl. Seite 59

Bohrungen, Langlöcher, Radien

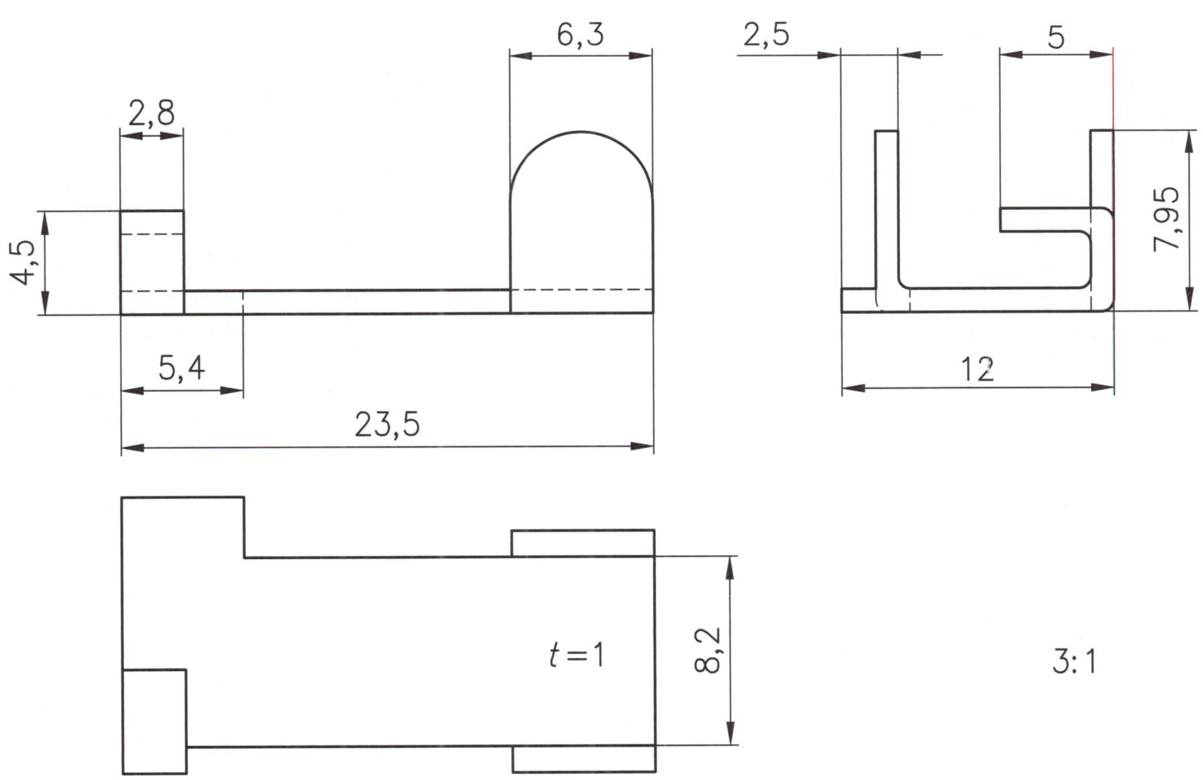

1. Für welche Einzelteile des Türöffners, der auf Seite 59 dargestellt ist, gelten die Fertigungszeichnungen a) bis c)? Schreiben Sie unter jede Zeichnung die entsprechende Bauteilbezeichnung.

2. Warum haben einige Maße keine Toleranzangaben, andere dagegen nur das obere oder das untere Abmaß?

Bohrungen, Langlöcher, Radien

a)

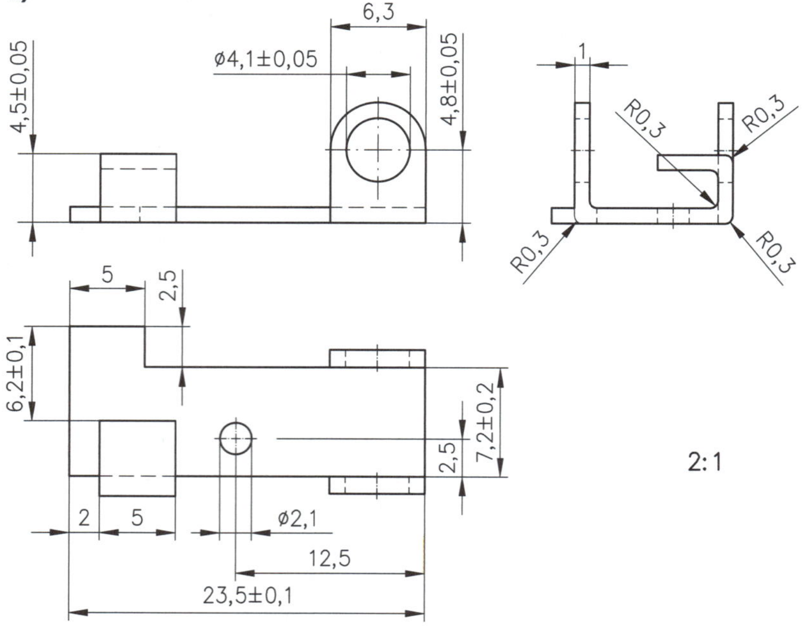

2:1

b)

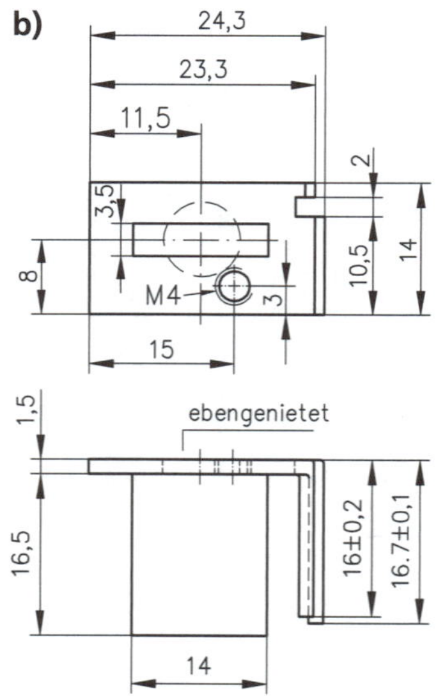

c)

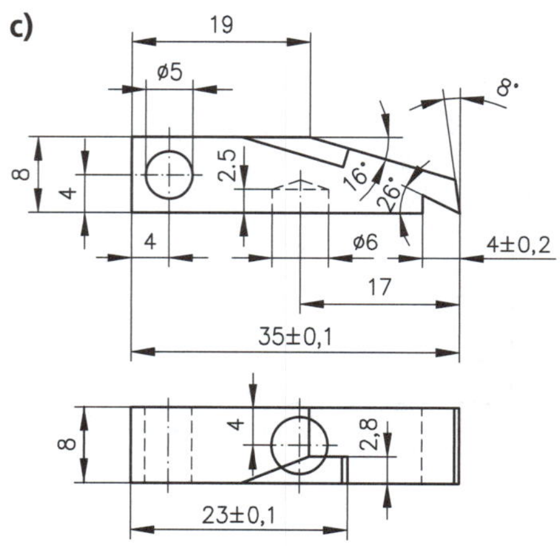

zu 2.

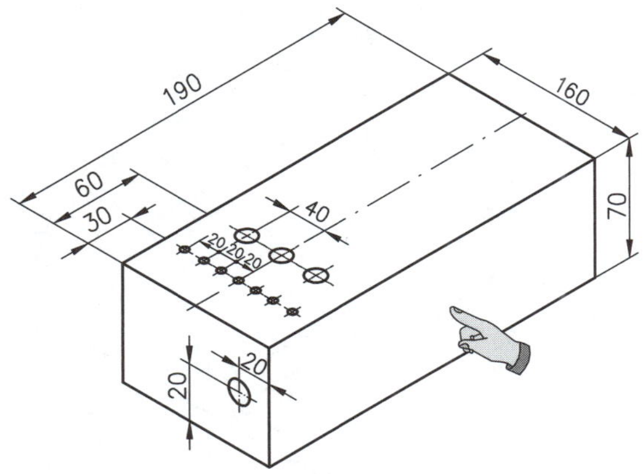

Zeichnen Sie die Abwicklung der Transformatorabdeckung mit allen Bohrungen für Steckerbuchsen, Schalter und Kontrolllampen und Zuleitungseinführung im Maßstab 1 : 2.

Bemaßen Sie die Abwicklung.

Bohrung für Steckerbuchsen:	Ø 8 mm, Abstand 20 mm
Bohrung für Schalter und Lampen:	Ø 20 mm, Abstand 40 mm
Bohrung für Leitungseinführungen:	Ø 10 mm.

Abwicklungen

1: 2

Konstruieren Sie die Abwicklung des Messpultgehäuses im Maßstab 1:10. Das Messpultgehäuse ist von unten offen. Geben Sie alle für die Fertigung erforderlichen Maße an.

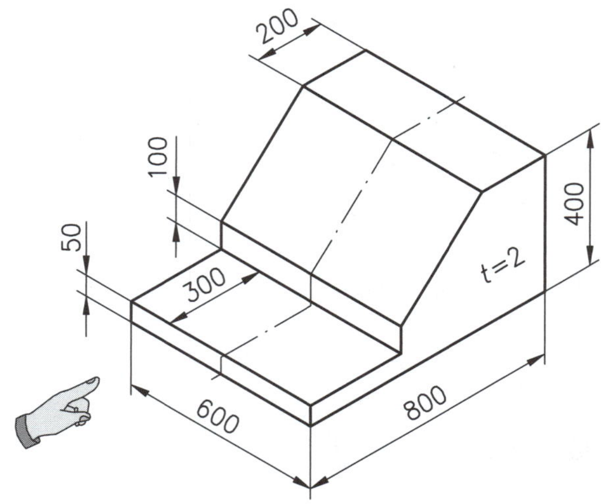

Abwicklungen

1:10

Zeichnen und bemaßen Sie die Drehkörper im Maßstab 1 : 1 in Vorderansicht und Draufsicht.
Großer Ø 50 mm; mittlerer Ø 30 mm; kleiner Ø 20 mm; Höhe 75 mm; oberer Ansatz 35 mm; unterer Ansatz 15 mm. Tragen Sie die Symbole für die Oberflächenbeschaffenheit ein.

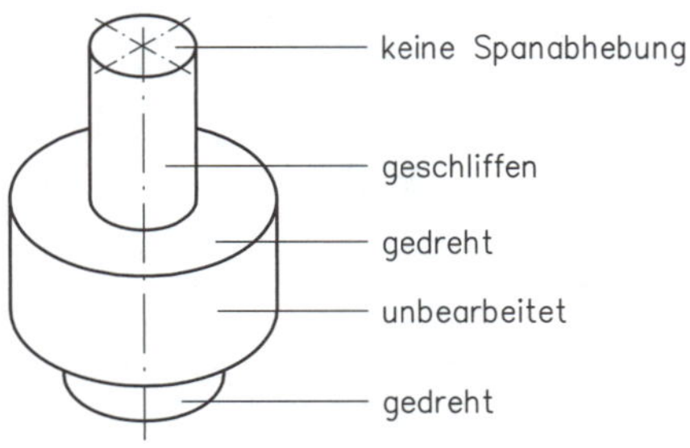

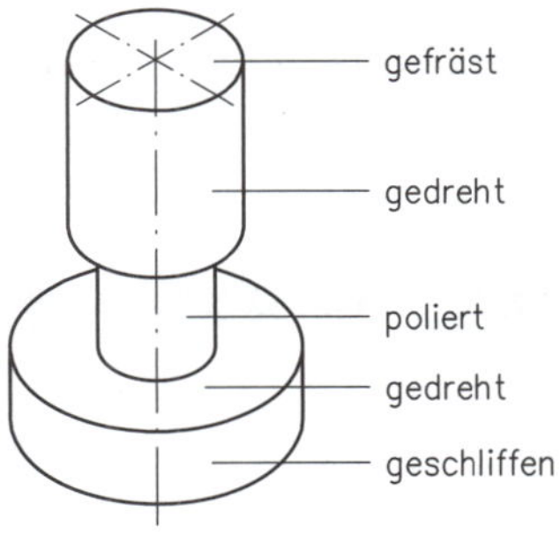

Zylindrische Körper, Durchmesser, Oberflächenbeschaffenheit

Zeichnen Sie von der in der Vorderansicht dargestellten Lagerbuchse die Seitenansicht und ergänzen Sie die fehlenden verdeckten Kanten in der Draufsicht.

Geben Sie die Oberflächenbeschaffenheit an.
Mantelfläche: *gedreht*
Beide Stirnflächen: *Keine Spanabhebende Bearbeitung*

Zylindrische Körper, Durchmesser, Oberflächenbeschaffenheit

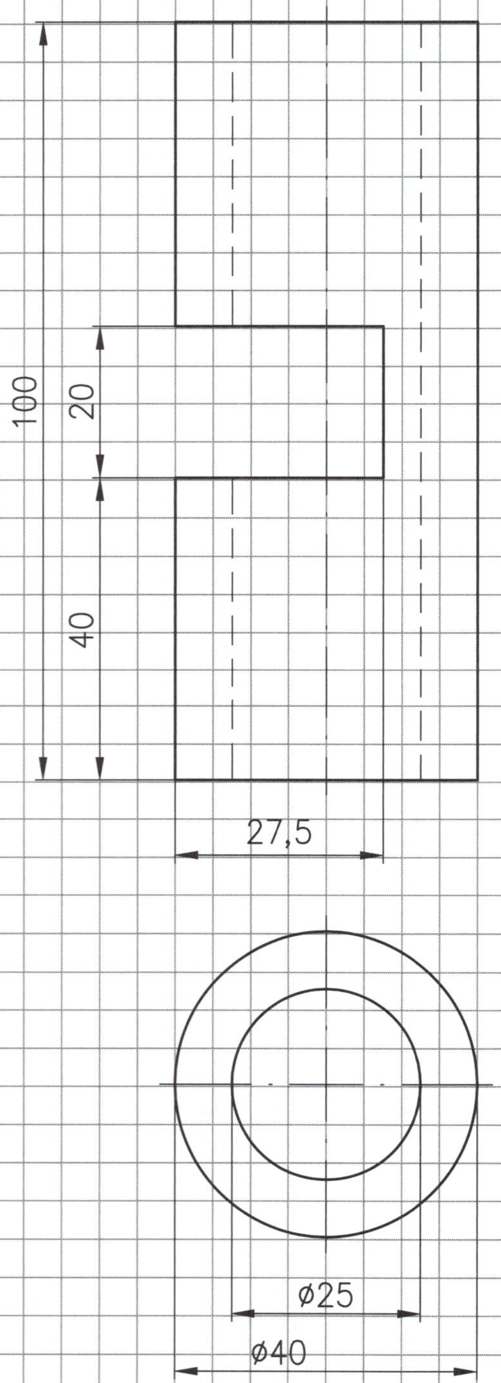

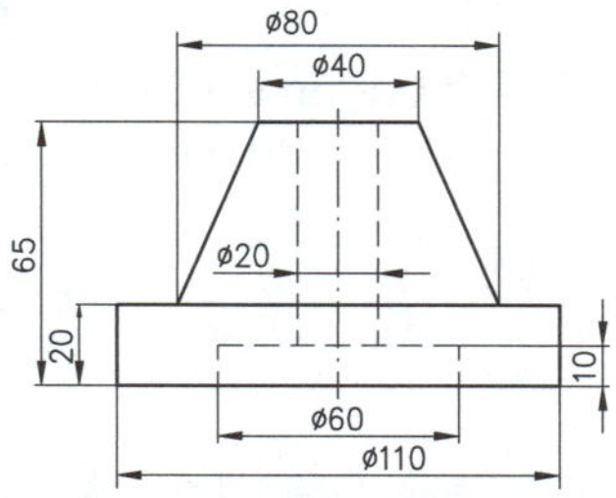

Zeichnen Sie den dargestellten Drehkörper in der Vorderansicht und in der Draufsicht.

Zeichnen Sie die Vorderansicht im Halbschnitt. Bemaßen Sie normgerecht.

Körperschnitte

Zeichnen Sie die Seitenansicht des Achsschenkels im Schnitt und vervollständigen Sie die fehlenden verdeckten Kanten in der Draufsicht. (Bohrlochlänge 45 mm)

Körperschnitte

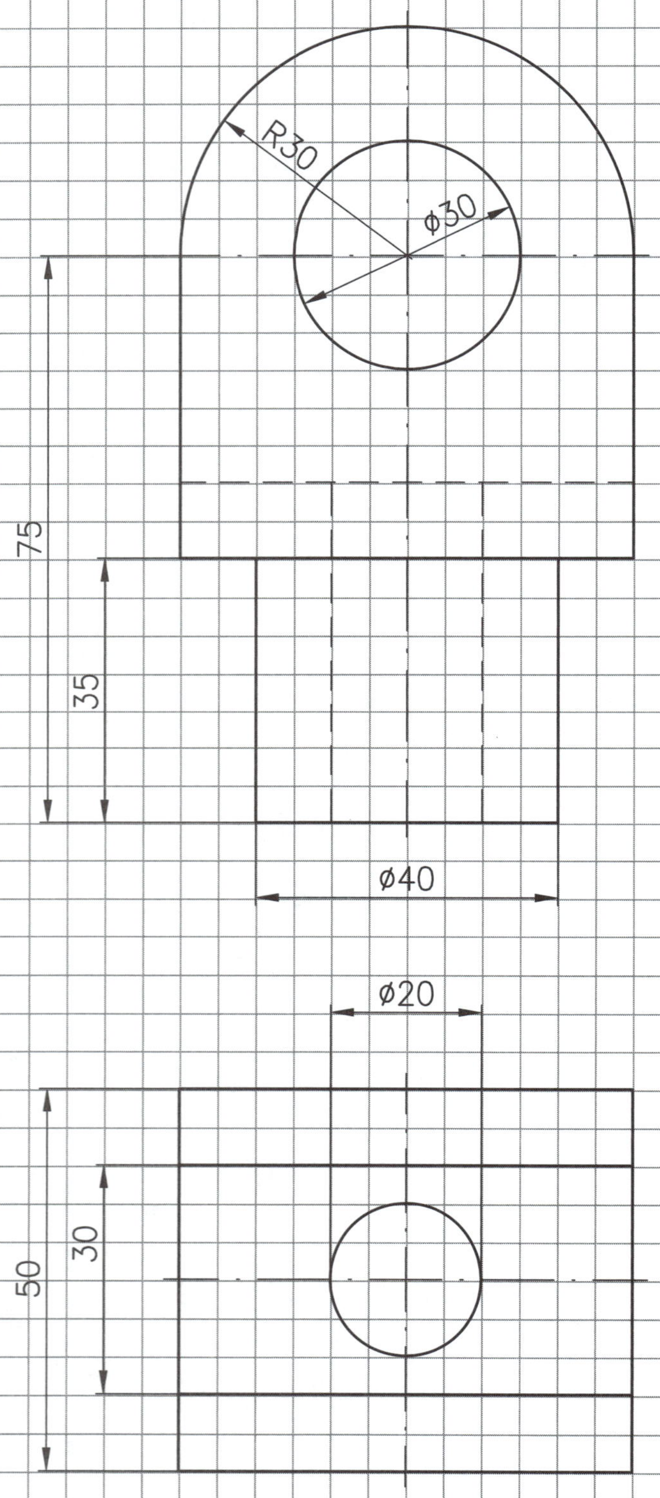

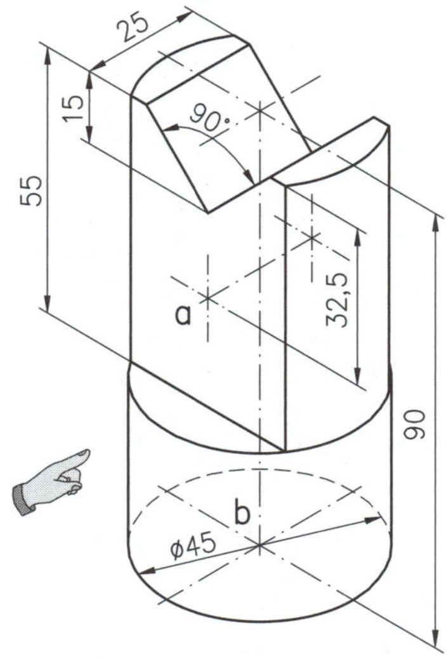

Das dargestellte Verbindungsstück soll bei a ein durchgehendes Gewindeloch M10 und bei b (zentrisch, in Richtung der Symmetrieachse) ein Gewindesackloch M16 erhalten.
Kernlochtiefe des Gewindegrundlochs = 25 mm, nutzbare Gewindelänge = 18 mm.

Zeichnen Sie das Verbindungsstück in drei Ansichten und bemaßen Sie normgerecht.

Gewinde und Schrauben

Zeichnen Sie die Klemmvorrichtung in zusammengebautem Zustand als Gesamtzeichnung im Schnitt. Die Einzelteile sind mit Positionsnummern zu versehen.

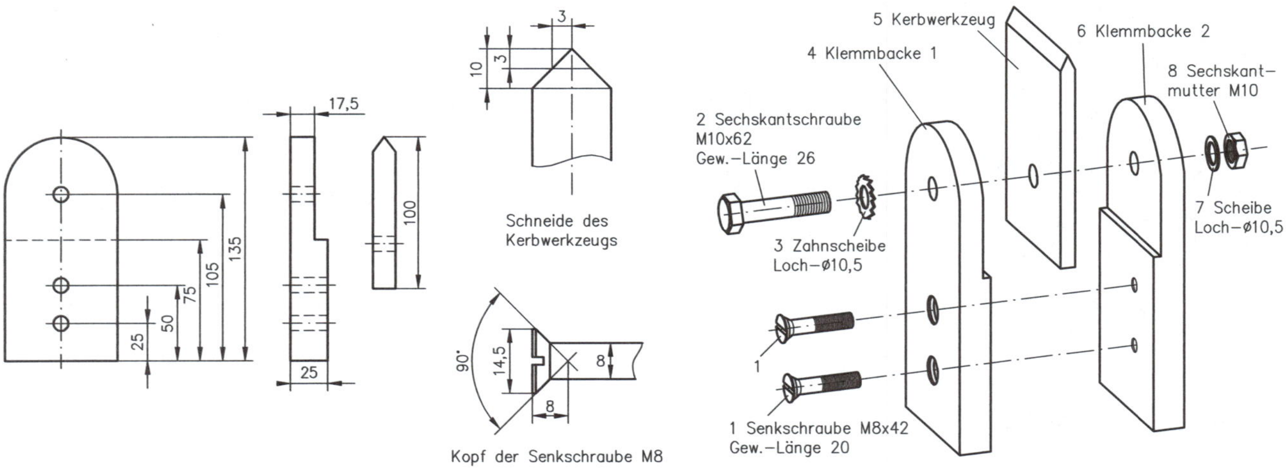

Gewinde und Schrauben

Name	13.2	**13 Klemmvorrichtung mit Kerbwerkzeug**
Klasse	Datum	

Eine schon installierte Steckdose soll schaltbar gemacht werden. Deshalb soll an der angegebenen Stelle eine Abzweigdose gesetzt werden. Die Leitung wird an dieser Stelle aufgetrennt.

Zeichnen Sie die Schaltung in ein- und mehrpoliger Darstellung.

Vorhandene Anlage

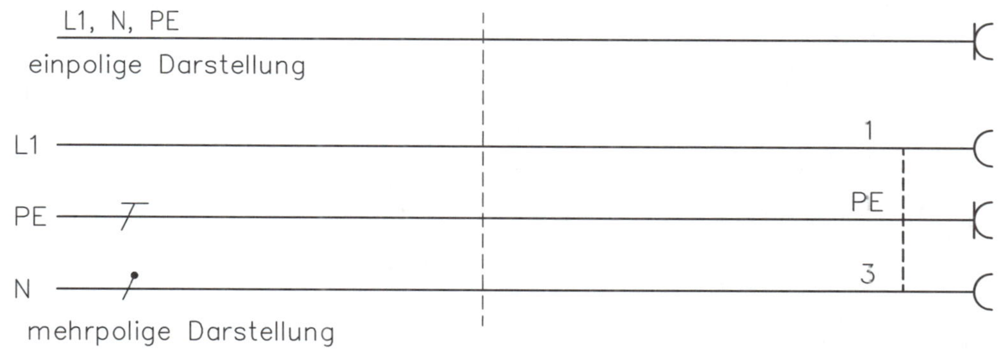

Geänderte Anlage

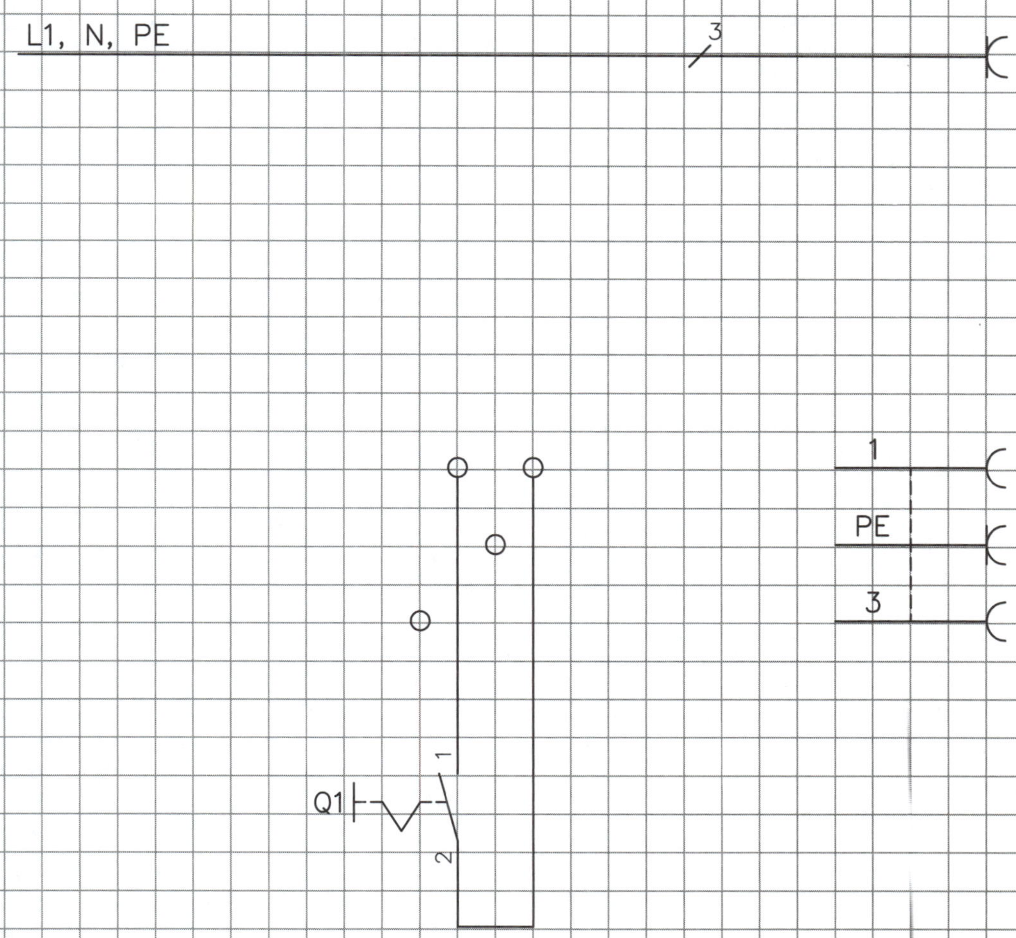

Name

Datum

Klasse

Zeichnen Sie den oberen Stromlaufplan in zusammenhängender und den unteren Stromlaufplan in aufgelöster Darstellung.

Betriebsmittel, Symbole, Schaltzeichen

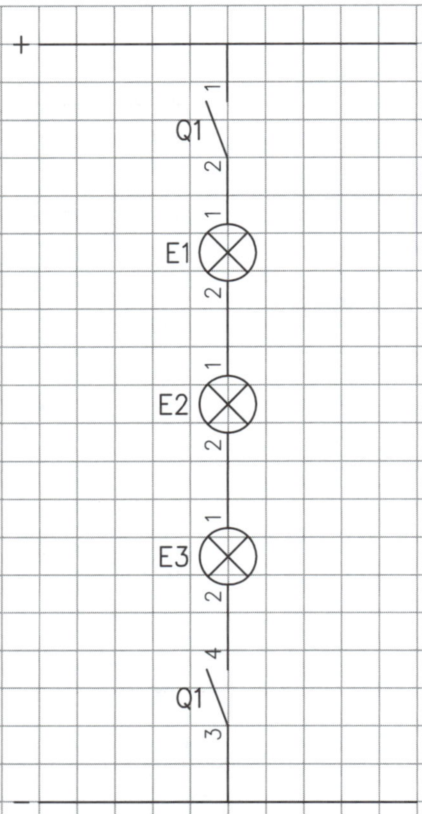

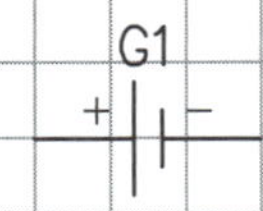

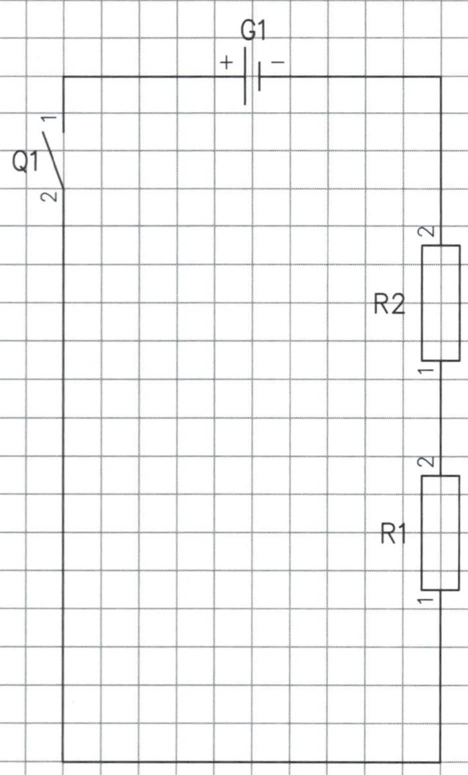

1. Markieren Sie in der Schaltung 1 leuchtende Lampen, z. B. so: 

2. Schreiben Sie in der Schaltung 2 in jedes Feld die Spannung, die der jeweilige Spannungsmesser anzeigt.

Elektrische Energieversorgung

①

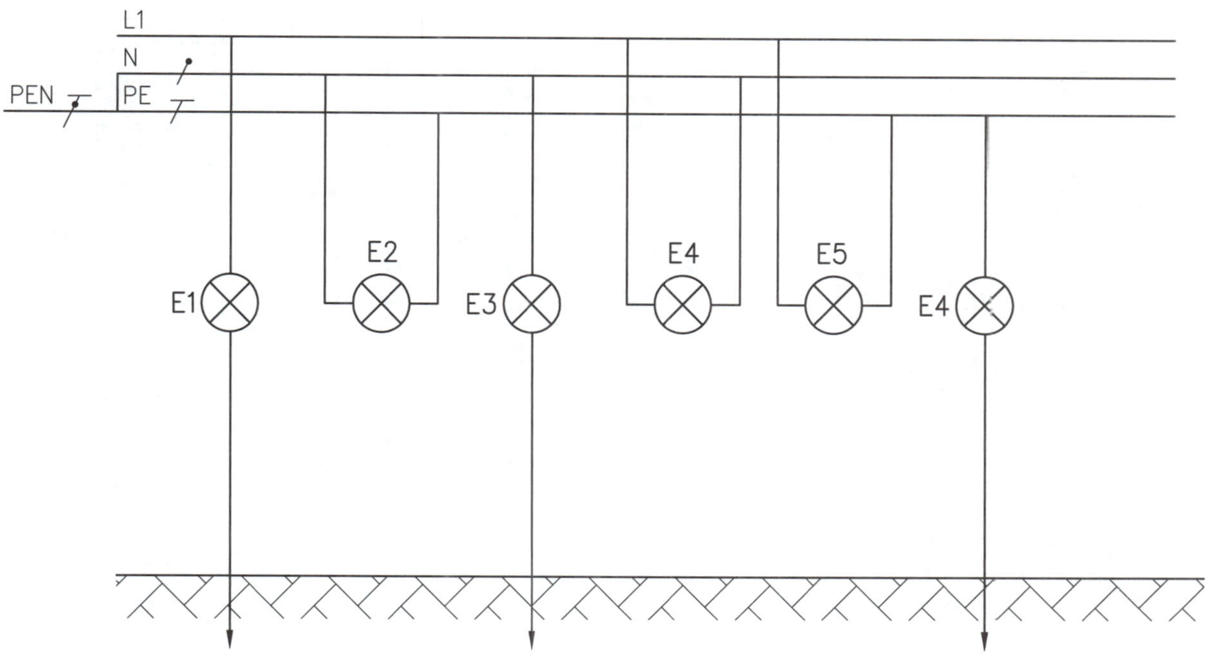

②

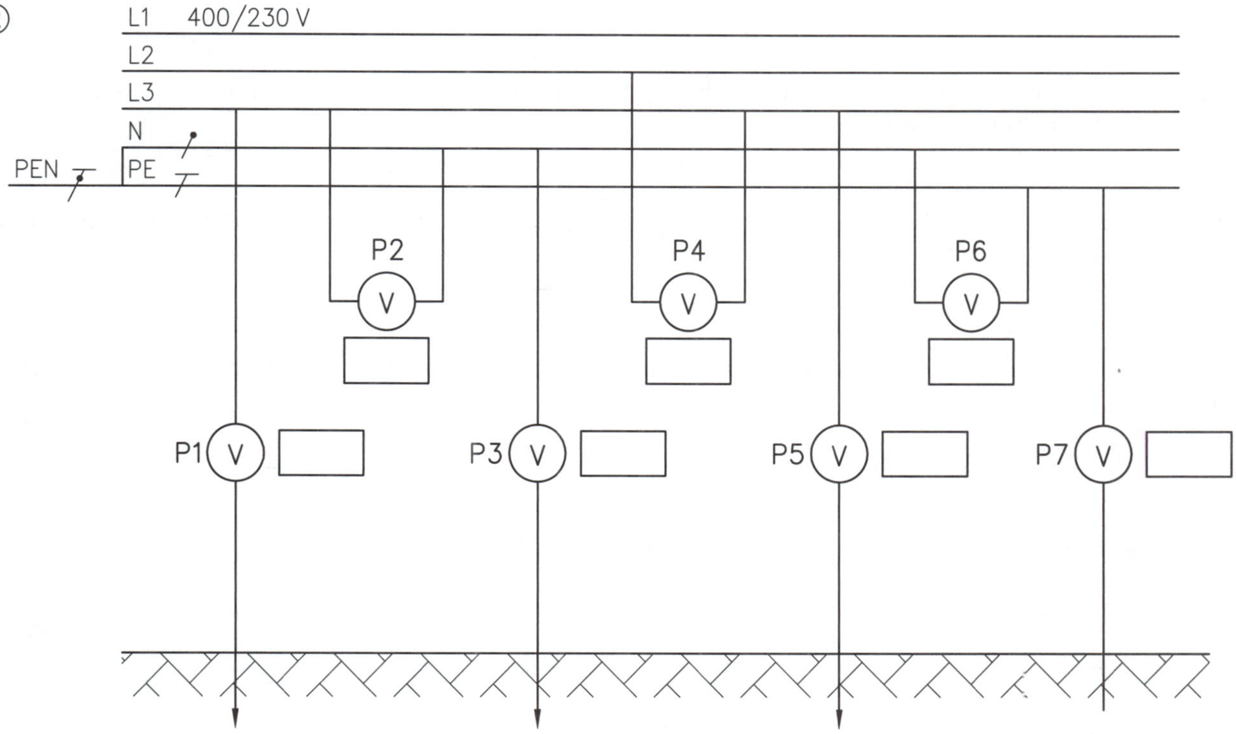

Die Darstellung zeigt die elektrische Energieversorgung von einer Trafostation bis zum Stromkreisverteiler in einem Einfamilienhaus.

Elektrische Energieversorgung

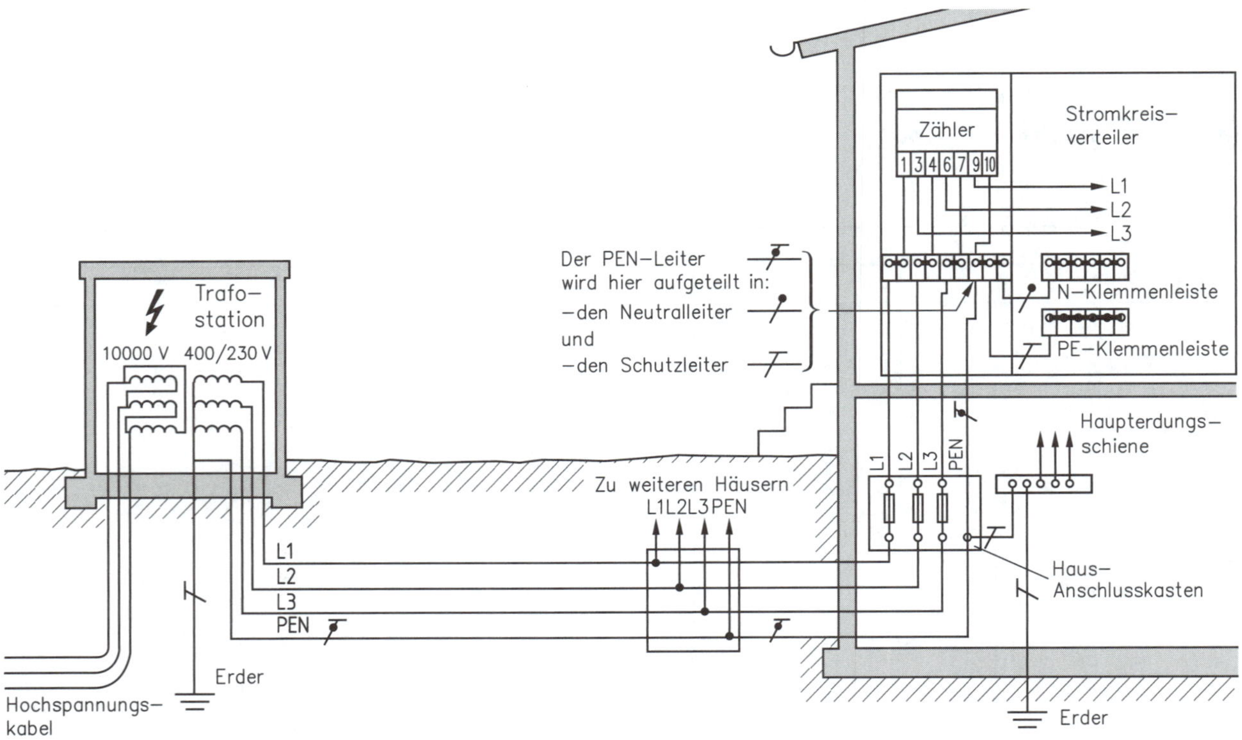

1. Warum führt jede direkte Verbindung eines Außenleiters (L1, L2 oder L3) zum PE-Leiter zum Kurzschluss?

2. Markieren Sie mit einem Textmarker den Schutzleiter von der Klemmleiste im Stromkreisverteiler bis zum Betriebserder an der Trafostation.

3. Wie liegt schaltungstechnisch der Erder an der Haupterdungsschiene zum Betriebserder an der Trafostation?

4. Welchen Vorteil für die gesamte Anlage bringt jeder zusätzliche Erder an der Haupterdungsschiene in jedem Haus?

5. Warum sind Hausanschlusskasten und Zähleranschluss plombiert?

Schreiben Sie die Antworten in Normschrift.

Elektrische Energieversorgung

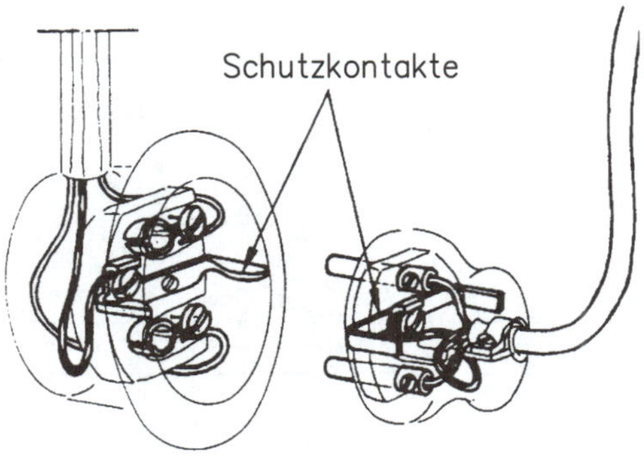

Steckverbindung

Warum wird bei einer Steckerverbindung der Kontakt von Schutzleiter zu Schutzleiter vor den anderen Verbindungen hergestellt?

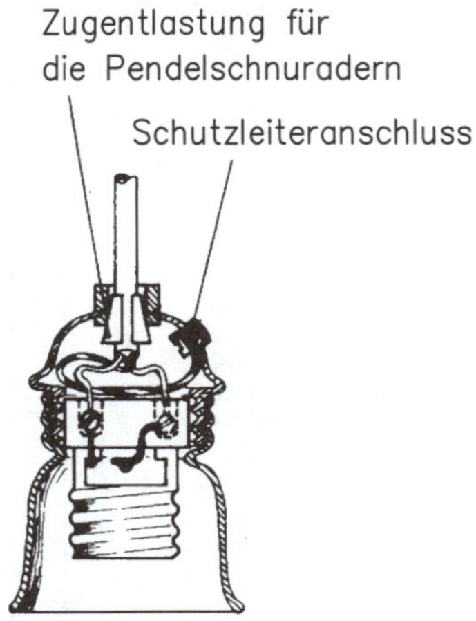

Lampenfassung

Warum muss im Anschlussraum der Lampenfassung der Schutzleiter der längste Anschlussdraht sein?

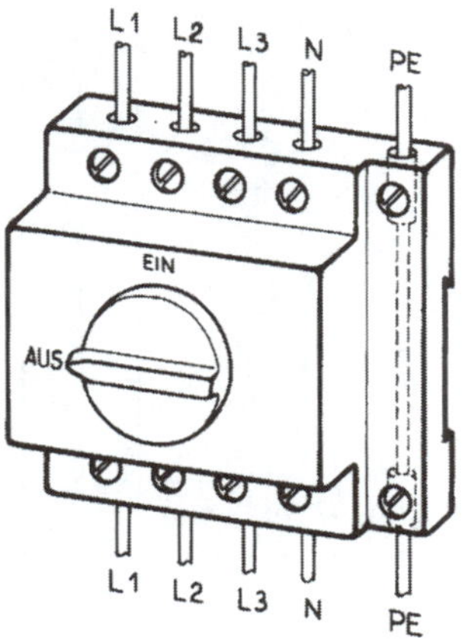

Schalter

Warum wird ein Schutzleiter immer am Schalter vorbeigeführt und selber nie mitgeschaltet?

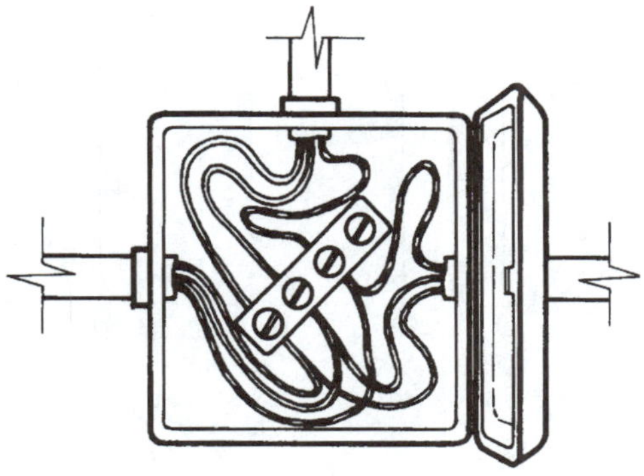

Verbindungsdose

Warum muss in jeder Verbindungsdose (Abzweigdose) der Schutzleiter besonders sorgfältig und gewissenhaft verbunden werden?

Ergänzen Sie die Innenschaltung des Stromkreisverteilers, sodass alle PE-Leiter in den abgehenden Stromkreisen funktionstüchtig sind.

Elektrische Energieversorgung

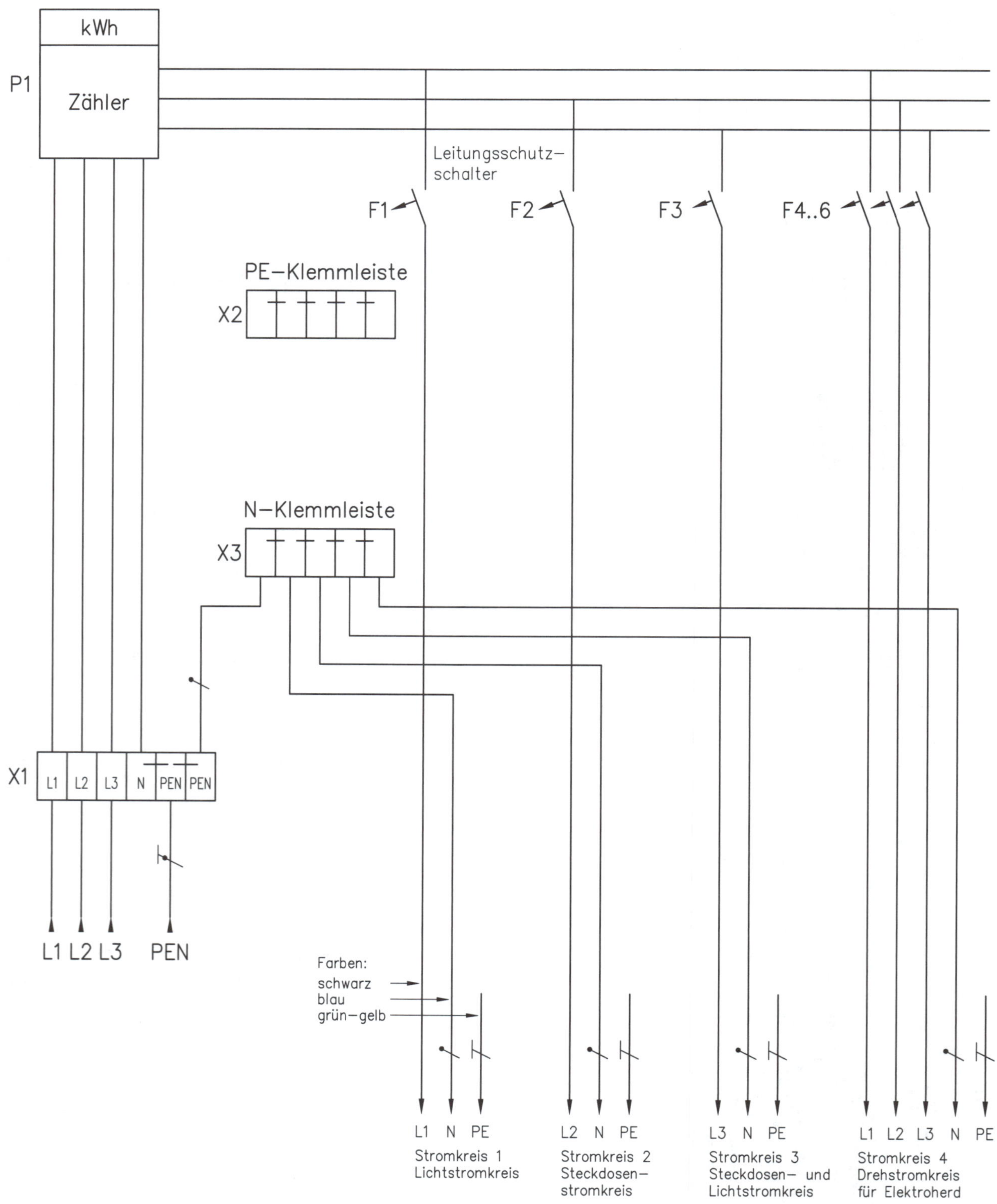

Zeichnen Sie in den einzelnen Feldern die jeweils beschriebenen Schaltungen als Stromlaufpläne in aufgelöster Darstellung.

Installationsschaltungen: Betriebsmittel Schalter

Verknüpfungen mit Schließern

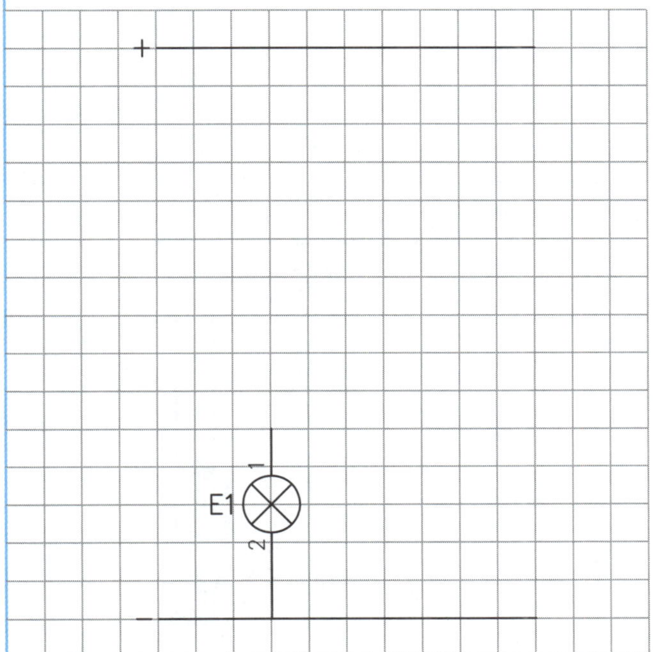

Die Lampe leuchtet, wenn der Schließer Q1 und der Schließer Q2 geschlossen werden.

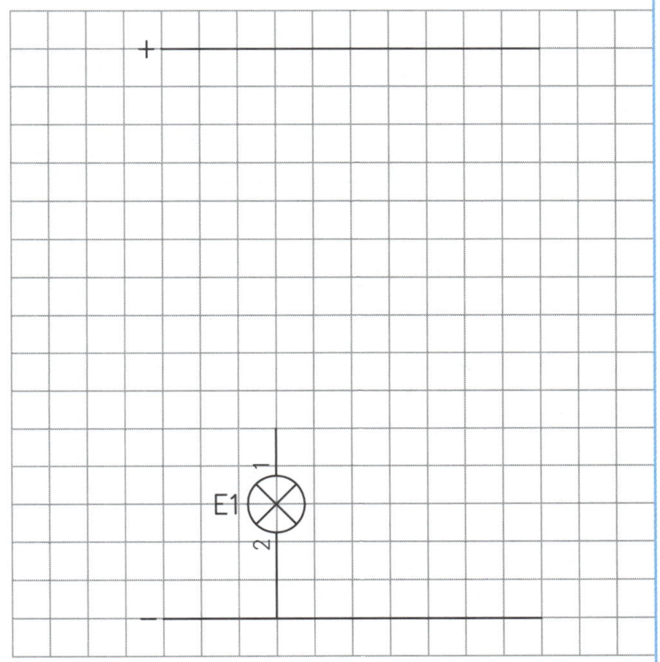

Die Lampe leuchtet, wenn der Schließer Q1 oder der Schließer 02 geschlossen wird.

Verknüpfungen mit Öffnern

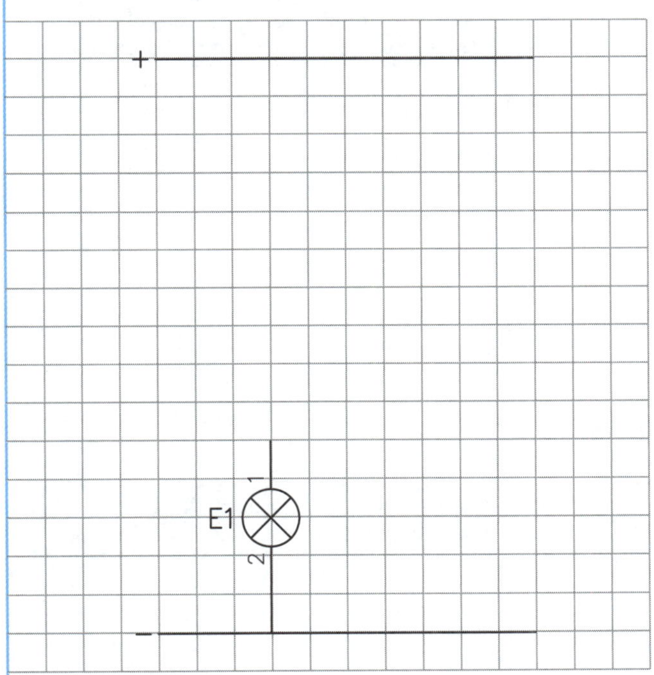

Die Lampe erlischt, wenn der Öffner Q1 und der Öffner Q2 geöffnet werden.

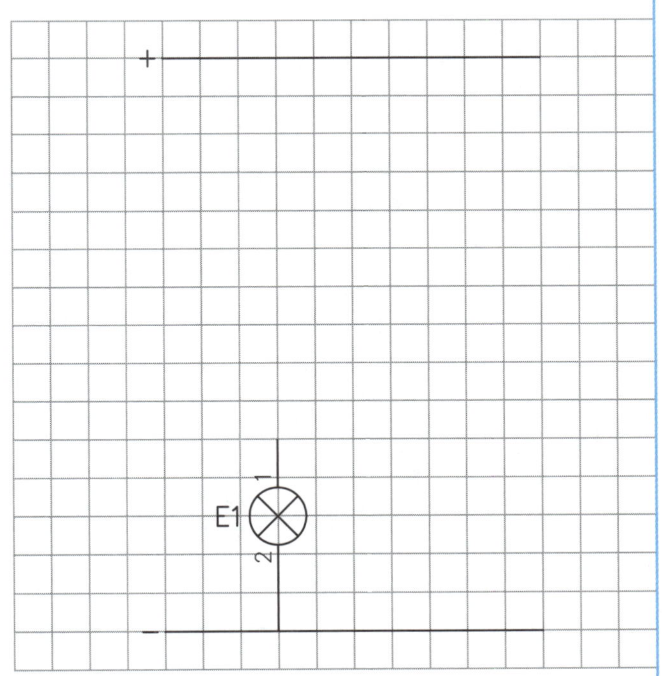

Die Lampe erlischt, wenn der Öffner Q1 oder der Öffner Q2 geöffnet wird.

a) Zeichnen Sie zu dem dargestellten Stromlaufplan in zusammenhängender Darstellung den Stromlaufplan in aufgelöster Darstellung (ohne Darstellung der Abzweigklemmen).

b) Vervollständigen Sie die tabellarische Beschreibung der Leitungsverbindungen beider Stromwege von L1 beginnend bis N von Klemmpunkt zu Klemmpunkt.

Installationsschaltungen: Betriebsmittel Klemmen u. Abzweigdosen

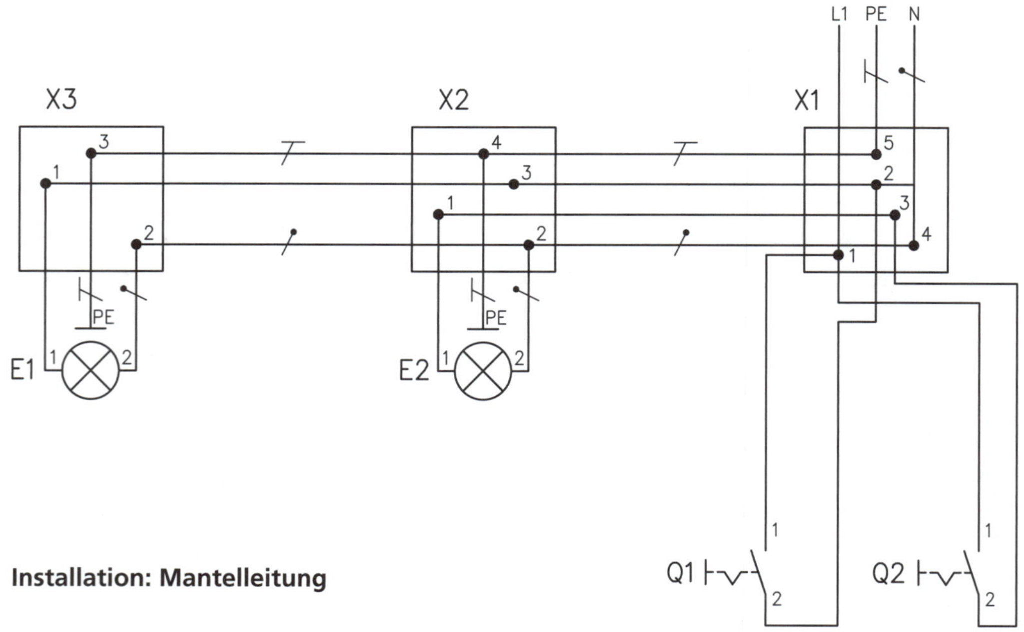

Installation: Mantelleitung

b)

Stromweg 1

Verbindung	vom Anschluss bzw. Klemmstelle	nach	Anschluss bzw. Klemmstelle
1	L1	→	X1,1
2	X1,1	→	Q1,1
3	Q1,2	→	X1,2
4	X1,2	→	X2,3
5			

Stromweg 2

Verbindung	vom Anschluss bzw. Klemmstelle	nach	Anschluss bzw. Klemmstelle
		→	
		→	

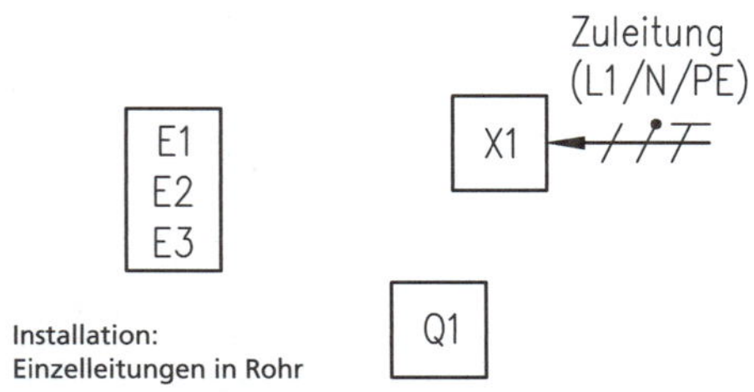

Die Skizze zeigt die Anordnung der Betriebsmittel in einer Serienschaltung.

Schaltzustände: 1. Aus 2. E1 Ein 3. E2 und E3 Ein 4. E1, E2 und E3 Ein

Zeichnen Sie

1. den Stromlaufplan mit lagerichtiger Anordnung der Betriebsmittel,
2. den aufgelösten Stromlaufplan.

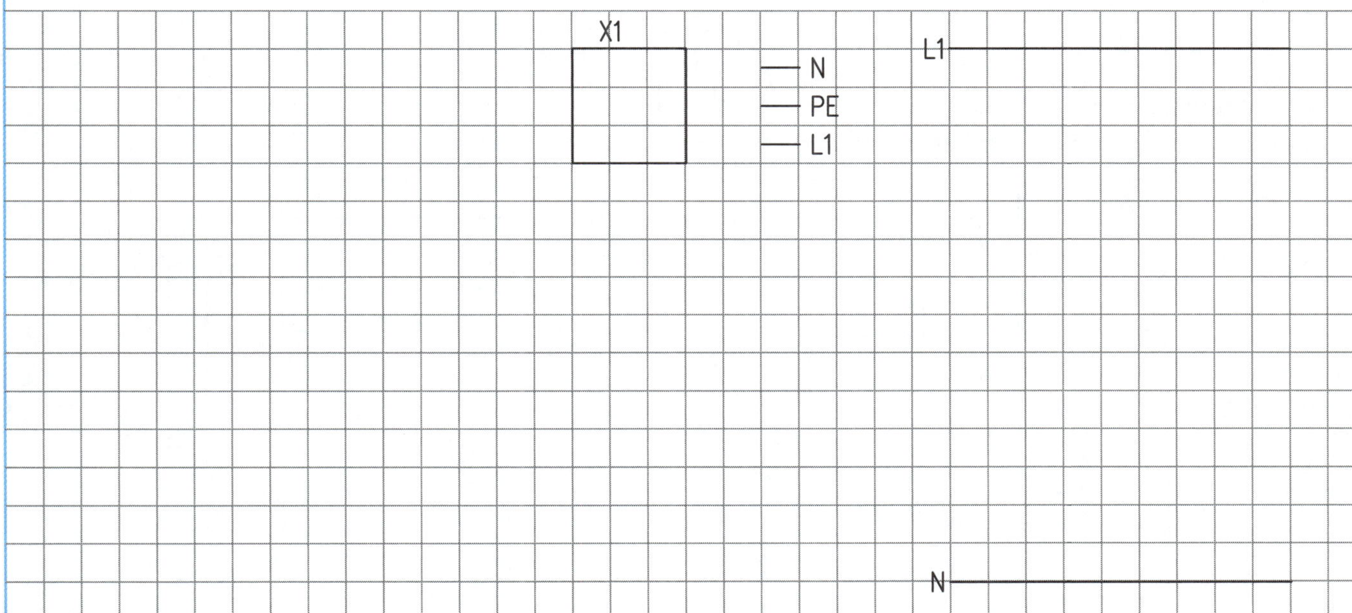

Lampenschaltungen: Schaltzustände

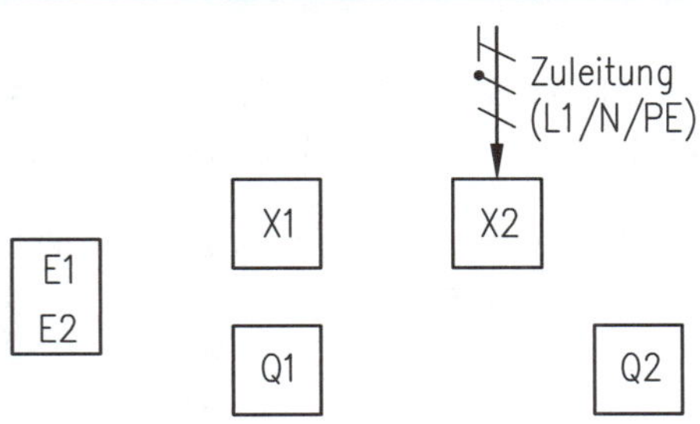

Die Skizze zeigt die Anordnung der Betriebsmittel in einer Wechselschaltung.

Zeichnen Sie

1. den Stromlaufplan mit lagerichtiger Anordnung der Betriebsmittel,
2. den aufgelösten Stromlaufplan.

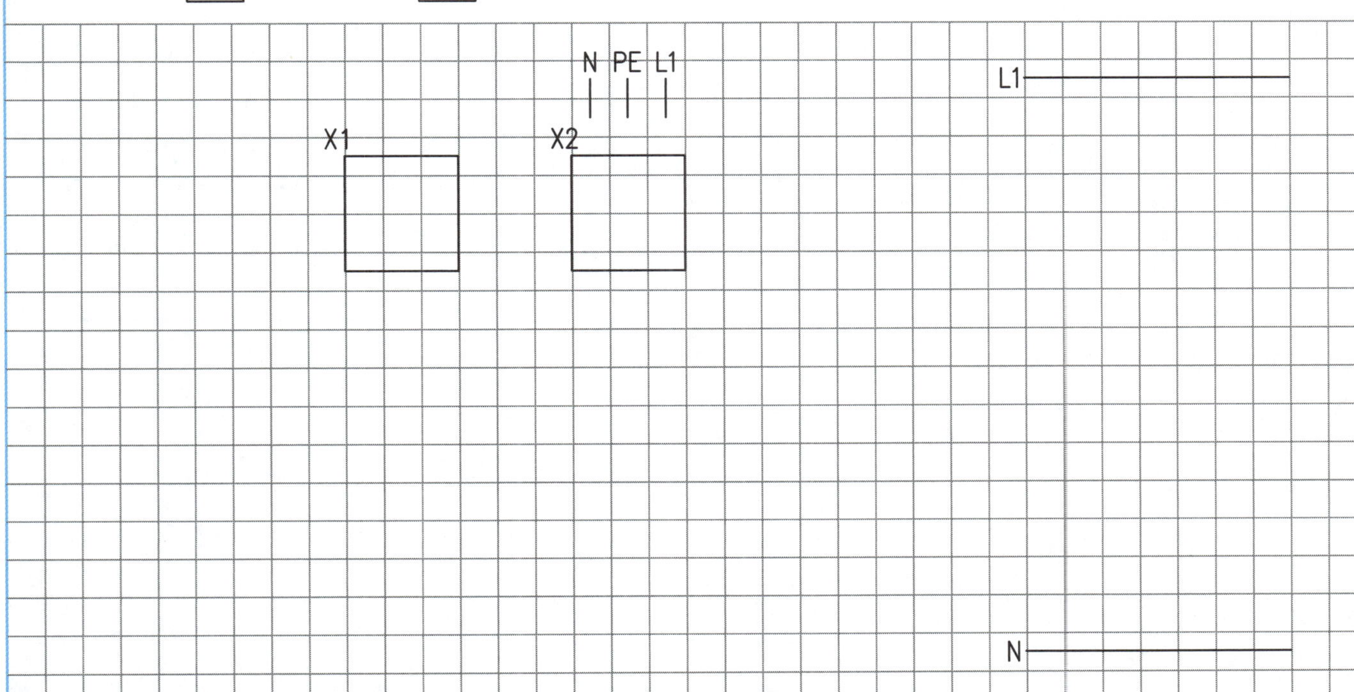

Die Schaltung enthält einen Schaltfehler.

Korrigieren Sie diesen Schaltfehler mit einem Farbstift.

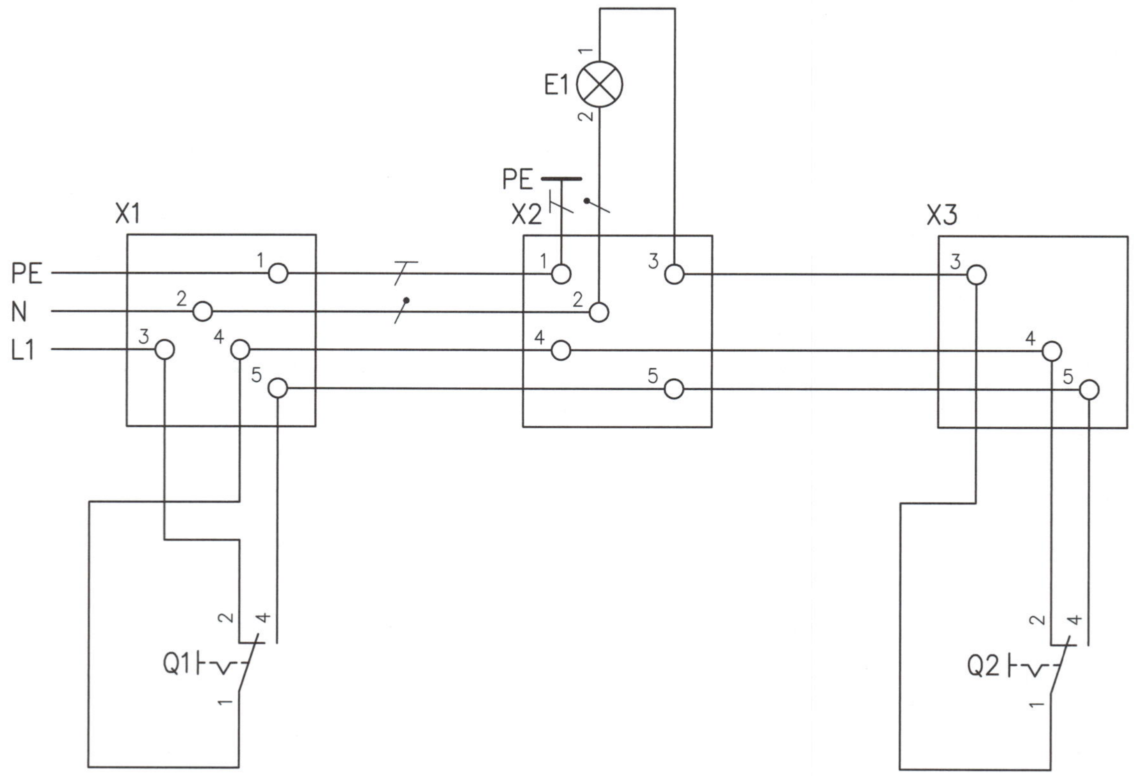

Lampenschaltungen: Aus-, Serien- und Wechselschaltung

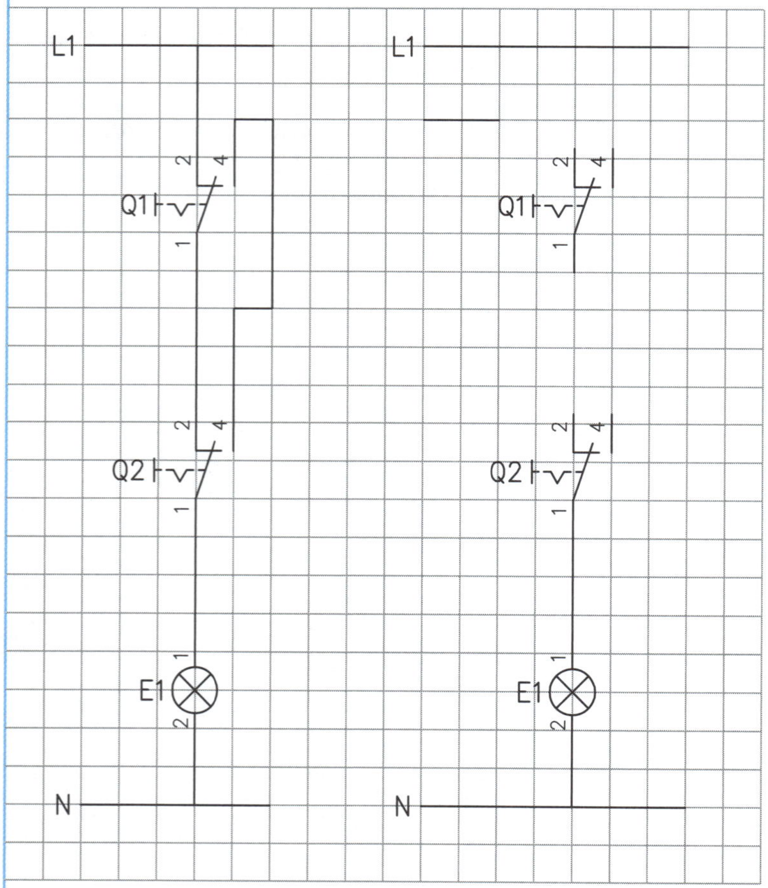

Der linke aufgelöste Stromlaufplan zeigt die fehlerhafte Schaltung.

Zeichnen Sie rechts daneben die richtige Schaltung.

Welche Folgen hat der Schaltfehler?

____

____

____

Zeichnen Sie nach den Angaben im Anlagenschema den Stromlaufplan mit lagerichtiger Anordnung der Betriebsmittel und den Installationsplan.

(Die Kellerlampe wird von Q1 geschaltet.)

Installation:
Einzelleitungen in Rohr

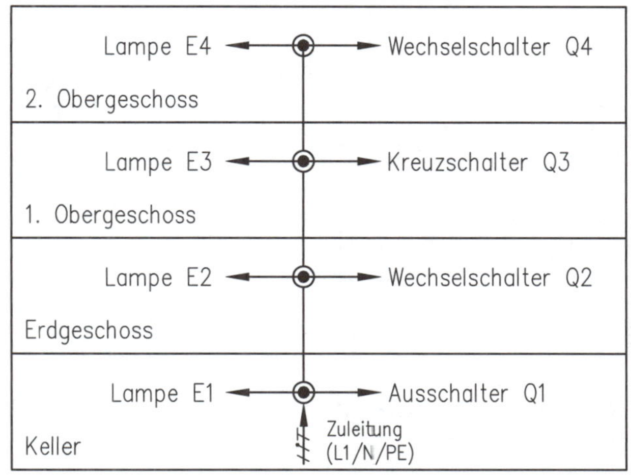

Lampenschaltungen: Kreuzschaltung

20.1

Name

Datum

Klasse

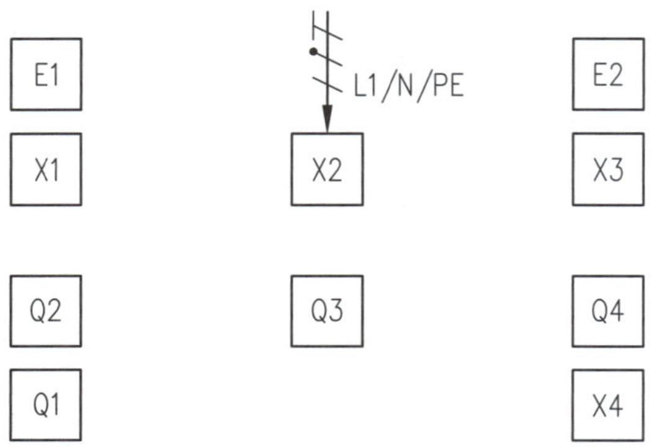

Kreuzschaltung mit Ausschaltung und Steckdose:

X1, X2 und X3	Abzweigdosen
X4	Steckdose
Q1	Ausschalter
E2	Lampe zur Ausschaltung
Q2 und Q4	Wechselschalter
Q3	Kreuzschalter
E1	Lampe zur Kreuzschaltung
Schutzmaßnahme:	Schutz durch Abschaltung

Zeichnen Sie den Installationsplan als Übersichtsschaltplan und den Stromlaufplan mit lagerichtiger Anordnung der Betriebsmittel.

Lampenschaltungen: Kreuzschaltung

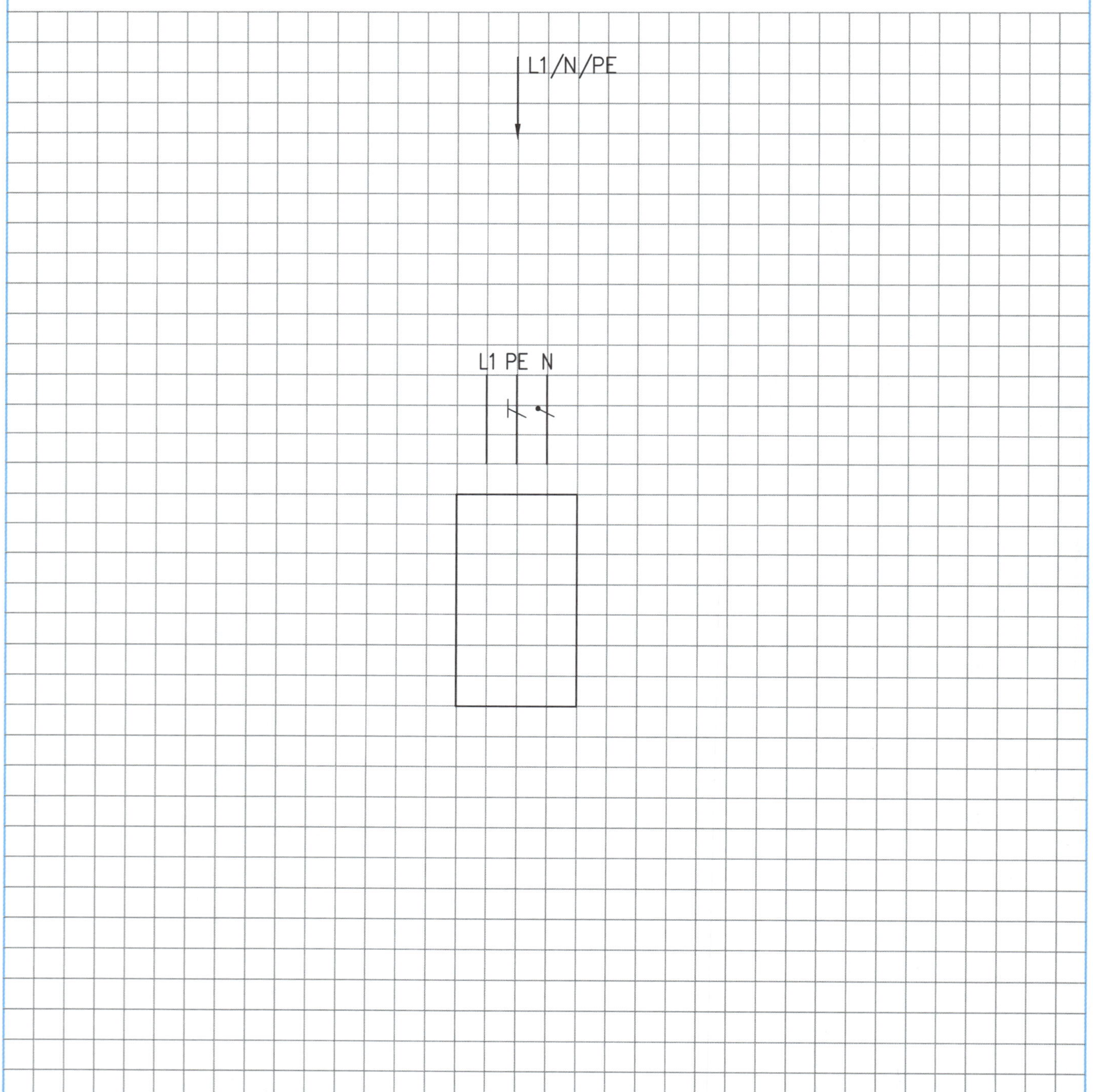

Die folgenden Lampenschaltungen sind dem Lieferkatalog eines Herstellers für Hausinstallationsgeräte entnommen.

Schreiben Sie unter jede Schaltung, um welche Schaltungsart es sich handelt und welche Besonderheiten die Schaltung eventuell hat.

Lampenschaltungen

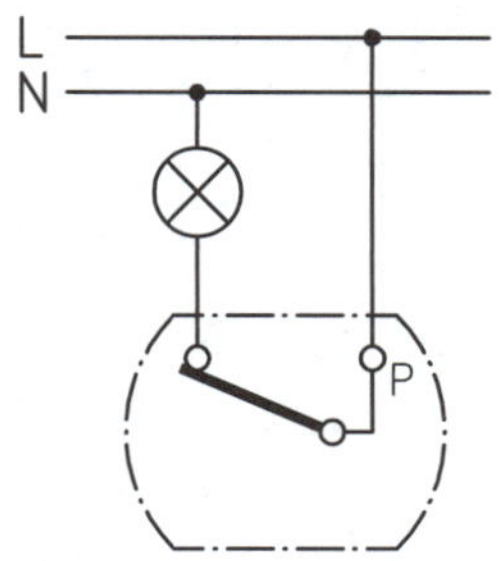

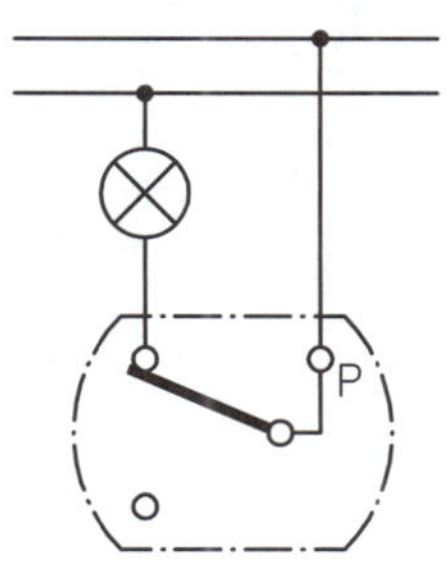

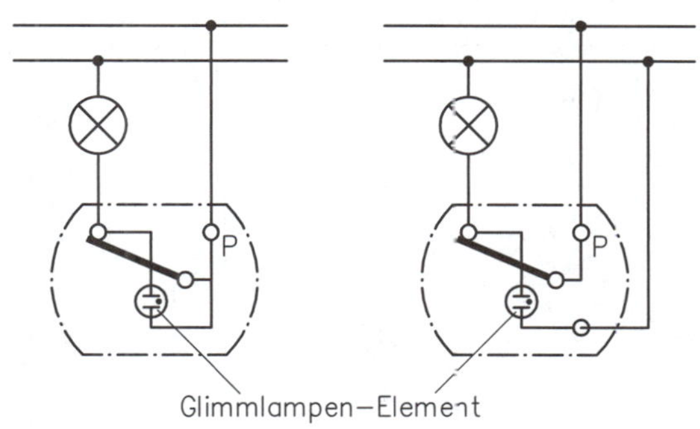

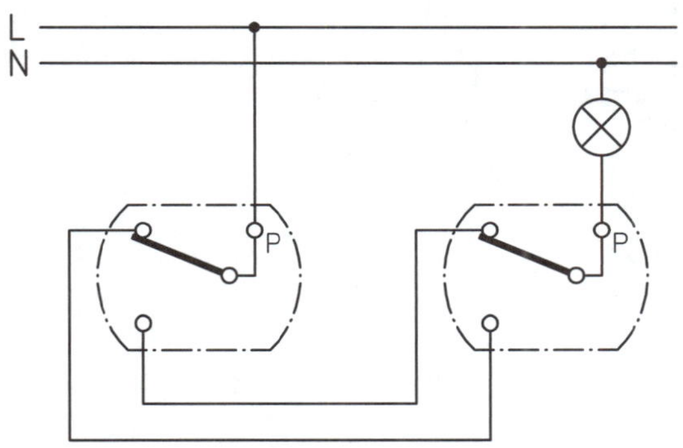

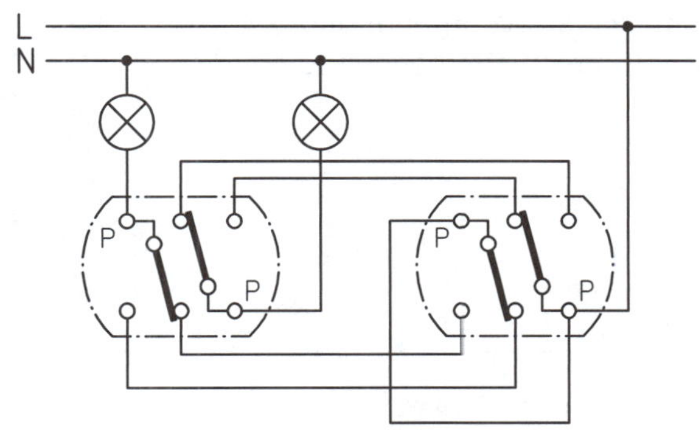

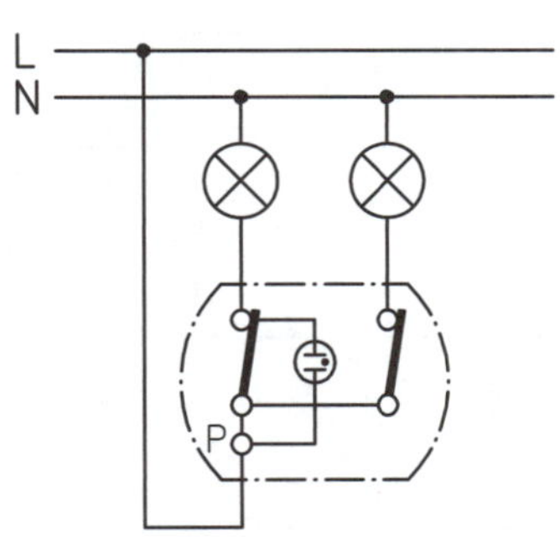

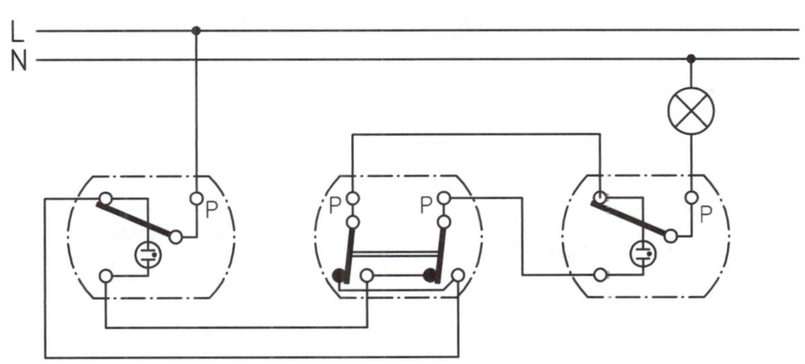

Der Entwurf des Stromlaufplans enthält zwei Schaltungsfehler

1. Kennzeichnen Sie im Stromlaufplan beide Fehler.
2. Beschreiben Sie beide Fehler sowie ihre Auswirkungen auf die Schaltung.

Lampenschaltungen: Kreuzschaltung

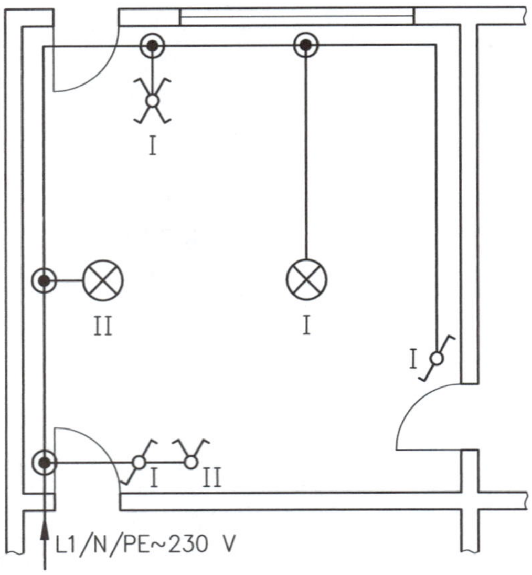

Im dargestellten Wohnraum sind zwei Lichtschaltungen miteinander kombiniert.

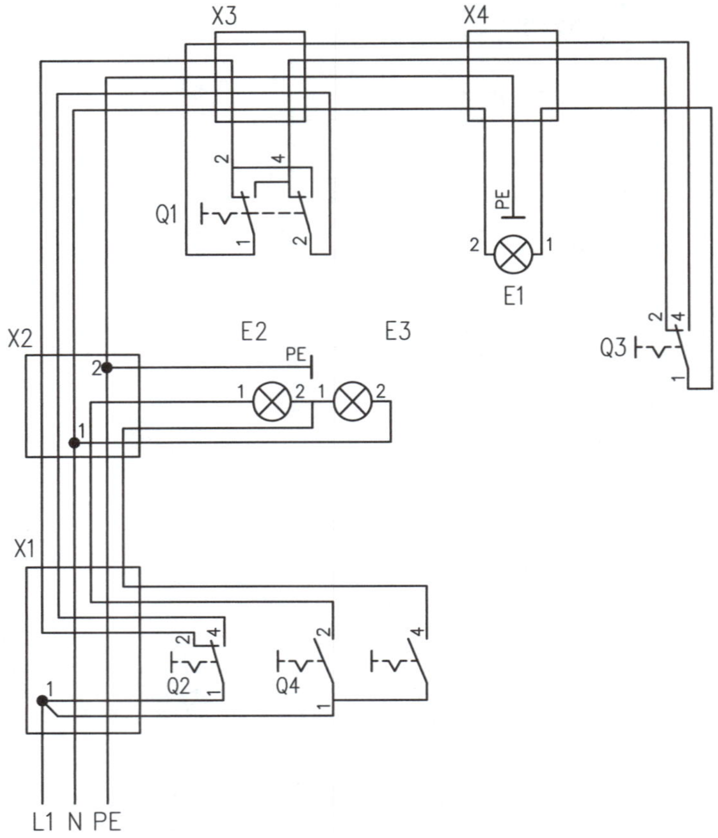

1. Fehler

____

Auswirkungen des Fehlers

____

____

____

____

____

2. Fehler

____

Auswirkungen des Fehlers

____

____

____

____

1. Zeichnen Sie den vollständigen Elektro-Installationsplan mit Leitungsführung!
   Verlegungsart: PVC-Aderleitung in Installationsrohr unter Putz. Ausstattung: Wohnraum I: 3 Steckdosen. 2 Wandleuchtenauslässe, Wohnraum II: 6 Steckdosen, 1 Wandleuchtenauslass. Die Deckenleuchtenauslässe jeweils in Wechselschaltung, die Scheinwerfergruppe im Wohnraum in Serienschaltung. Die entsprechenden Schalter sind an vernünftigen Stellen anzuordnen. Angaben über Leiteranzahl und Leiterart sind, soweit es sinnvoll ist und der Platz es zulässt, einzutragen.

2. Zeichnen Sie den Elektroinstallationsplan ohne Angaben über Leitungsführung und -art!
   Der Raum soll gut mit Steckdosen und Leuchtenauslässen für Wand- und Deckenleuchten ausgestaltet sein. Steckdosen und Licht: getrennte Stromkreise. Für den Freisitz sind ein Leuchtenauslass; ein Infrarotstrahler und eine Steckdose vorzusehen. Die Betriebsmittel für den Freisitz müssen vom Raum aus schaltbar sein.

Planungsunterlagen: Installationspläne

1.

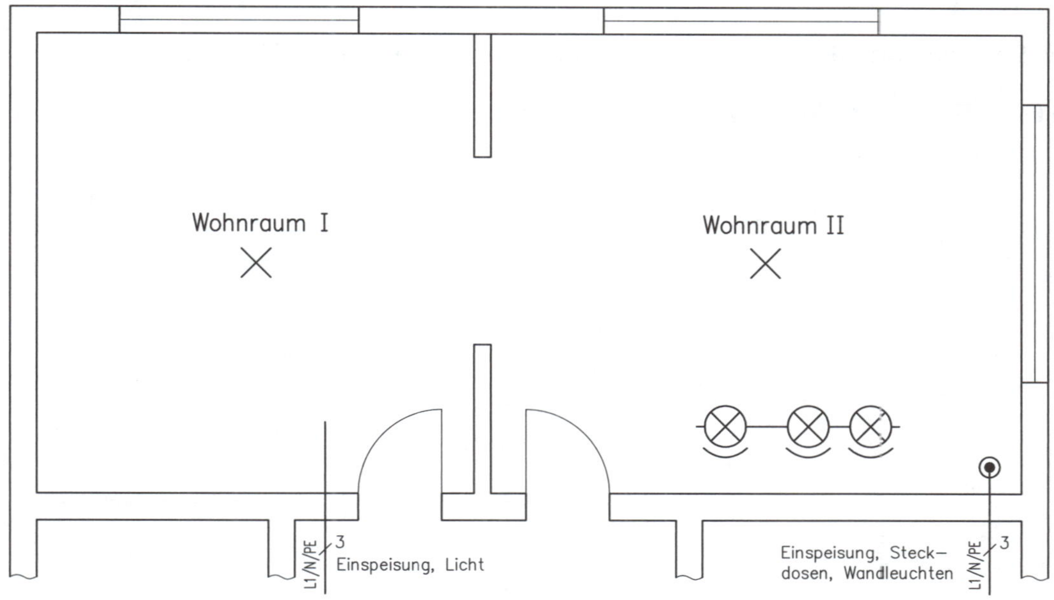

2.

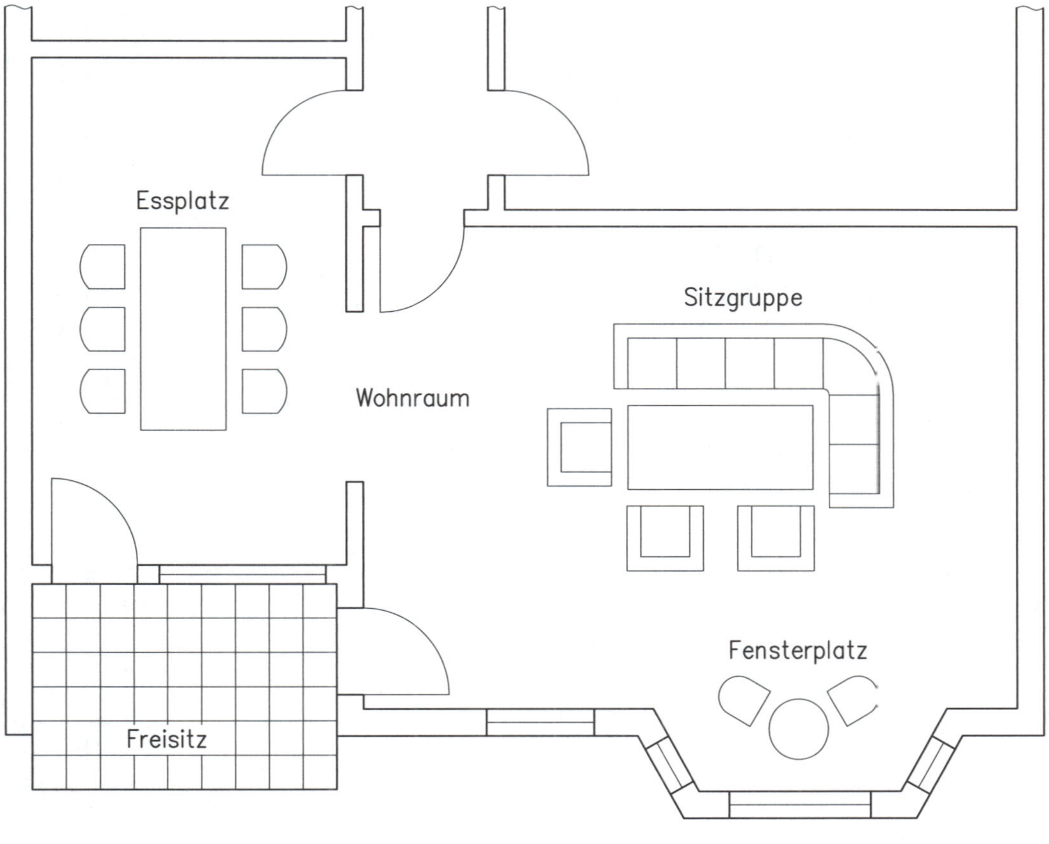

Ausstattung: Wohnraum I: 9 Steckdosen, 5 Leuchtenauslässe (2 Wand, 1 Decke am Sitzplatz, 2 Decke am Essplatz), die Deckenauslässe jeweils in Wechselschaltung / Wohnraum II: 6 Steckdosen, 3 Leuchtenauslässe (2 Wand am Sitzplatz, 1 Deckenmitte), der Deckenauslass in Wechselschaltung / Diele: 3 Steckdosen, 3 Leuchtenauslässe Decke, diese gemeinsam in Kreuzschaltung / WC: je 1 Leuchtenauslass Wand und Decke / Bad: 2 Steckdosen mit Trenntrafo, je 1 Leuchtenauslass Wand und Decke / Schlafzimmer: 6 Steckdosen. 2 Leuchtenauslässe Wand, 1 Leuchtenauslass Decke in Kreuzschaltung / Küche: 8 Steckdosen, 3 Leuchtenauslässe (1 Decke Mitte in Wechselschaltung, 1 über Spüle, 1 über Durchreiche) / Hauseingang: 1 Leuchtenauslass außen, schaltbar in Diele / Terrasse: (vor Wohnraum) 1 Steckdose; 2 Infrarotstrahler, alle schaltbar im Wohnraum I; die Schalter in Serienschaltung.
Den Deckenauslässen sind entsprechende Schalter an sinnvollen Stellen zuzuordnen.

Stromkreise: Kreis 1: Steckdosen und Wandleuchten in Wohnraum I und II / Kreis 2: Steckdosen und Wandleuchten in Diele, Bad, WC und Schlafzimmer / Kreis 3: Steckdosen, Küche / Kreis 4: Leuchtenauslässe Wohnräume I und II, Diele, Decke, Decke WC und Eingang / Kreis 5: Leuchtenauslässe Küche, Baddecke und Schlafzimmerdecke / Kreis 6: Terrasse und Infrarotstrahler Terrasse.

Zeichnen Sie in den Grundriss den Elektroinstallationsplan ohne Leitungsführung.

Planungsunterlagen: Installationspläne

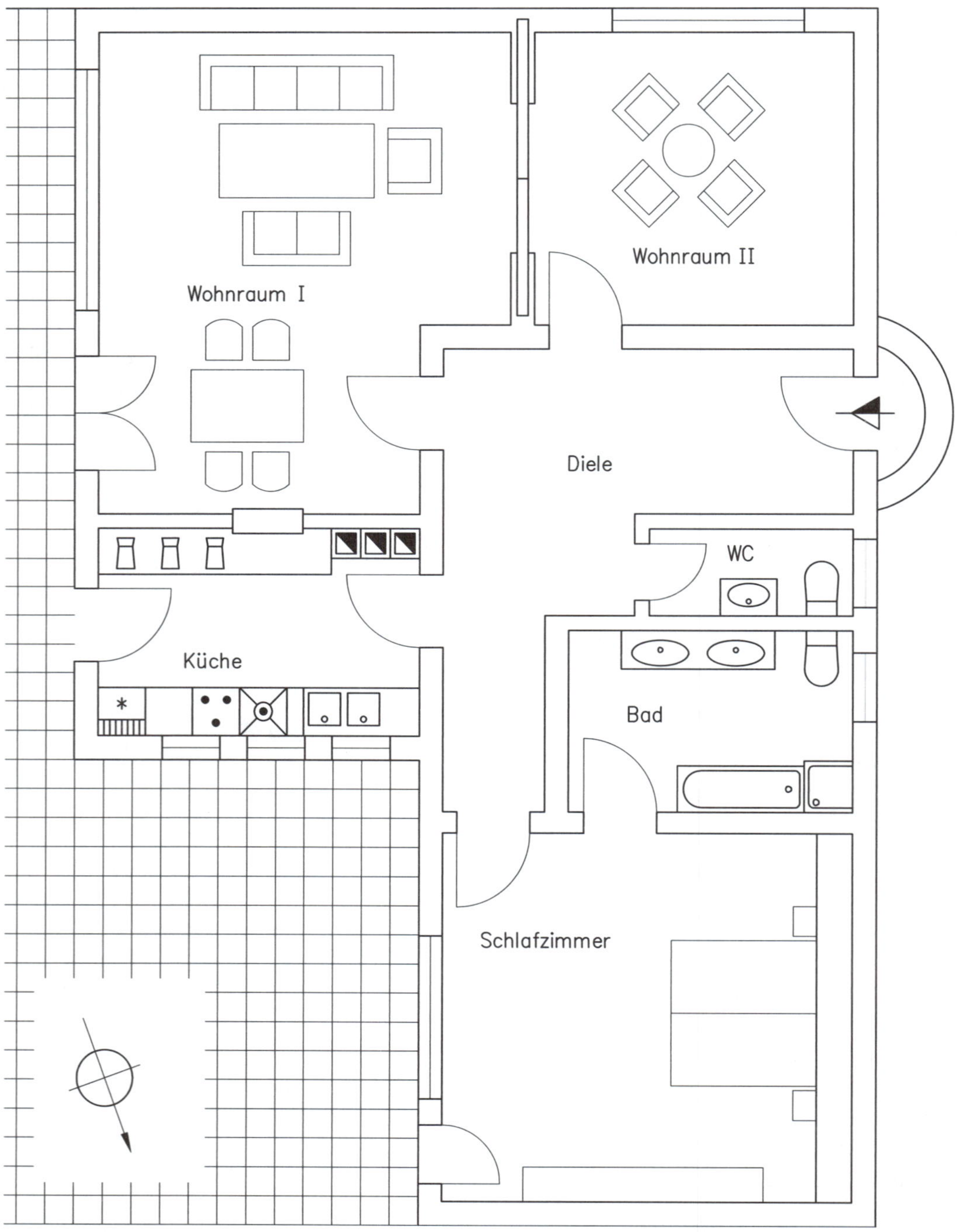

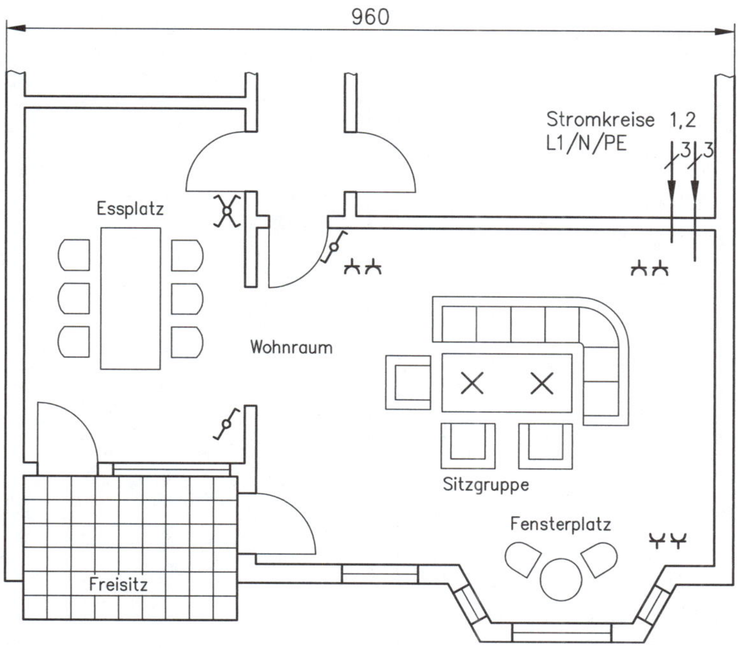

Der Wohnraum soll nach den Kundenwünschen mit den eingezeichneten Betriebsmitteln ausgestattet werden. Lampenschaltung und Steckdosenschaltungen sind auf getrennte Stromkreise aufzuteilen.

Zuleitung Unterverteilung – Wohnraum: 6 m

1. Ergänzen Sie die Leitungsführungen für die erforderlichen Schaltungen.
2. Erstellen Sie eine Materialliste für die Installation.
3. Entwerfen Sie einen Arbeitsplan.

Planungsunterlagen: Installationspläne

Materialliste	
Menge	Bezeichnung

Arbeitsplan

Name
Datum
Klasse

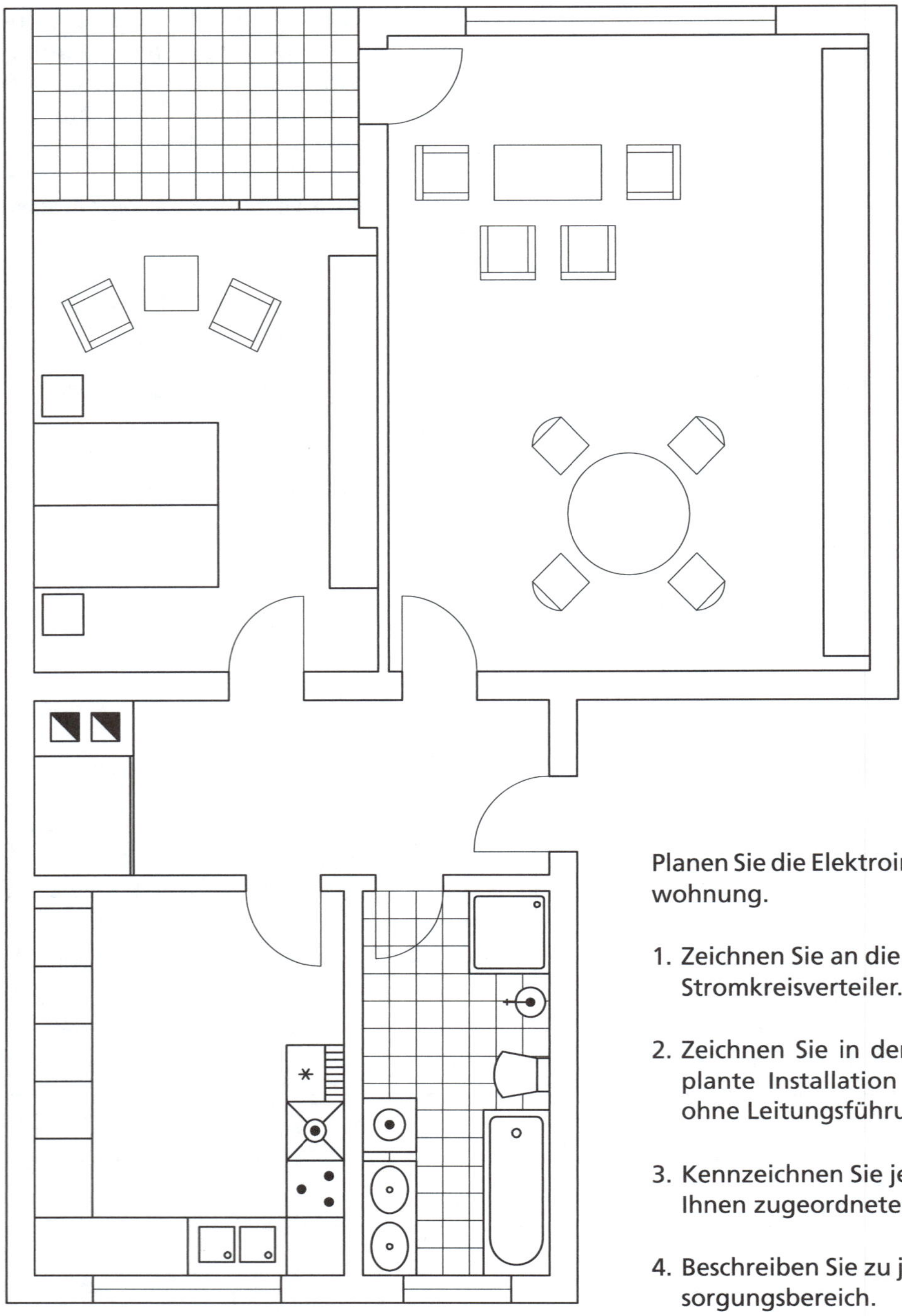

Planen Sie die Elektroinstallation für diese Eigentumswohnung.

1. Zeichnen Sie an die von Ihnen gewählte Stelle den Stromkreisverteiler.
2. Zeichnen Sie in den Grundriss die von Ihnen geplante Installation ohne Verbindungsdosen und ohne Leitungsführung.
3. Kennzeichnen Sie jedes Betriebsmittel mit der von Ihnen zugeordneten Stromkreisnummer.
4. Beschreiben Sie zu jedem Stromkreis kurz den Versorgungsbereich.

Planungsunterlagen: Installationspläne

Zeichnen Sie zu dem Installationsplan als Übersichtsschaltplan den Stromlaufplan mit lagerichtiger Anordnung der Betriebsmittel und den aufgelösten Stromlaufplan.

Relais für Lampenschaltungen

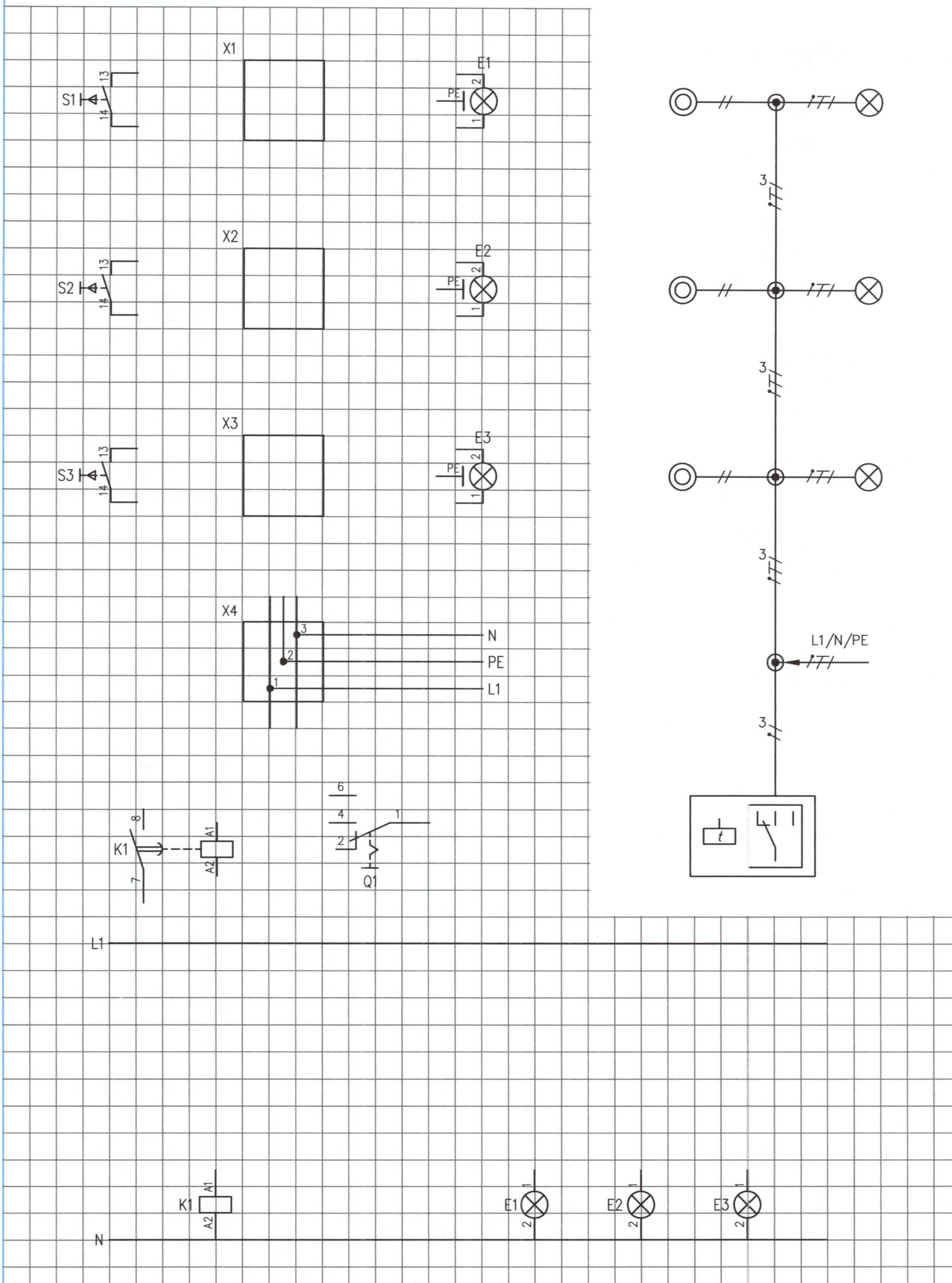

22.1

Name

Datum

Klasse

Eine Treppenhausbeleuchtung (Erdgeschoss, 1. Obergeschoss, 2. Obergeschoss) – wie Seite 103 – ist um eine Ausschaltung für das Dachgeschoss und eine Wechselschaltung für den Vorkeller erweitert.

Zeichnen Sie den Installationsplan als Übersichtsplan und den aufgelösten Stromlaufplan.

Relais für Lampenschaltungen

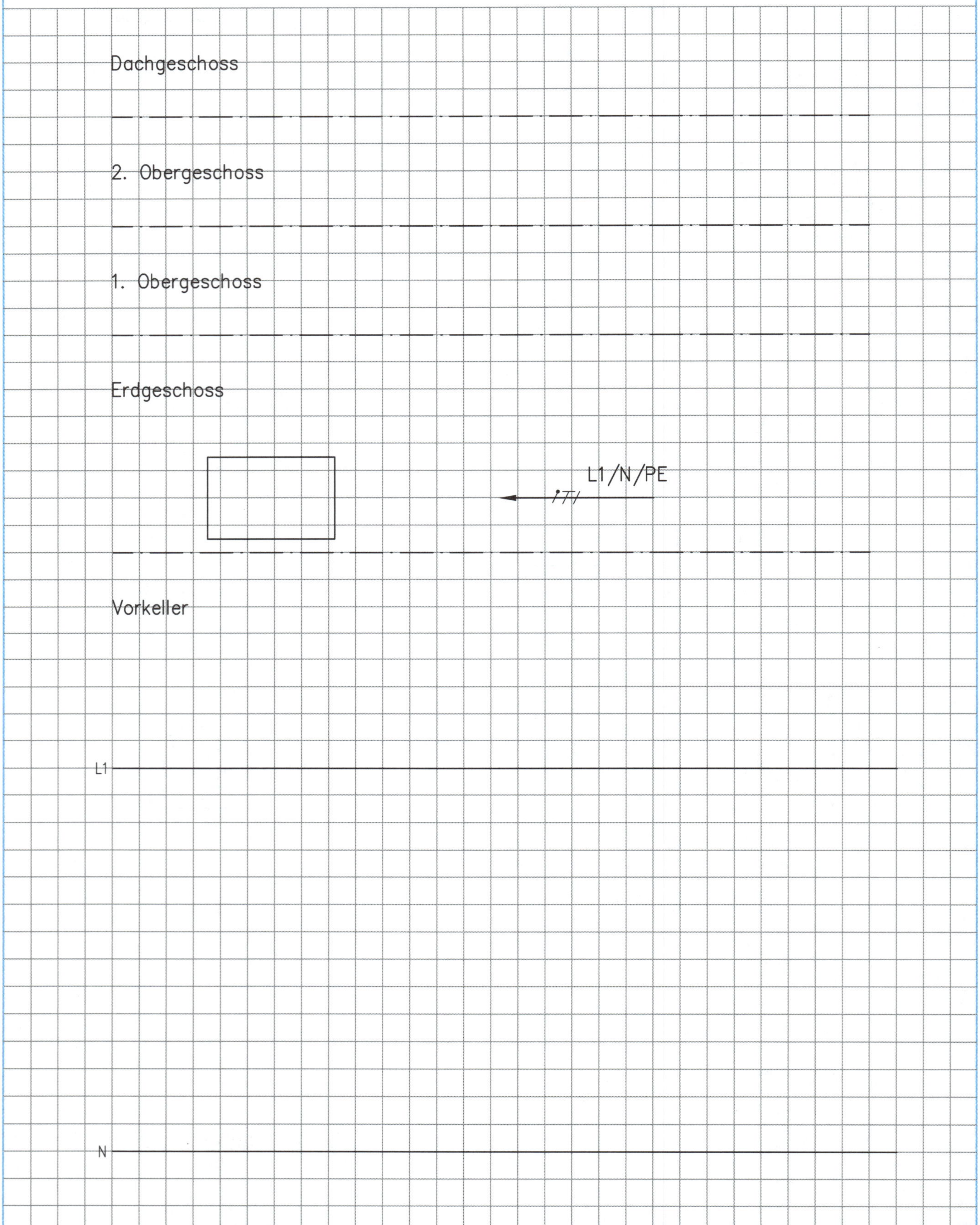

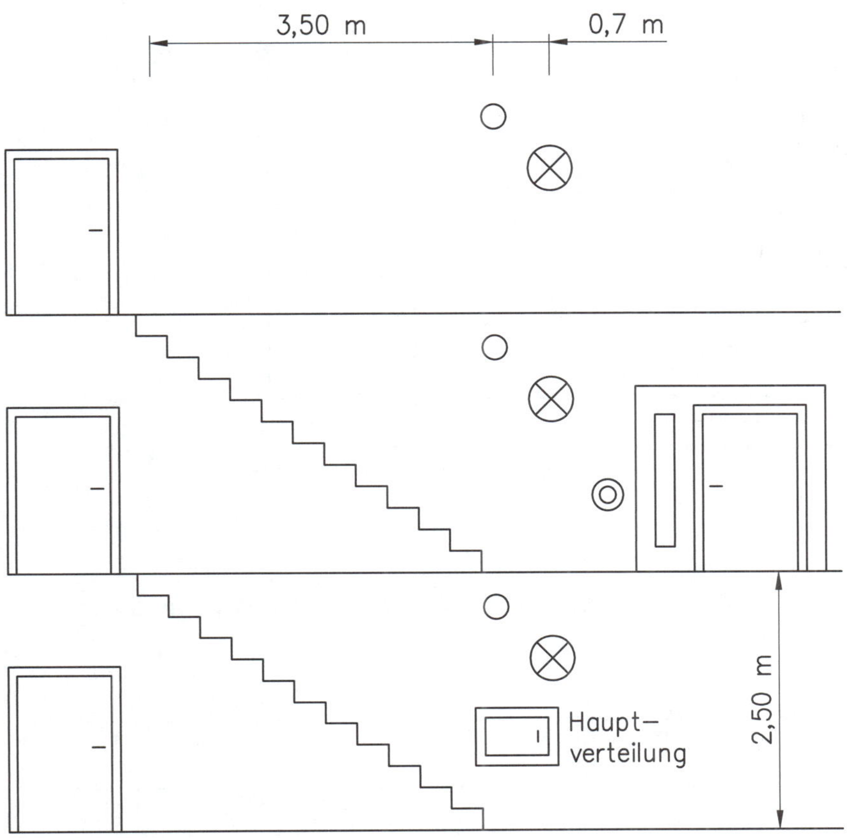

In einem Zweifamilienhaus mit Souterrain-Wohnung soll eine Treppenhausbeleuchtung mit Stromstoßschalter installiert werden.
Die Installation erfolgt als Rohrinstallation unter Putz.
Der Stromstoßschalter wird in der Hauptverteilung im Keller installiert.

1. Zeichnen Sie in den Lageplan des Treppenhauses die erforderlichen Betriebsmittel als Symbole des Installationsplans ein.
2. Zeichnen Sie die Leitungsführung mit Angaben der Adernzahl ein.
3. Stellen Sie den Materialaufwand für die Installation zusammen.
4. Entwerfen Sie einen Arbeitsplan.

Relais für Lampenschaltungen

Menge	Bezeichnung

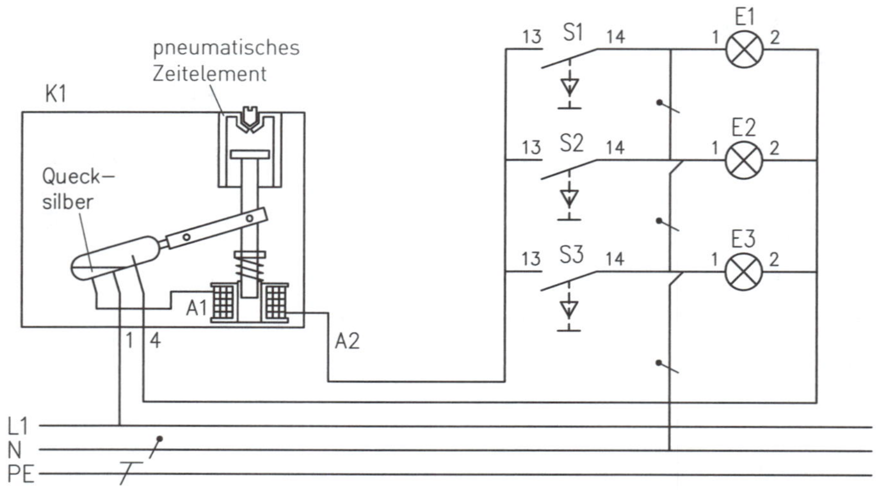

Relais für Lampenschaltungen

1. In älteren Anlagen findet man noch Treppenlichtzeitschalter mit Dreileiterschaltung. Wie funktioniert diese Schaltung?

____

____

____

2. Bei einigen Versorgungsunternehmen ist die dargestellte Dreileiterschaltung verboten. Was ist der Grund? (Beachten Sie den Steuerkreis.)

____

Die oben dargestellte Dreileiterschaltung hat den Nachteil, dass sie nicht erweiterbar ist.
Mit dem hier dargestellten Treppenlichtzeitschalter kann die Anlage so verändert werden, dass die dargestellte Erweiterung möglich ist. Zeichnen Sie die entsprechenden Verbindungen.

Relais für Lampenschaltungen

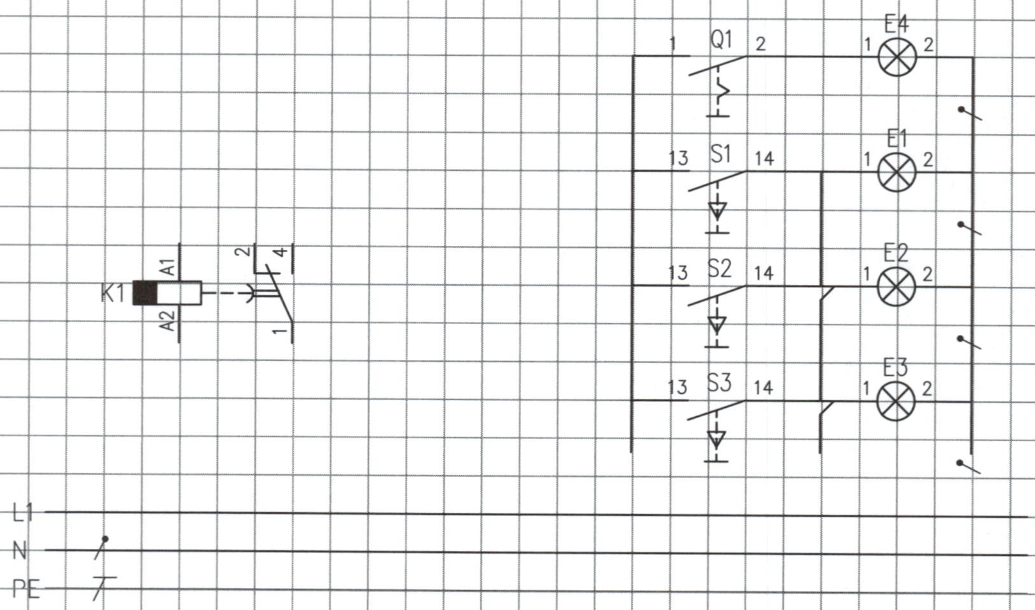

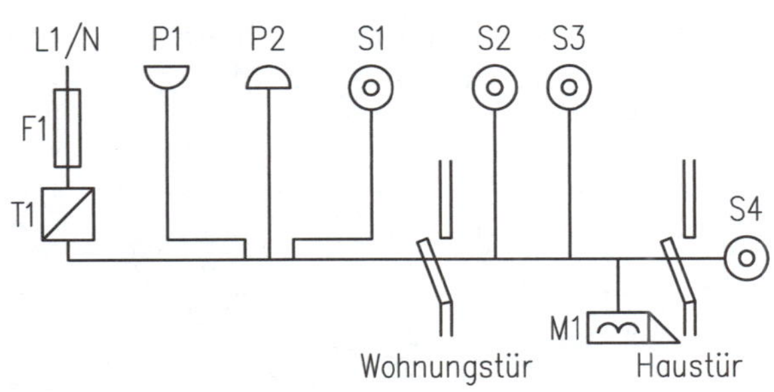

F1	Sicherung
T1	Transformator 220 V ~ / 5,8 V ~
P1	Summer
P2	Klingel
M1	Türöffner
S1 und S3	Taster für Türöffner
S2	Taster für Summer
S4	Taster für Klingel

Durch die Kombination von Summer und Klingel soll erkennbar sein, ob der Besucher sich von der Haustür oder von der Wohnungstür aus meldet.
Zeichnen Sie den zusammenhängenden und den aufgelösten Stromlaufplan.

Signaltechnik

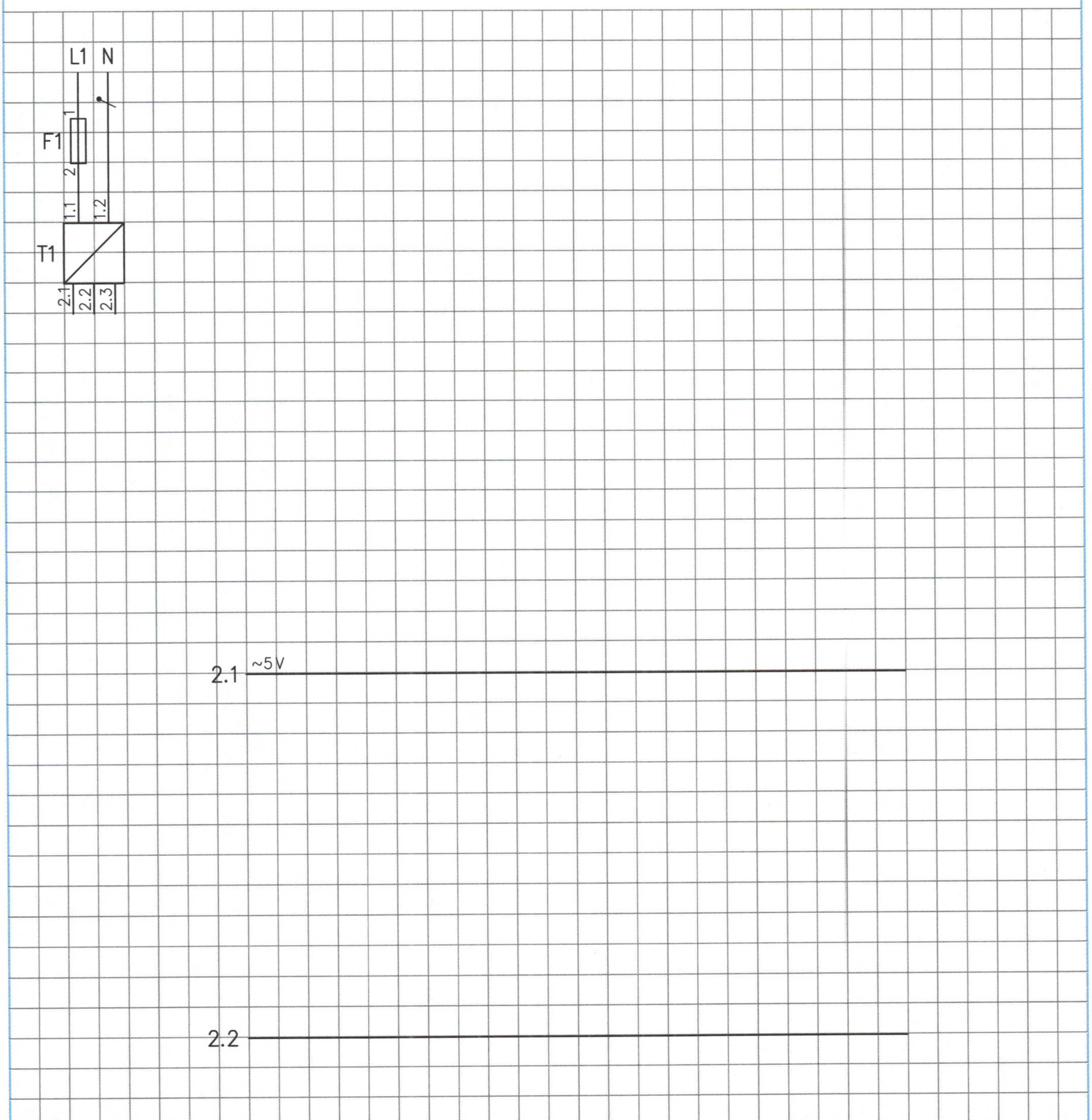

Zeichnen Sie zu der Hausklingelanlage den Stromlaufplan mit lagerichtiger Anordnung der Betriebsmittel. Die Taster S1 bis S12 schalten die Wecker P1 bis P6. Die Taster S13 bis S18 schalten den Türöffner M1.

Signaltechnik

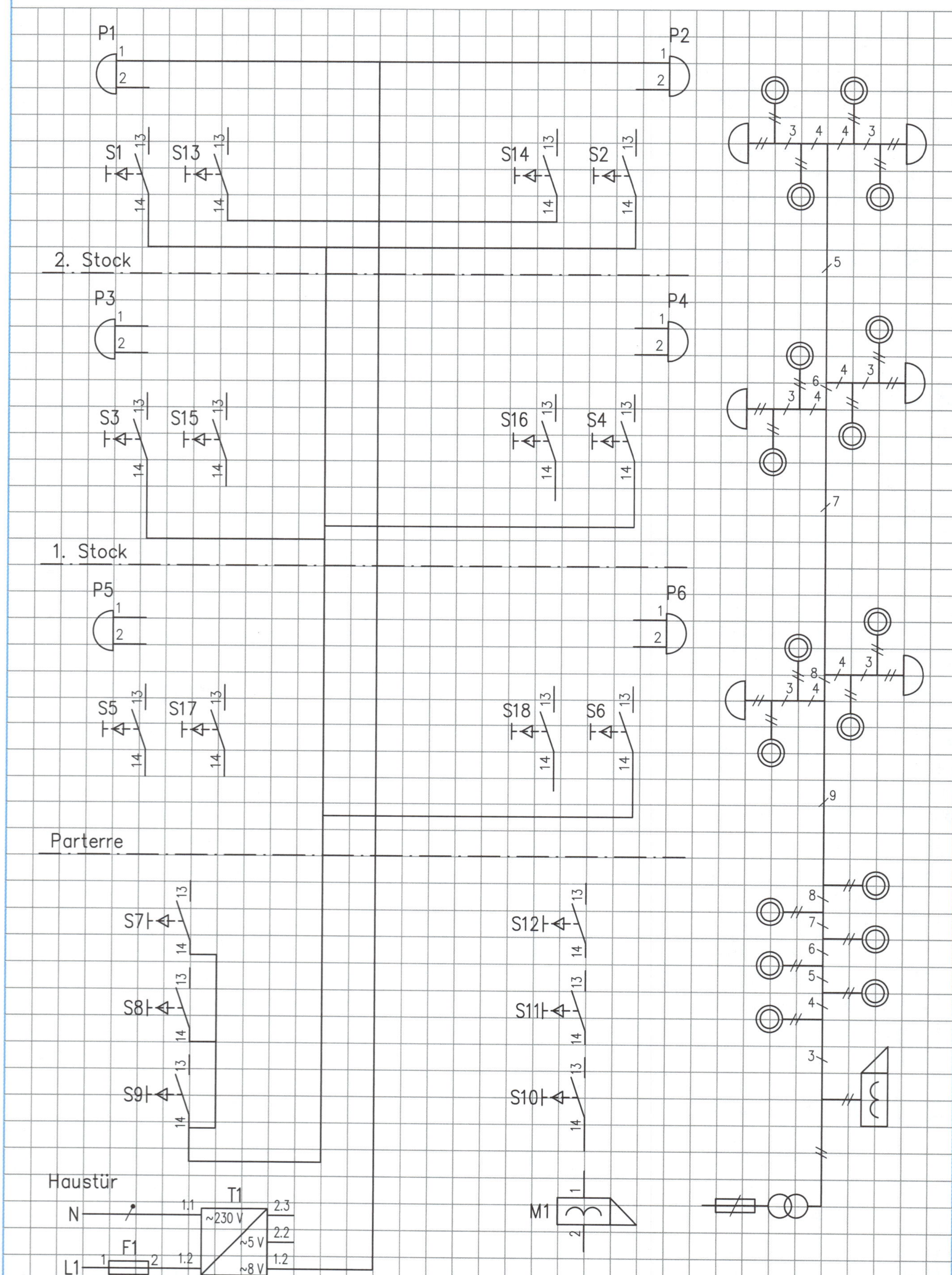

Zeichnen Sie in den einzelnen Feldern die näher beschriebenen Verdrahtungs- bzw. Verbindungspläne.

Geräteunterlagen

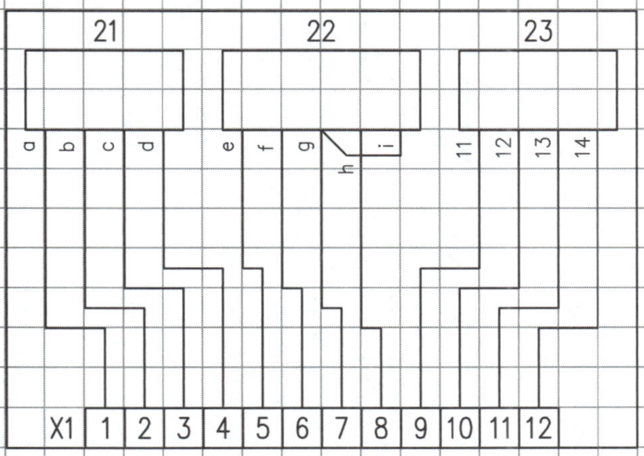

Geräteverdrahtungsplan: Gerät A1

Der gleiche Plan wie links, jedoch **ohne** durchgezeichnete Verbindungen.

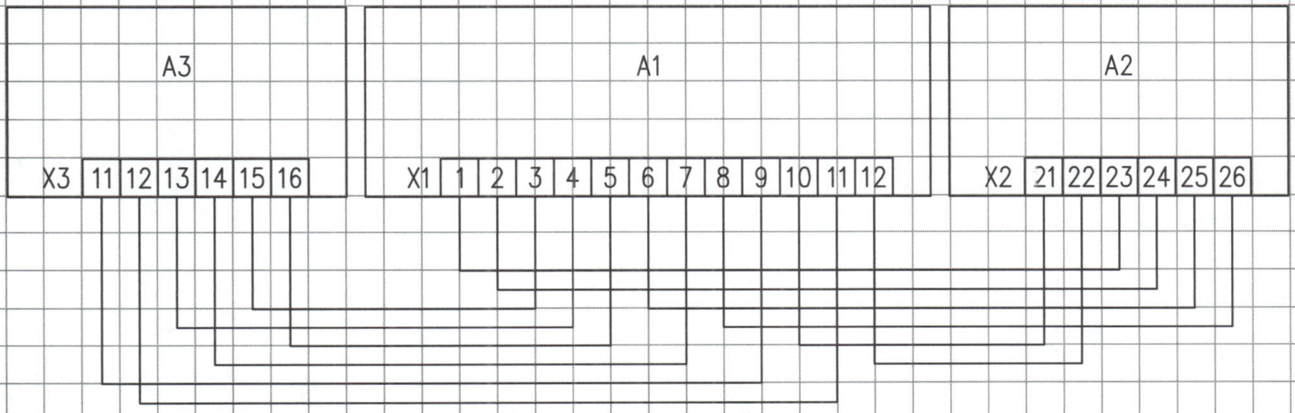

Verbindungsplan der Geräte A1, A2 und A3

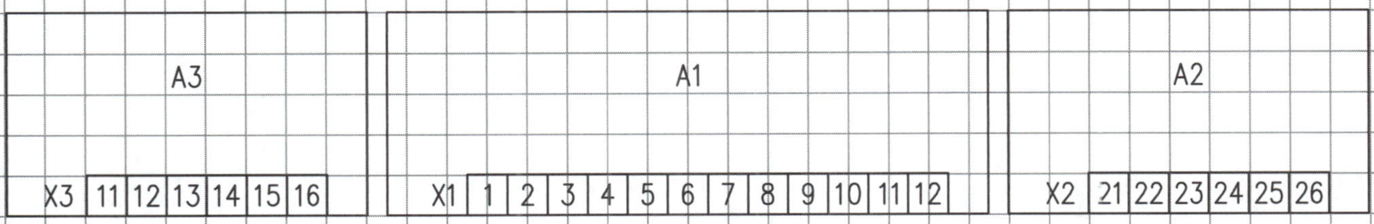

Der gleiche Verbindungsplan wie oben, jedoch mit zusammengefassten Leitungen zwischen den Geräten.

Zeichnen Sie die jeweils beschriebenen Verdrahtungs- bzw. Verbindungspläne.

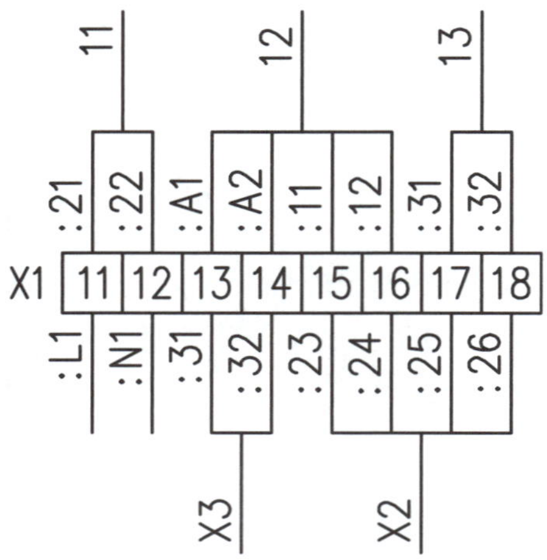

Anschlussplan der Klemmenleiste Xl des Gerätes A1

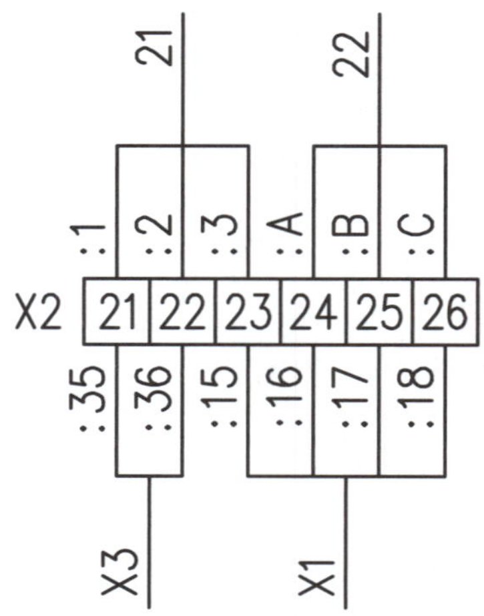

Anschlussplan der Klemmenleiste X2 des Gerätes A2

Geräteunterlagen

Geräteverdrahtungsplan des Gerätes A1 mit Darstellung jeder Verbindung

Geräteverdrahtungsplan des Gerätes A2 mit Darstellung jeder Verbindung

Verbindungsplan zwischen den Geräten A1 und A2

In jeder der beiden Schaltungen gibt es einen häufig anzutreffenden Verdrahtungsfehler im Steuerkreis.

Ermitteln Sie die Fehler mithilfe der Stromlaufpläne in aufgelöster Darstellung. Zeichnen Sie jeweils den fehlerhaften und den korrigierten Plan.

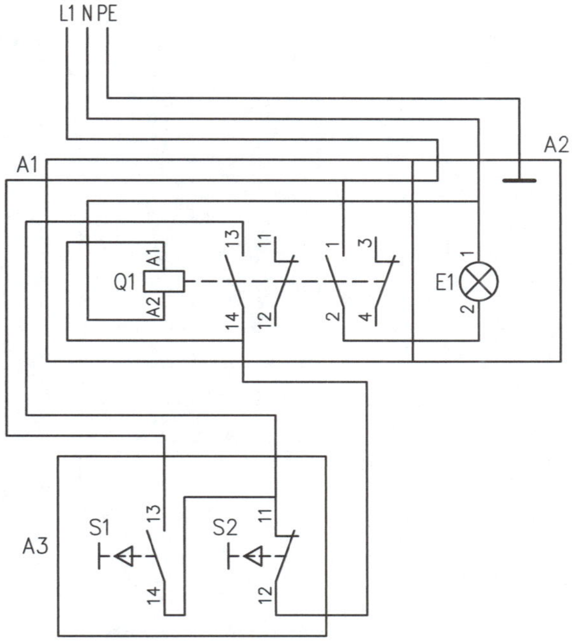

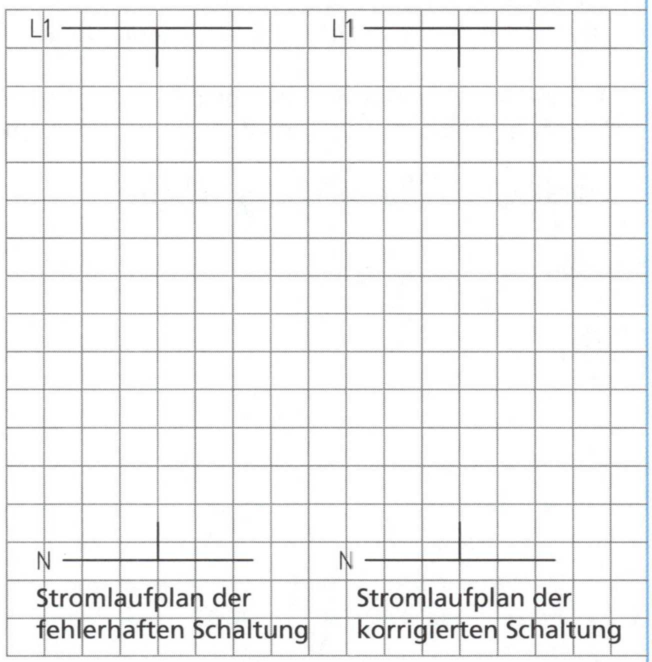

Wie wirkt sich der Fehler aus?

____

____

____

Gesteuertes Schalten: Schützschaltungen

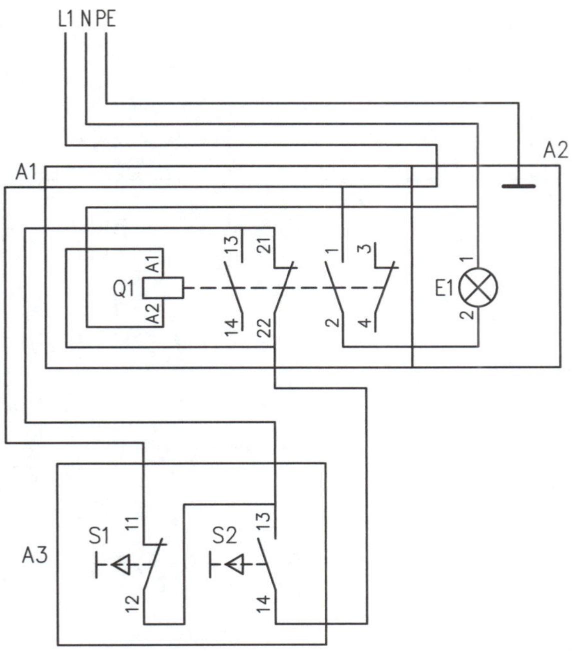

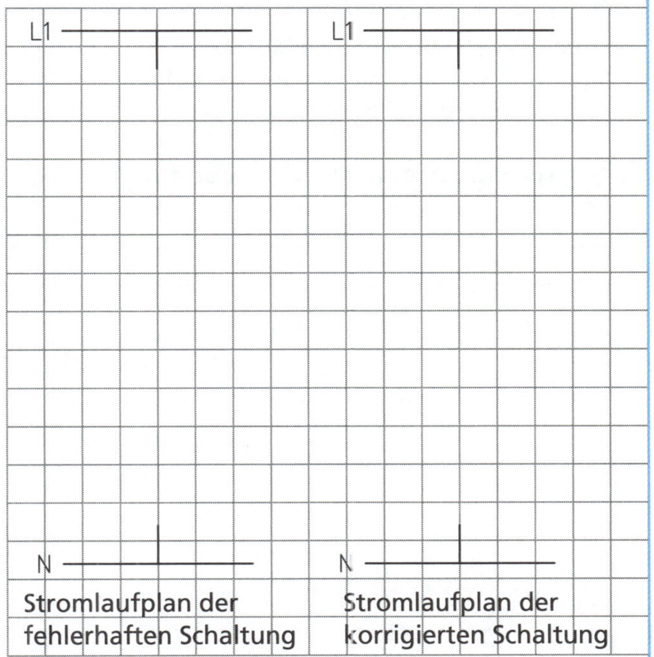

Wie wirkt sich der Fehler aus?

____

____

____

Ein kleiner Gleichstrommotor soll mit einem Relais allpolig geschaltet werden.
Der Motor hat eine Betriebsspannung von 110 V –.
Die Steuerspannung beträgt 5 V –.
Der Betriebszustand „EIN“ soll mit einem Leuchtmelder (5 V) angezeigt werden.

1. Entwerfen Sie den Stromlaufplan für eine Schaltung mit einem Stellschalter als Steuerschalter.
2. Entwerfen Sie den Stromlaufplan für eine Schaltung mit Selbsthaltung.

Gesteuertes Schalten: Relais und Schütze

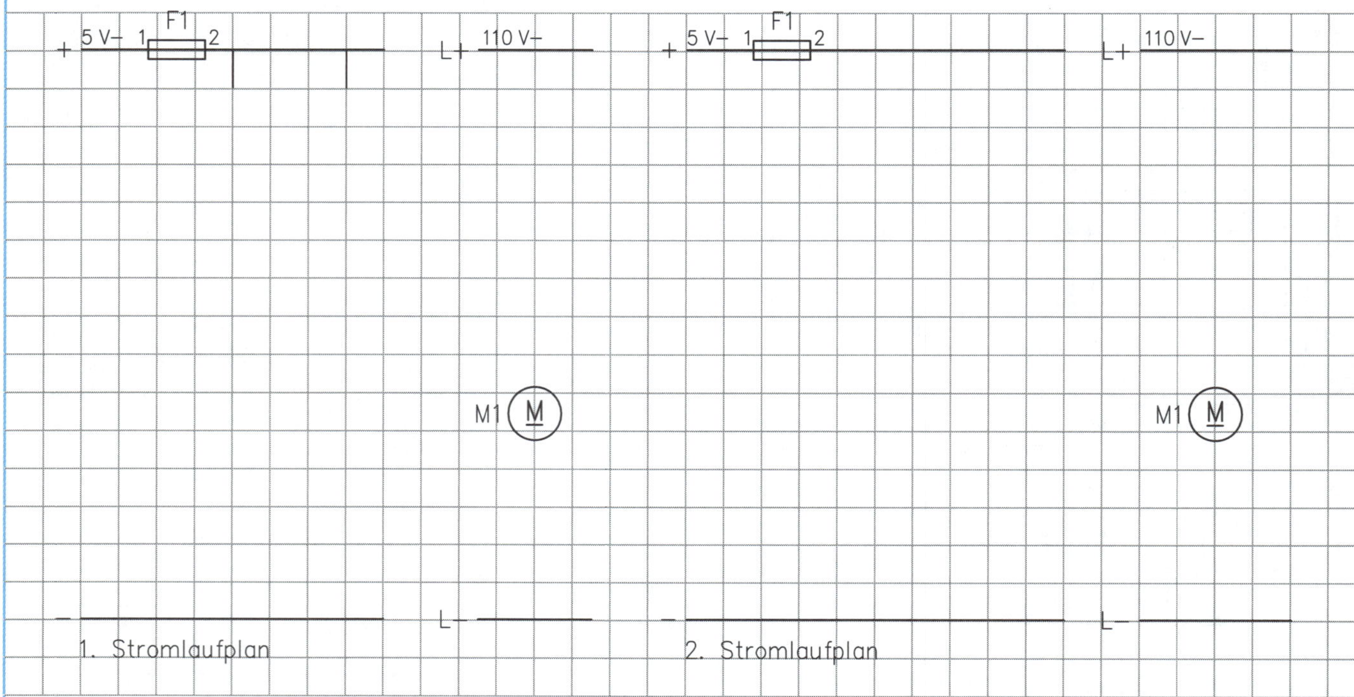

Erweitern Sie den 2. Stromlaufplan, sodass der Motor von zwei Schaltstellen ein- und ausgeschaltet werden kann und der Betriebszustand an beiden Schaltstellen durch einen grünen Leuchtmelder „Motor aus“ und durch einen roten Leuchtmelder „Motor ein“ angezeigt wird.

Gesteuertes Schalten: Relais und Schütze

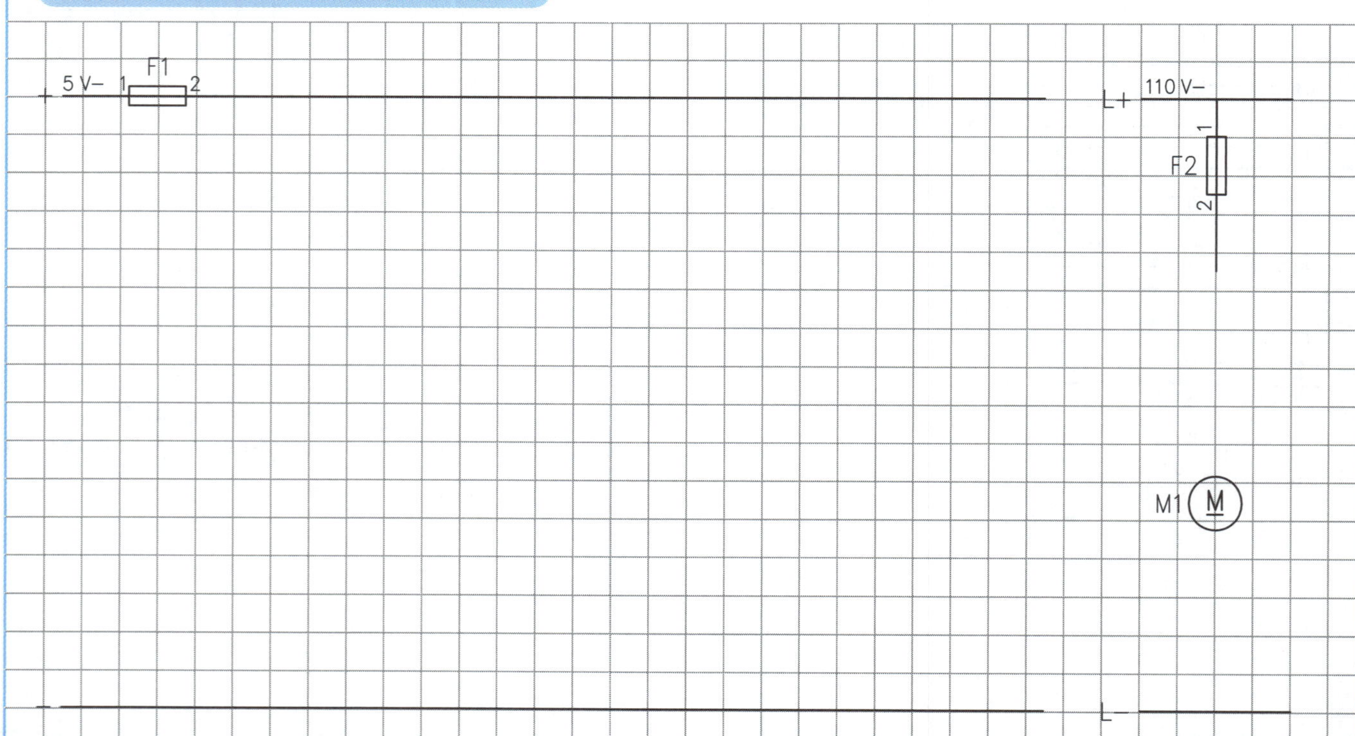

In beiden Fällen soll die Last E1 ein- und ausgeschaltet werden.
Vervollständigen Sie die Stromlaufpläne und beantworten Sie die Fragen.

Gesteuertes Schalten

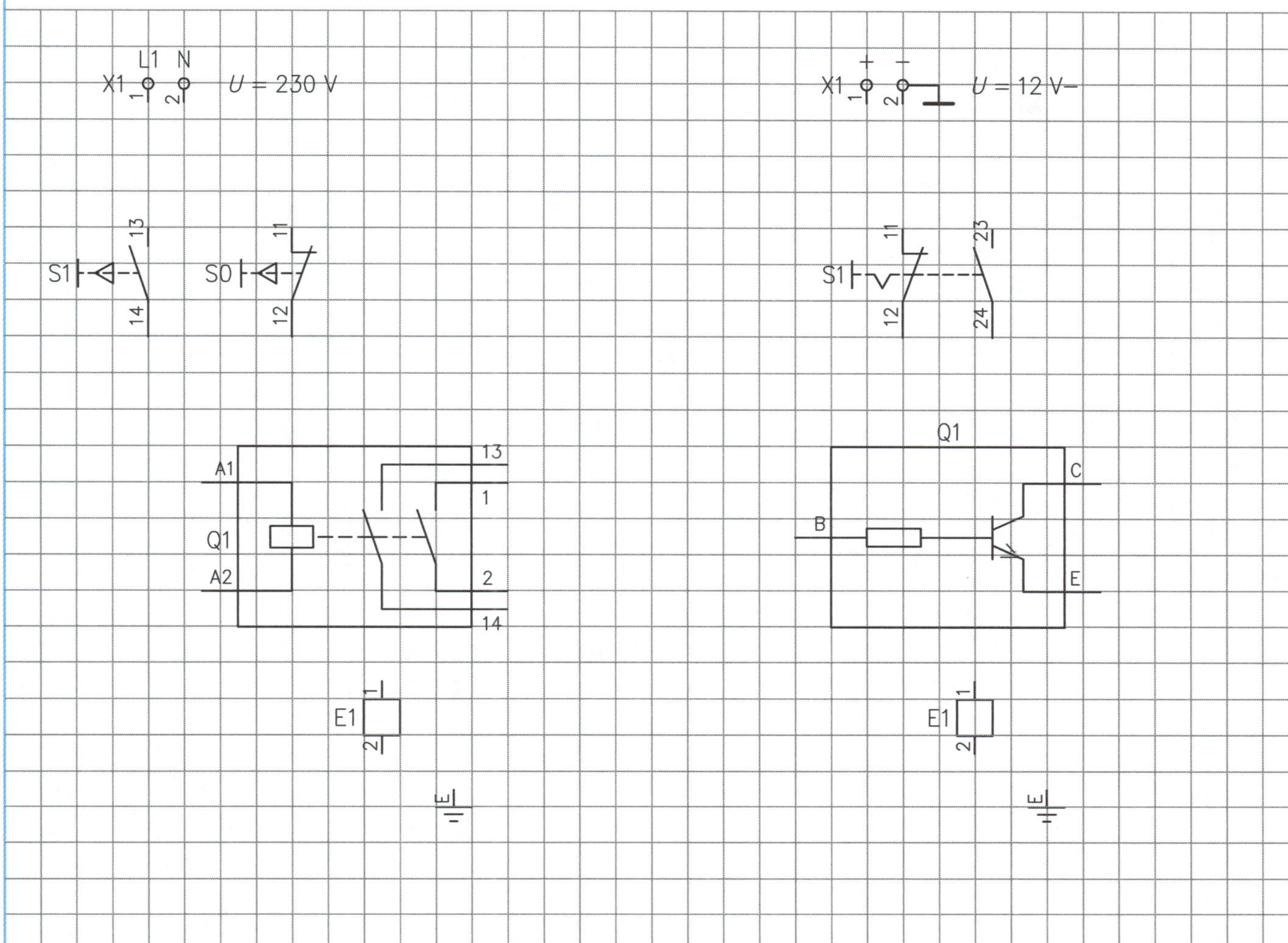

1. In der obigen Schaltung wird die Last eingeschaltet. Welche Spannung besteht zwischen dem Anschluss E1.2 und dem Erder?

Die Spannung beträgt

_______ .

2. In der obigen Schaltung ist die Last abgeschaltet.

a) Welche Spannung besteht zwischen dem Anschluss E1.2 und dem Erder?

Die Spannung beträgt

_______ .

b) Welche Spannung besteht zwischen dem Anschluss E1.1 und dem Erder?

Die Spannung beträgt

_______ .

1. In der obigen Schaltung wird die Last eingeschaltet. Welche Spannung besteht zwischen dem Anschluss E1.2 und dem Erder?

Die Spannung beträgt

_______ .

2. In der obigen Schaltung ist die Last abgeschaltet.

a) Welche Spannung besteht zwischen dem Anschluss E1.2 und dem Erder?

Die Spannung beträgt

_______ .

b) Welche Spannung besteht zwischen dem Anschluss E1.1 und dem Erder?

Die Spannung beträgt

_______ .

Die Beleuchtung eines Kaufhausparkplatzes soll von den beiden Schaltstellen ein- und ausgeschaltet werden. Entwerfen Sie den Stromlaufplan mit lagerichtiger Anordnung der Betriebsmittel.

Gesteuertes Schalten

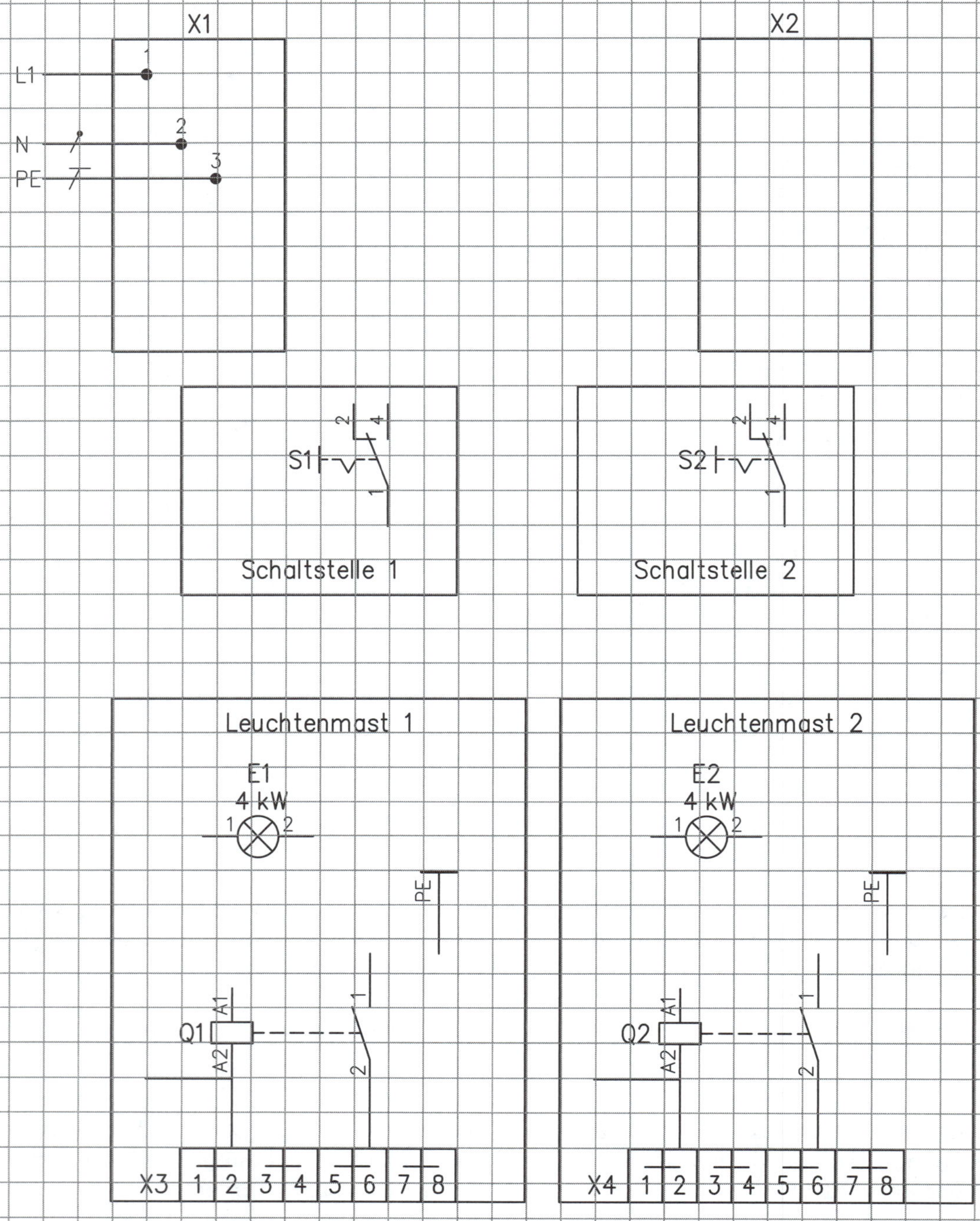

Beantworten Sie die Fragen und vervollständigen Sie die Schaltung.

Gesteuertes Schalten

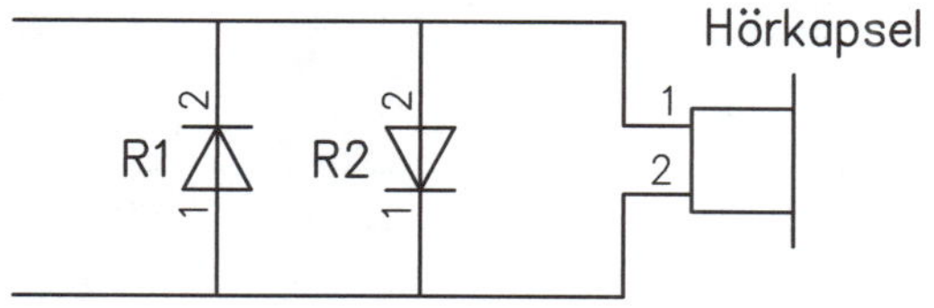

Welche Funktion erfüllt diese Diodenschaltung?

____

____

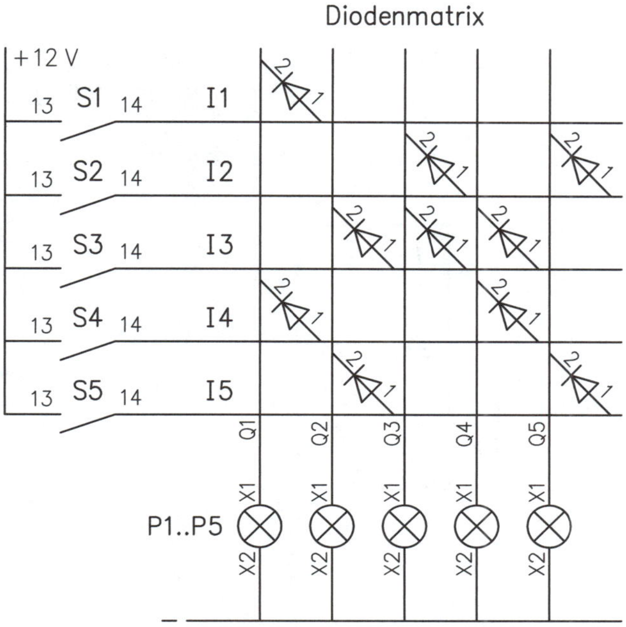

Welcher Leuchtmelder leuchtet jeweils?

1. S1 + S3 geschlossen

____

2. S3 + S5 geschlossen

____

3. S2 + S3 + S4 geschlossen

____

4. S1 + S2 + S4 geschlossen

____

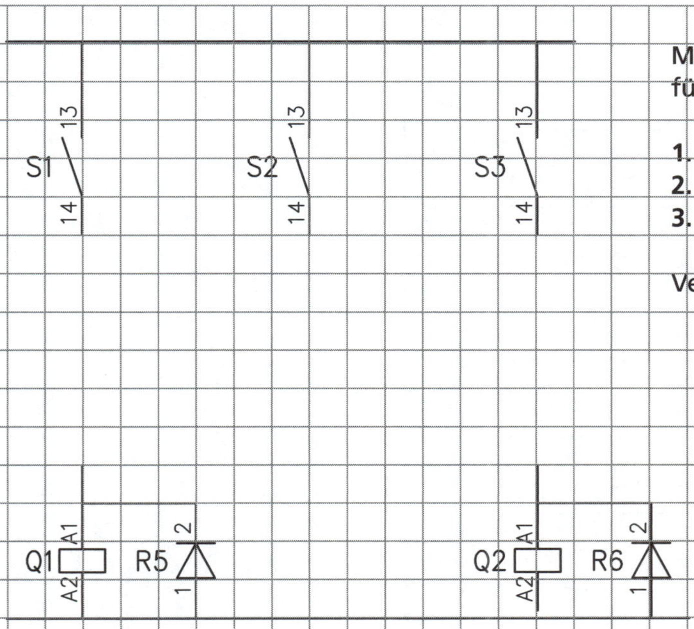

Mithilfe von Dioden soll folgende Schaltaufgabe erfüllt werden:

1. Wenn S1 geschlossen wird, zieht Q1 an.
2. Wenn S2 geschlossen wird, ziehen Q1 und Q2 an.
3. Wenn S3 geschlossen wird, zieht Q2 an.

Vervollständigen Sie den Stromlaufplan.

Vervollständigen Sie den Schaltungsentwurf und lösen Sie die Frage zur Sieben-Segment-Ziffernanzeige.

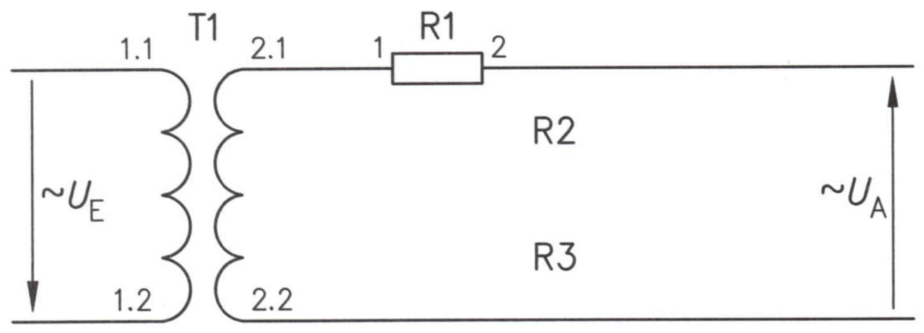

Mithilfe von Z-Dioden soll erreicht werden, dass die Ausgangsspannung den dargestellten Kurvenverlauf hat.

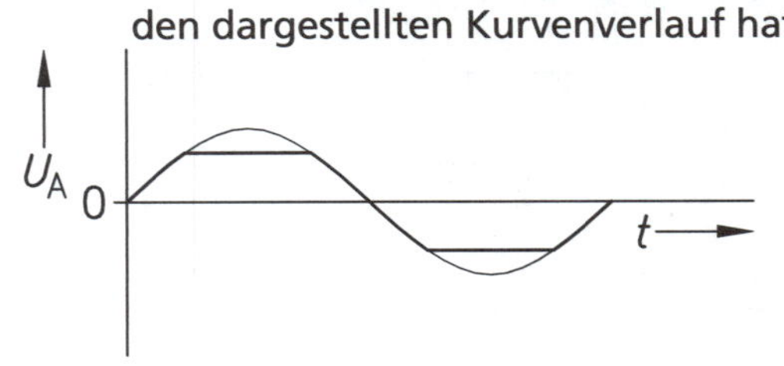

Gesteuertes Schalten

Welche Ziffer wird jeweils angezeigt, wenn einer der Schalter betätigt wird?
Tragen Sie die angezeigte Ziffer in den Kasten ein.

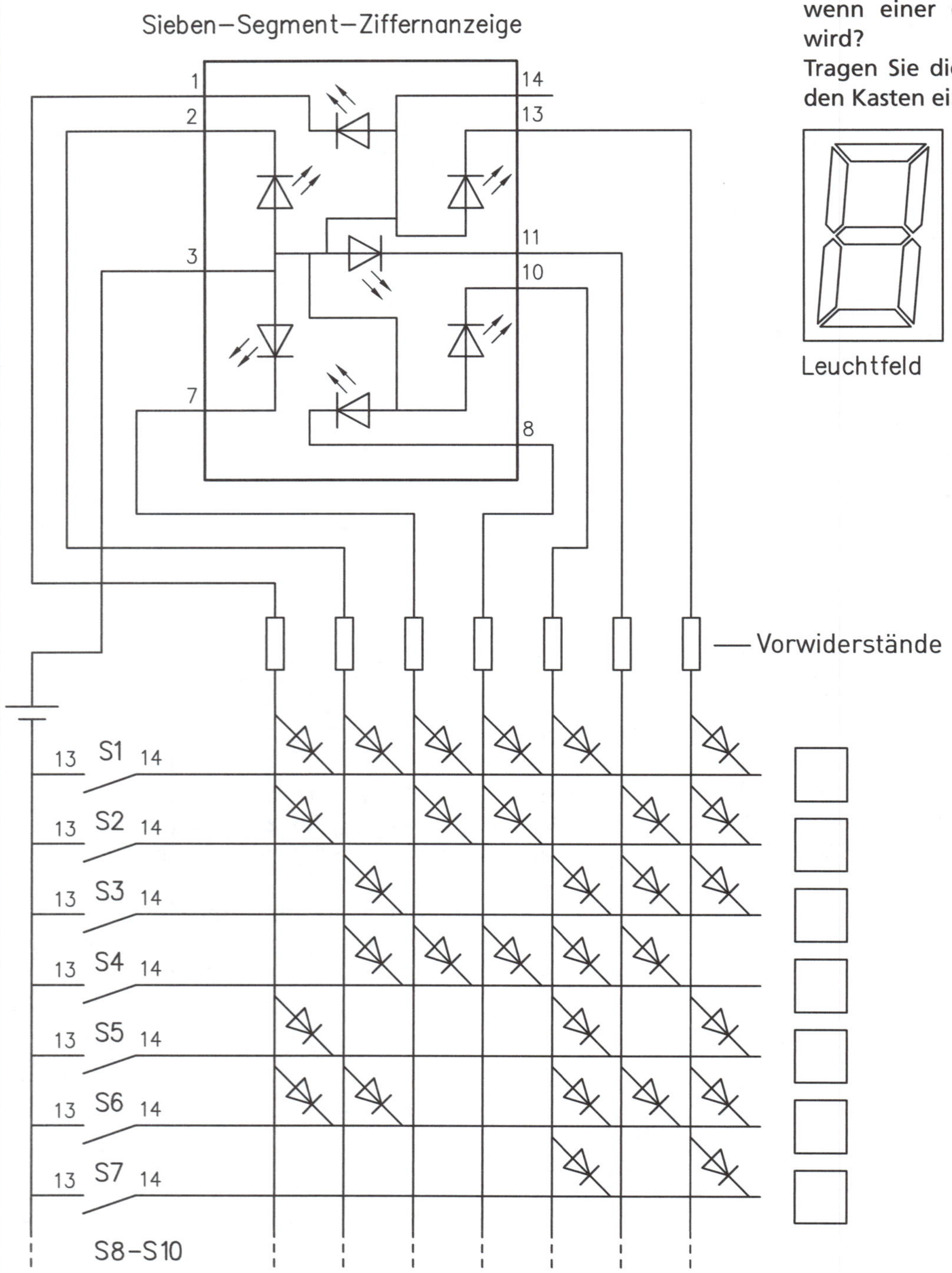

Beschreiben Sie die Funktionen der Schaltungen.

Schalten mit Sensoren

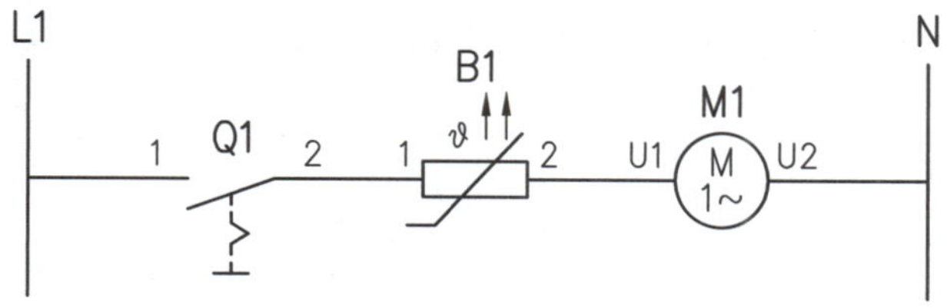

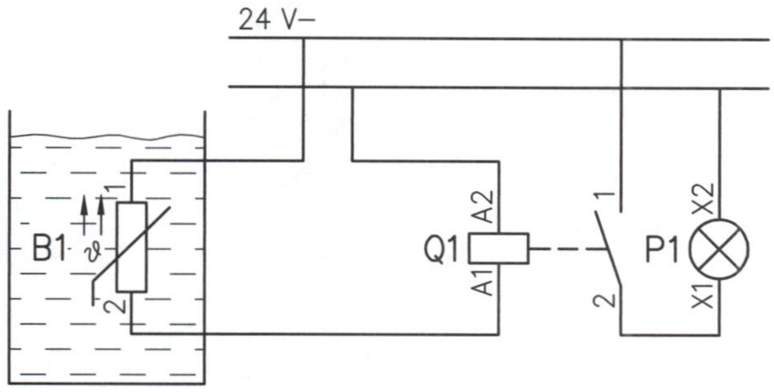

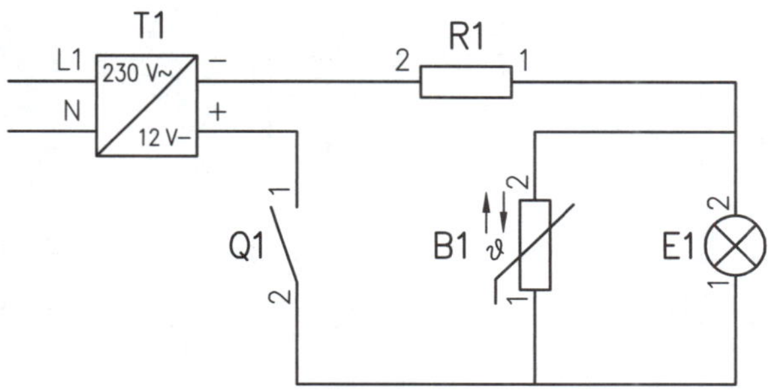

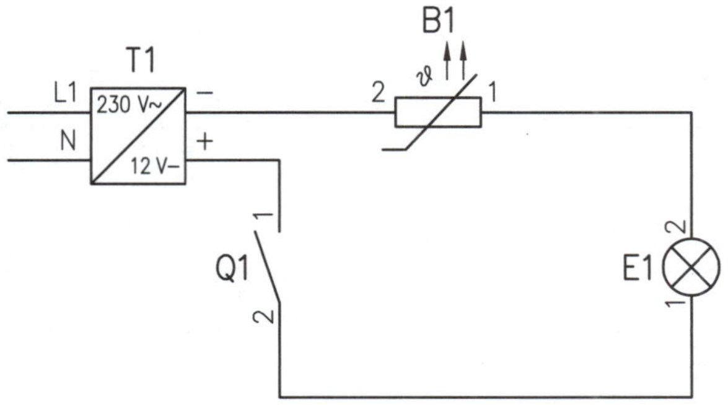

1. Mit einem einstufigen Foto-Dioden-Verstärker soll bewirkt werden, dass eine Treppenhausbeleuchtung bei Tageslicht nicht eingeschaltet werden kann.

   Entwerfen Sie den Stromlaufplan in zusammenhängender Darstellung.

2. Ein einstufiger Foto-Dioden-Verstärker soll so aufgebaut werden, dass der Schließer des Ausgangsrelais bei Tageshelligkeit offen und bei Dunkelheit geschlossen ist.

   Entwerfen Sie den Stromlaufplan der Verstärkerschaltung.

Schalten mit Sensoren

zu 1.

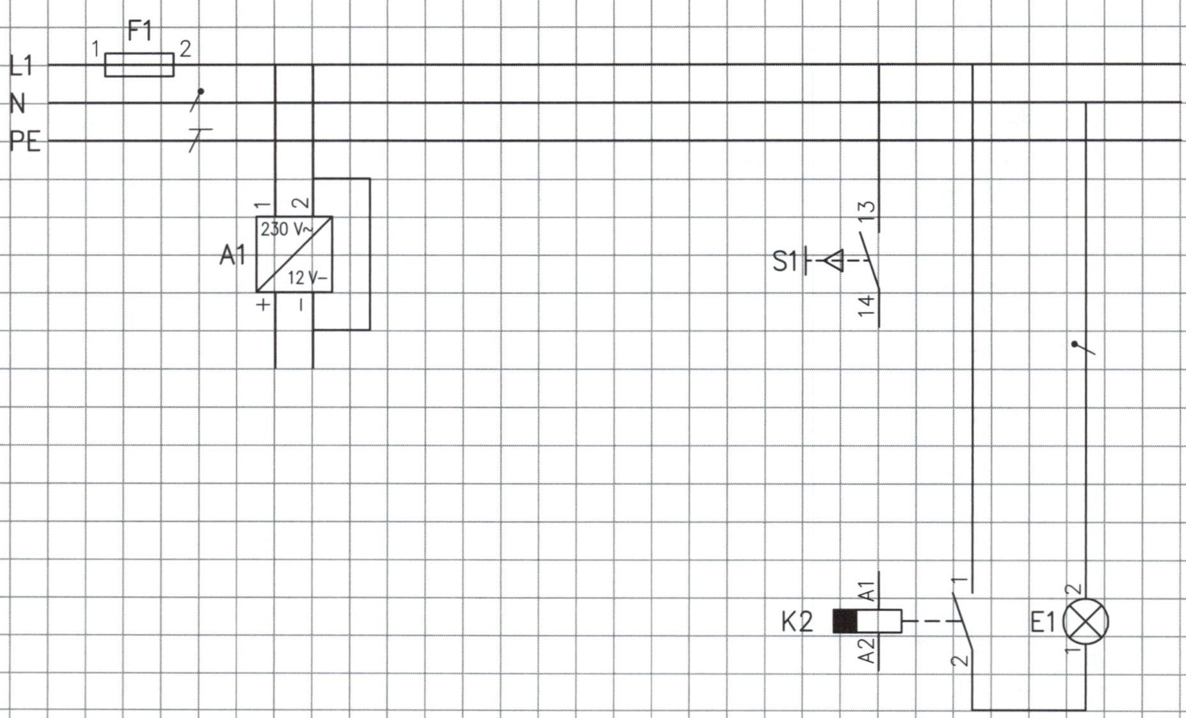

zu 2.

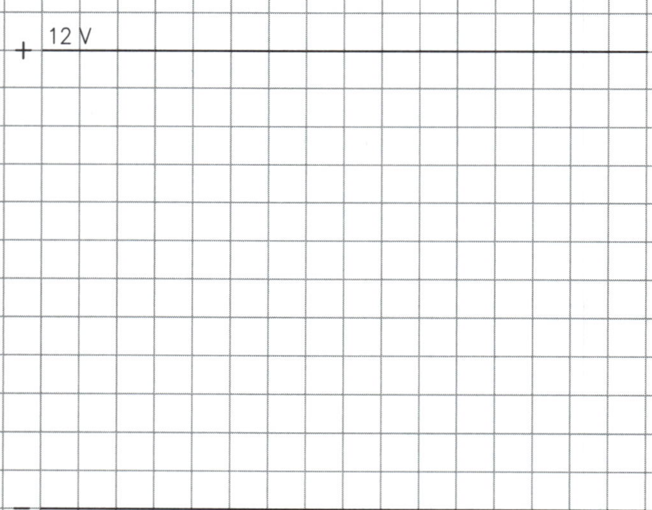

Die dargestellten Schaltungen stammen aus Originalunterlagen einer Herstellerfirma. Solche Originalunterlagen entsprechen häufig nicht der Norm. Zeichnen Sie zu den gegebenen Schaltungen die normgerechten Stromlaufpläne in zusammenhängender Darstellung und beschreiben Sie die Funktion der Schaltungen.

Schalten mit Sensoren

1.

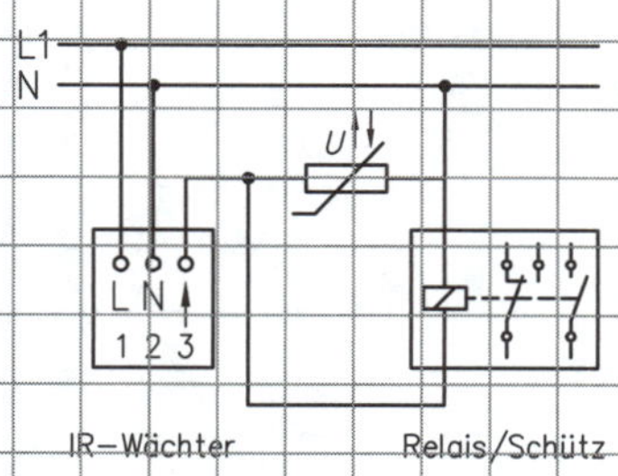

Funktion

2.

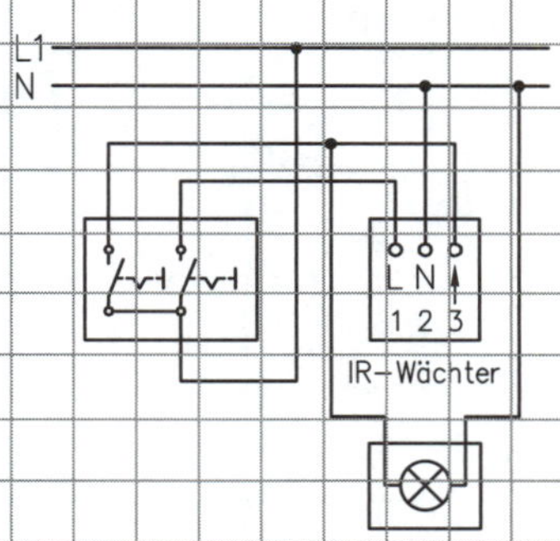

Funktion

3.

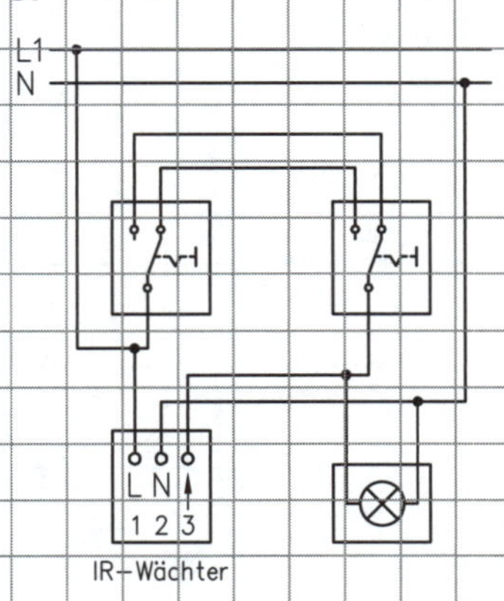

Funktion

Die dargestellten Schaltungen stammen aus Originalunterlagen einer Herstellerfirma. Solche Originalunterlagen entsprechen häufig nicht der Norm. Zeichnen Sie zu den gegebenen Schaltungen die normgerechten Stromlaufpläne in zusammenhängender Darstellung und beschreiben Sie die Funktion der Schaltungen.

Schalten mit Sensoren

1.

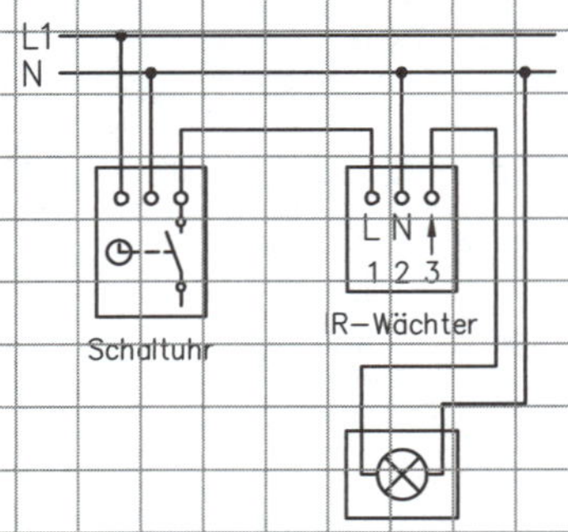

Funktion

____

____

____

____

____

2.

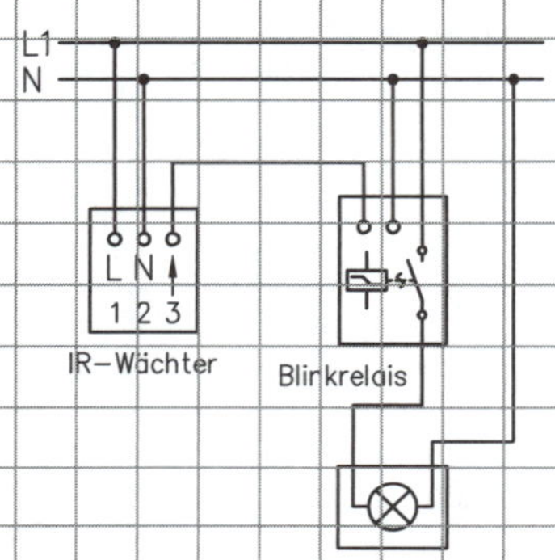

Funktion

____

____

____

____

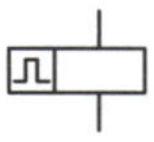
Blinkrelais Antrieb

3.

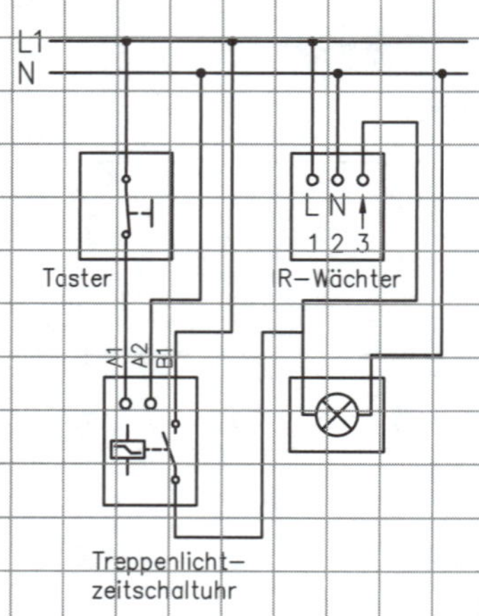

Funktion

____

____

____

____

____

____

Das Schaltelement K1 soll die ODER-Funktion, das Schaltelement K2 soll die UND-Funktion erfüllen.
Vervollständigen Sie die zugehörigen Stromlaufpläne, die Funktionstabellen und die Funktions-Zeitdiagramme.
Geben Sie die entsprechenden Funktionsgleichungen an.

Hinweis:
Wird die Funktionstabelle bei den Eingängen in der Reihenfolge der Dualzahlen ausgefüllt, wird keine mögliche Signalkombination vergessen.

Digitale Schaltungstechnik

Stromlaufpläne

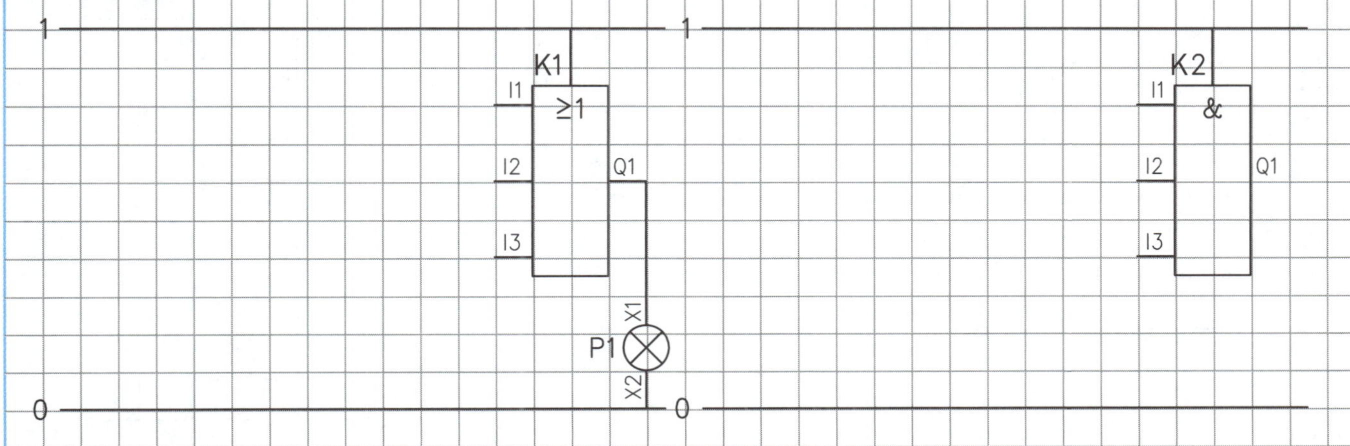

Funktionstabellen

I3	I2	I1	Q1
0	0	0	0
	0	1	1
	1	0	1
	1	1	1
		0	1
		1	1
		0	1
		1	1

I3	I2	I1	Q1

Funktions-Zeit-Diagramme

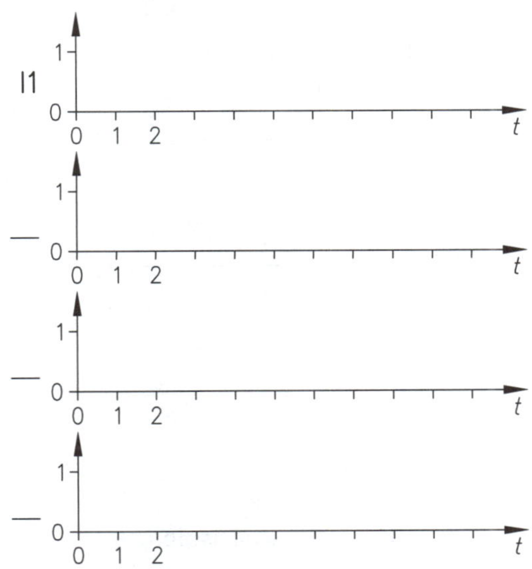

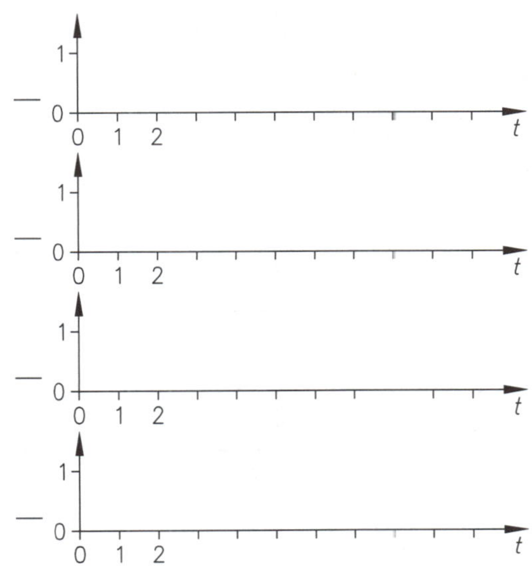

Funktionsgleichungen

______________ ______________

30 **UND- und ODER-Funktion mit je drei Eingängen**

30.1

Name

Datum

Klasse

Vervollständigen Sie zu den beiden Funktions-Zeit-Diagrammen die Funktionstabellen. Zeichnen Sie die jeweiligen Schaltzeichen bzw. die Logikpläne und geben Sie die Funktionsgleichungen an.

Digitale Schaltungstechnik

Funktions-Zeit-Diagramme

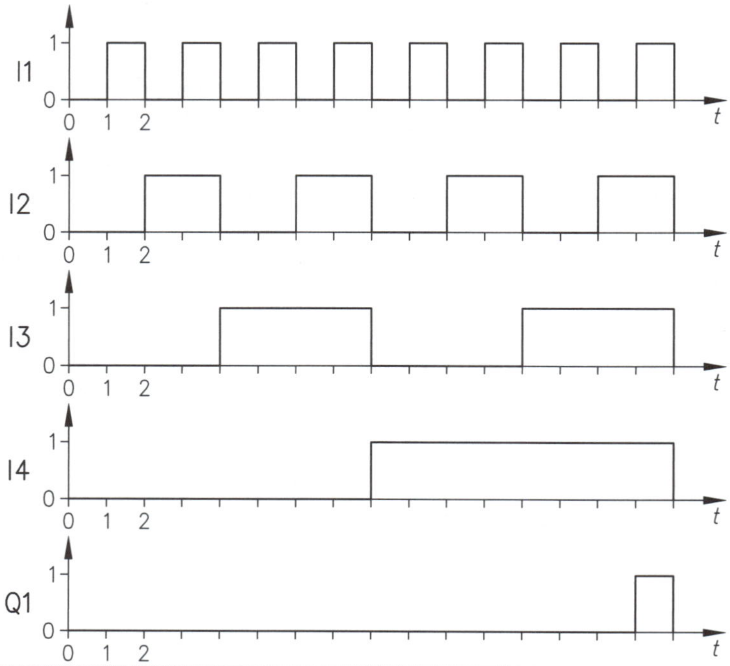

Funktionstabelle

			I1	Q1

Schaltzeichen

Funktionsgleichung

Funktions-Zeit-Diagramm

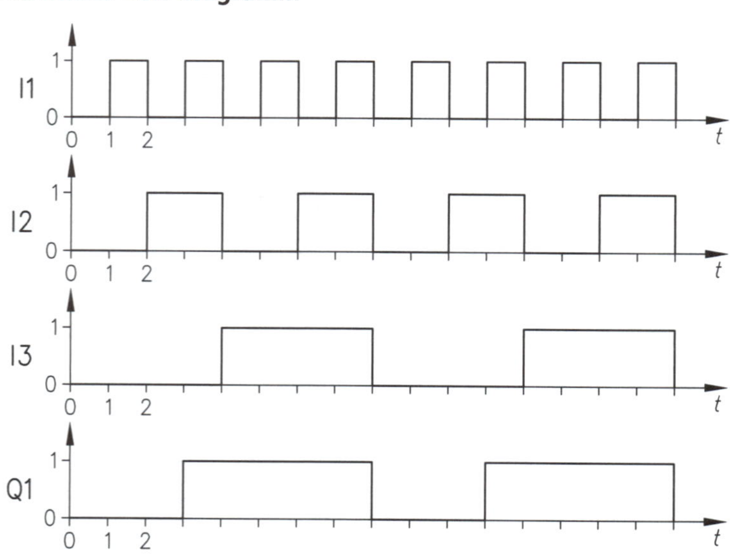

Funktionstabelle

Logikplan

Funktionsgleichung

Entwickeln Sie zu jedem Funktionsplan die Funktionstabelle, das Funktions-Zeit-Diagramm sowie die Funktionsgleichung.

Digitale Schaltungstechnik

1.
Funktionsplan

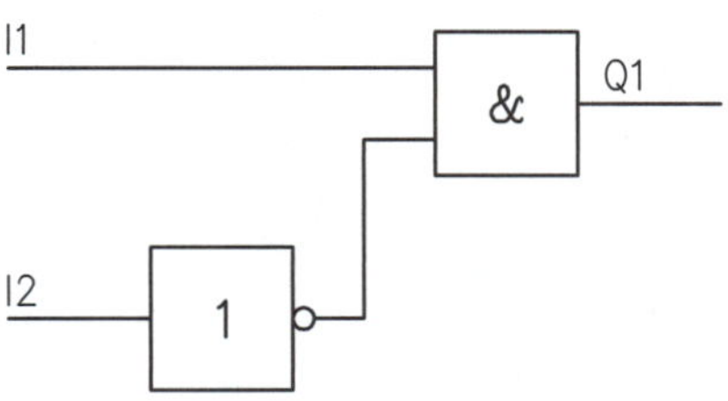

Funktionstabelle

I2	I1	Q1

Funktionsgleichung

____

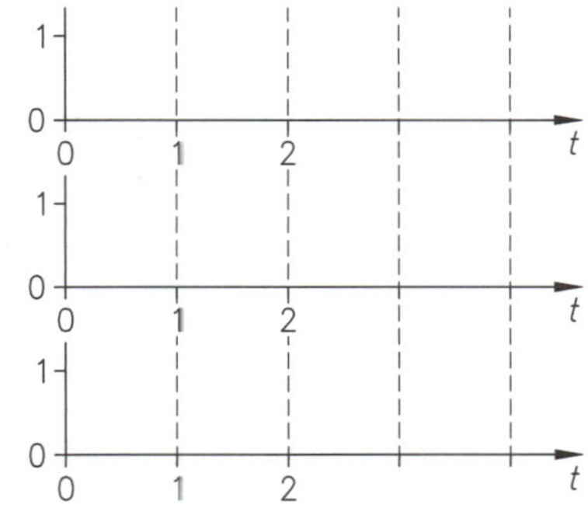

2.
Funktionsplan

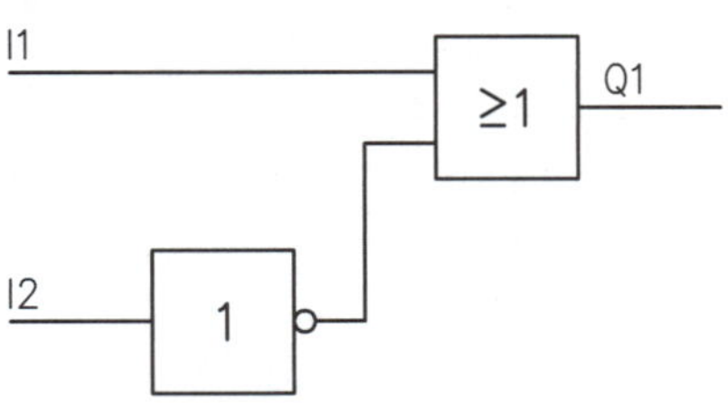

Funktionstabelle

		Q1

Funktionsgleichung

____

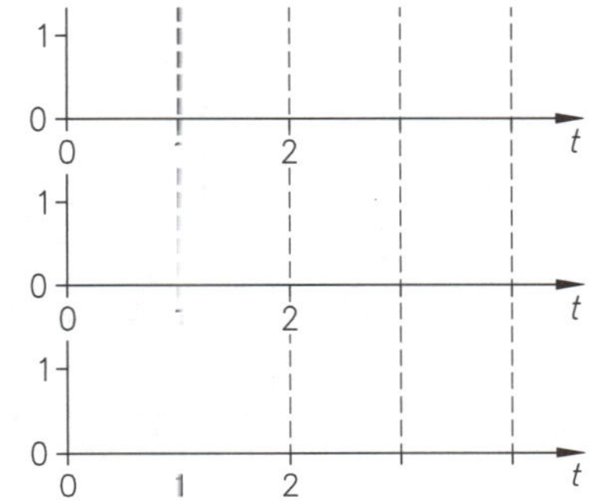

3.
Funktionsplan

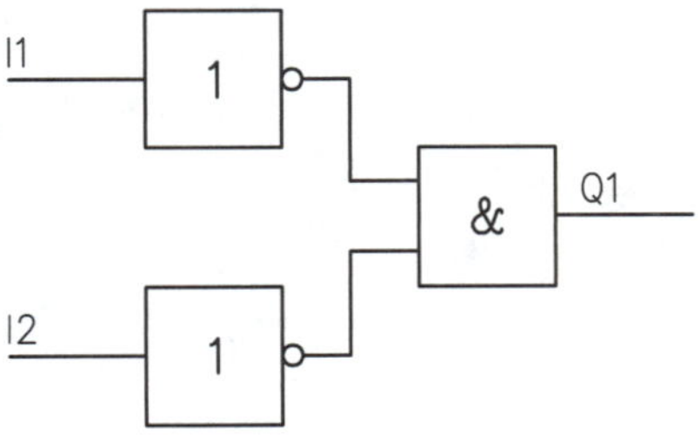

Funktionstabelle

Funktionsgleichung

____

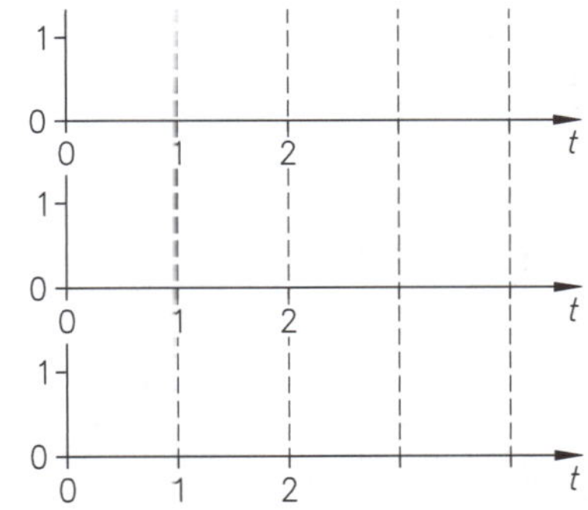

4.
Funktionsplan

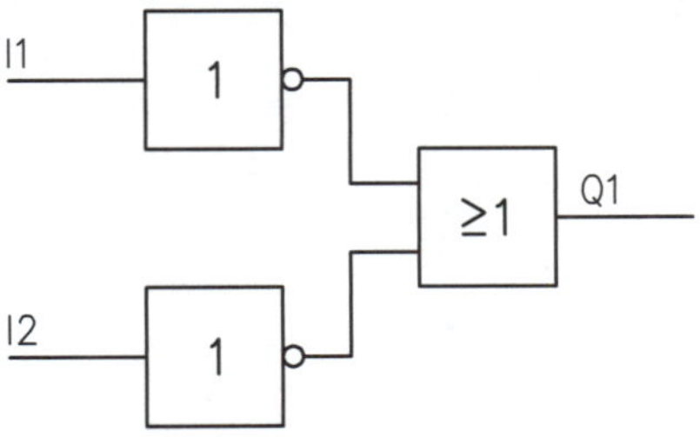

Funktionstabelle

Funktionsgleichung

____

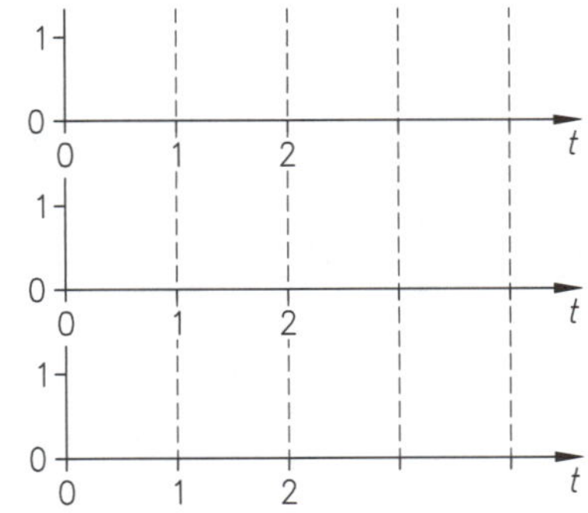

1. Geben Sie zu jedem Logikplan den Pegel (0 oder 1) des Ausgangs an.
   Kennzeichnen Sie den jeweils aktiven Leuchtmelder mit dem Betätigungszeichen ⥣.
2. Aus NAND- und NOR-Gattern kann man alle logischen Grundfunktionen schalten.
   Ermitteln Sie mithilfe von Funktionstabellen, welche Grundfunktionen die Zusammenschaltungen erfüllen.

Digitale Schaltungstechnik

1.

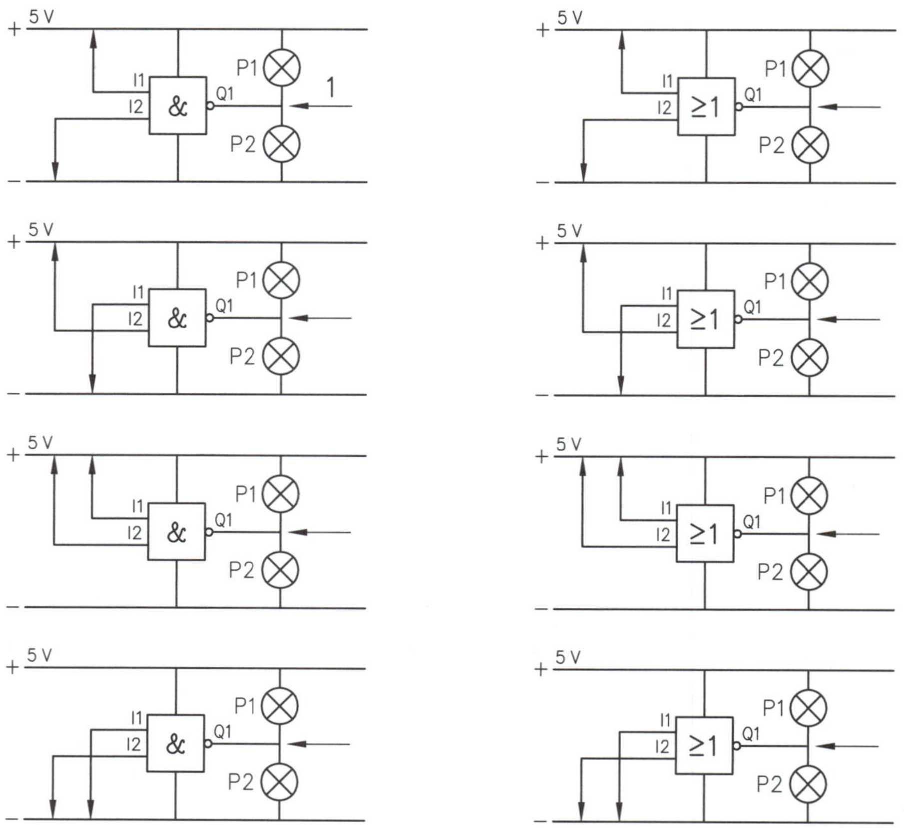

2.

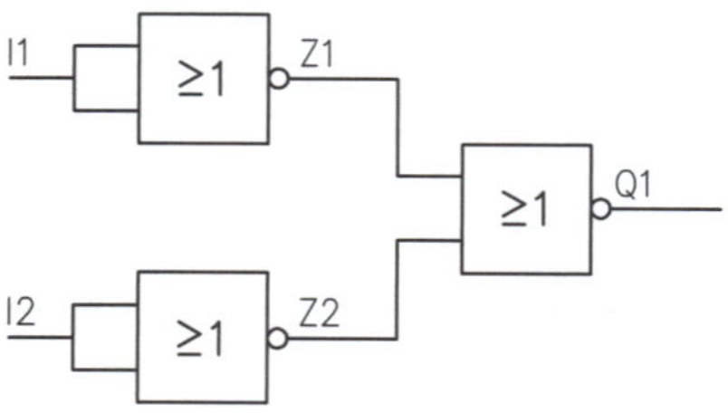

I2	I1	Z1	Z2	Q1

Diese Zusammenschaltung von NOR-Elementen erfüllt

die ________ Funktion.

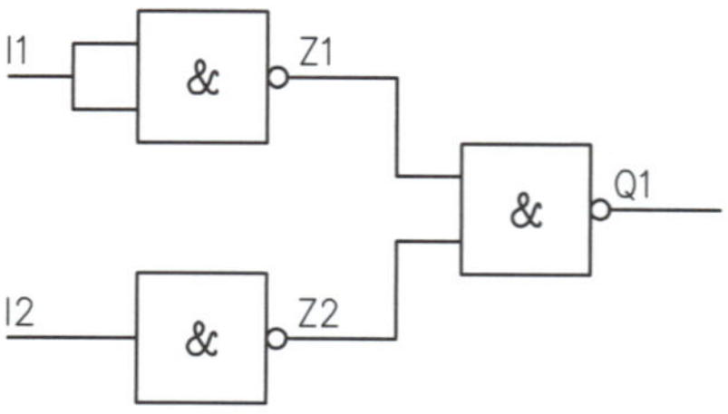

I2	I1	Z1	Z2	Q1

Diese Zusammenschaltung von NAND-Elementen erfüllt

die ________ Funktion.

Entwerfen Sie die Schaltung der Sicherheitsbaugruppe für den Motor M1 der Sägemaschine. Bearbeiten Sie dazu die Punkte 1–7.

Digitale Schaltungstechnik

1. Technologieschema

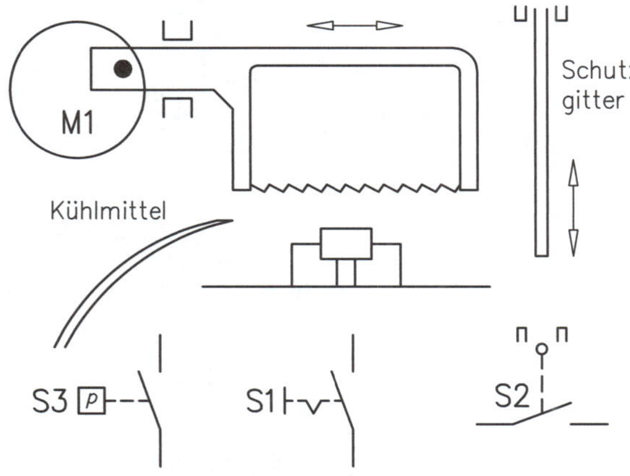

2. Funktionsbeschreibung

___

___

___

___

___

___

___

3. Zuordnungsliste

Betriebsmittel	Betriebsmittelkennzeichnung	Steuerungskennzeichnung	Funktion/ Signal
Einschalter	S1	I1	Sägen = 1

4. Funktionstabelle

5. Funktions-Zeit-Diagramme

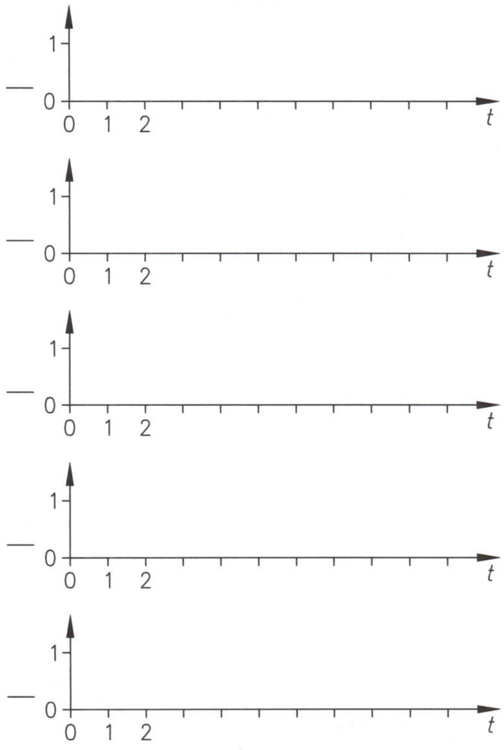

6. Funktionsgleichung

___

7. Logikplan

Eingänge	Verarbeitung	Ausgänge

Die vier Schweißplätze werden zwangsbelüftet. Entwerfen Sie die Steuerschaltung.

Digitale Schaltungstechnik

1. Technologieschema

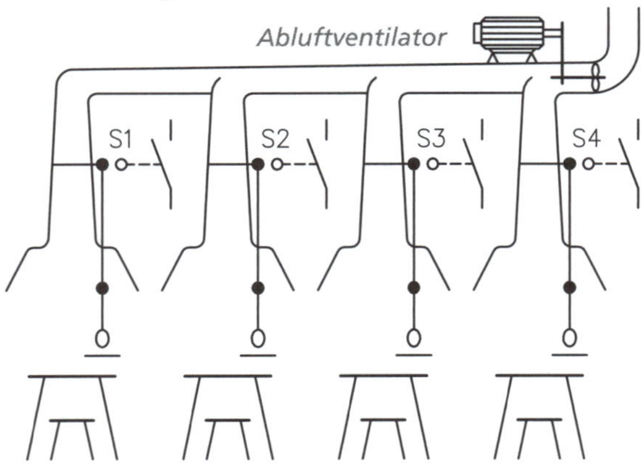

2. Funktionsbeschreibung

____

____

____

3. Zuordnungsliste

Betriebsmittel	Betriebs-mittelkenn-zeichnung	Steue-rungskenn-zeichnung	Funktion/ Signal

4. Funktionstabelle

5. Funktions-Zeit-Diagramme

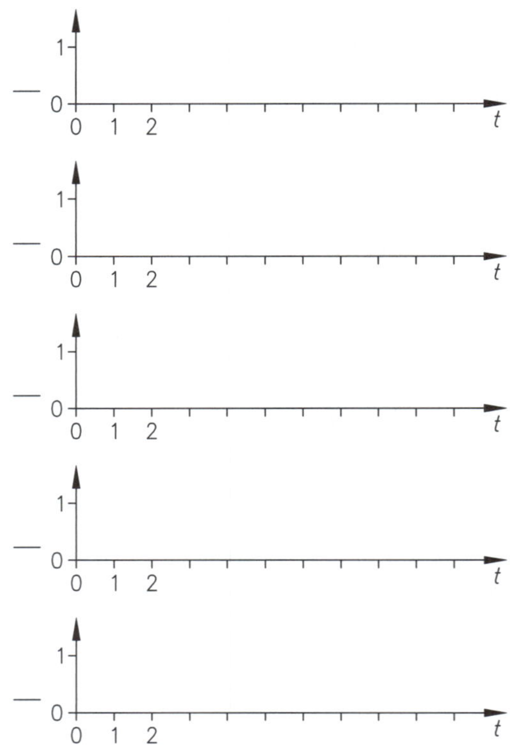

6. Funktionsgleichung

____

7. Logikplan

Eingänge	Verarbeitung	Ausgänge

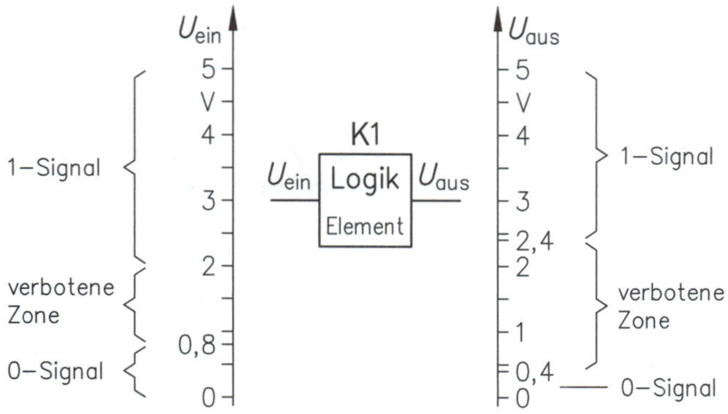

Die erlaubten Spannungswerte der Eingangs- und Ausgangssignale innerhalb einer Schaltkreisfamilie sind entsprechend dem nebenstehenden Pegeldiagramm festgelegt.

1. Kennzeichnen Sie im Diagramm der Übertragungskennlinie für das Eingangs- und das Ausgangssignal den Bereich der Logikpegel 0 bzw. 1 sowie jeweils die verbotene Zone.
2. Vervollständigen Sie die Wertetabelle.
3. Entwerfen Sie eine geeignete Messschaltung zur Überprüfung der Wertetabelle.

Integrierte digitale Schaltkreise

Übertragungskennlinie eines Logik-Schaltelements

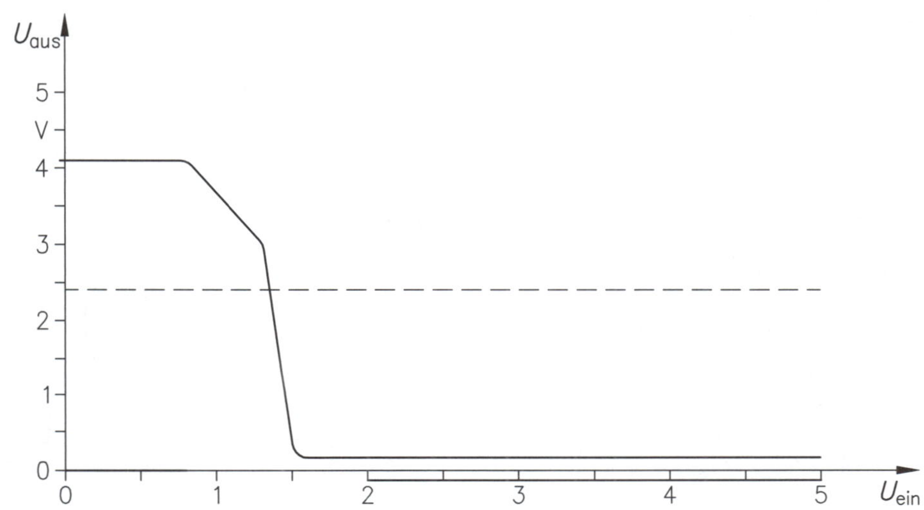

Wertetabelle

$\frac{U_{ein}}{V}$	0	0,2	0,4	0,6	0,8			1,3		1,5	1,8	2,2	4,8
$\frac{U_{aus}}{V}$						3,6	3,3		1,5				
Logikpegel / Ausgang													

Messschaltung

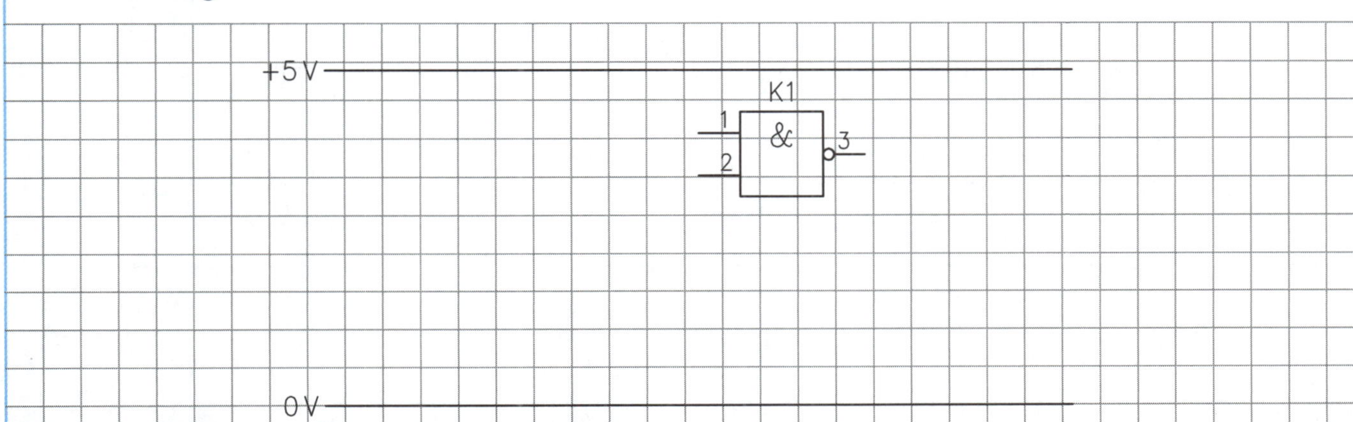

Die Stromlaufpläne zeigen die stark vereinfachte Innenschaltung eines **Logik-Schaltelements mit NAND-Funktion.**

1. Verbinden Sie die Eingänge wie angegeben und beschreiben Sie den Funktionsablauf in der Schaltung. Geben Sie jeweils den Ausgangspegel an. Sollten Sie bei der Lösung der folgenden Aufgabe auf Schwierigkeiten stoßen, können Sie auf den Informationsseiten S. 43 und S. 45 weitere Hinweise finden.

Integrierte digitale Schaltkreise

a) I1: + 5 V   I2: + 5 V

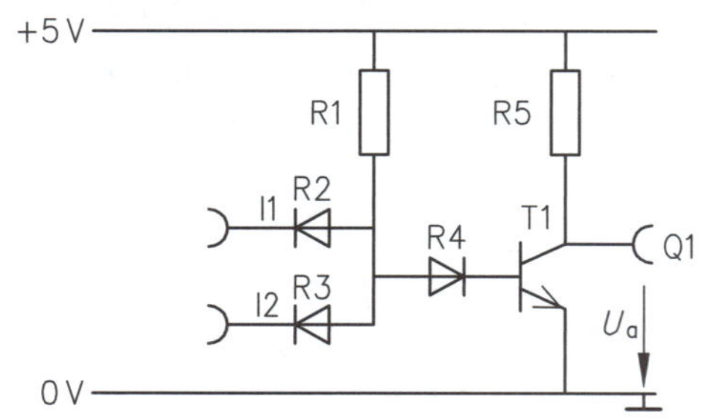

b) I1: + 5 V   I2: 0 V

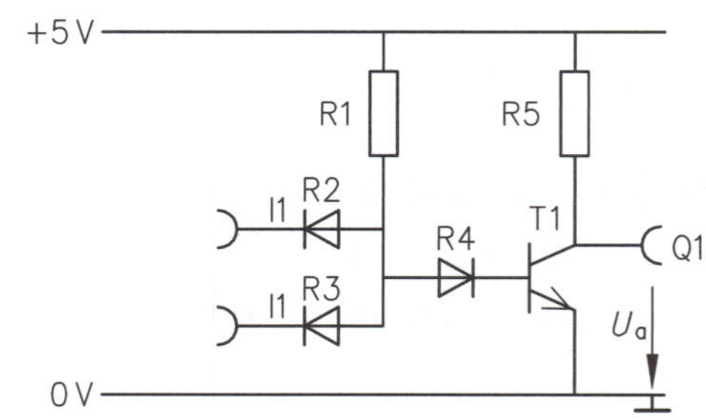

c) I1: 0 V   I2: 0 V

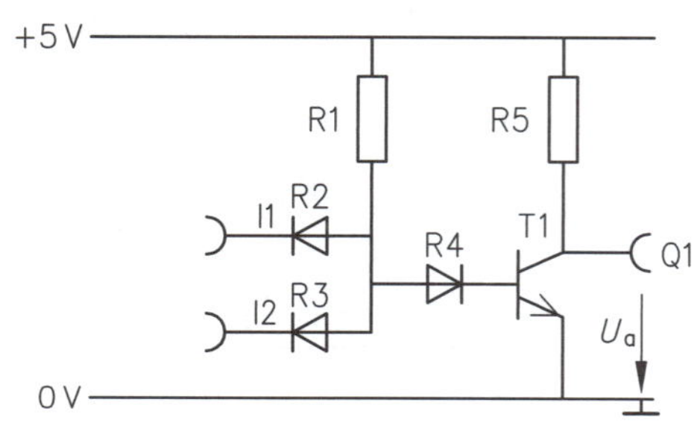

d) I1: offen   I2: offen

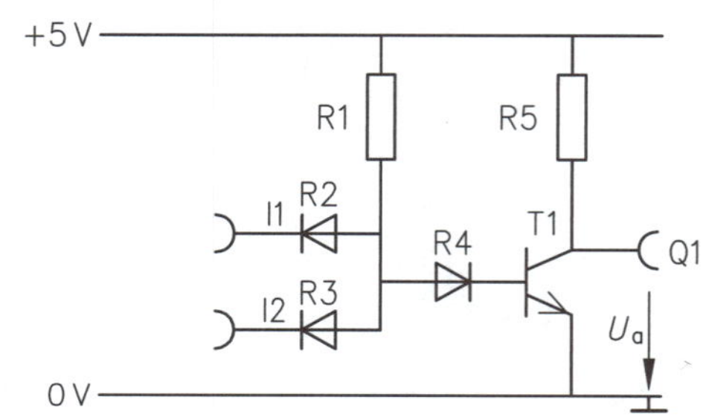

2. Die NAND-Gatter C1 – C3 wurden fehlerhaft beschaltet. Beurteilen Sie die Auswirkungen der Schaltfehler.

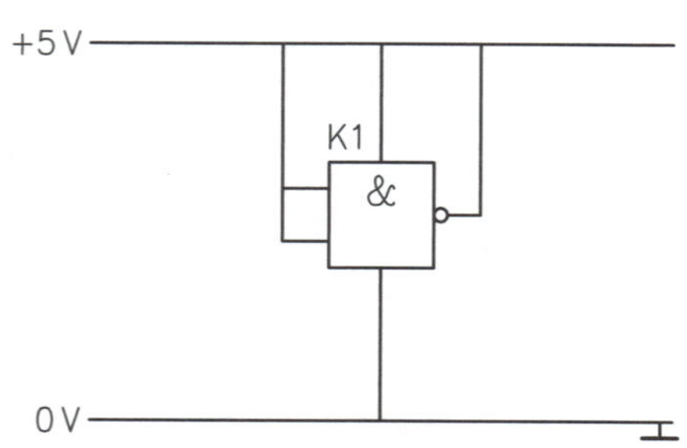

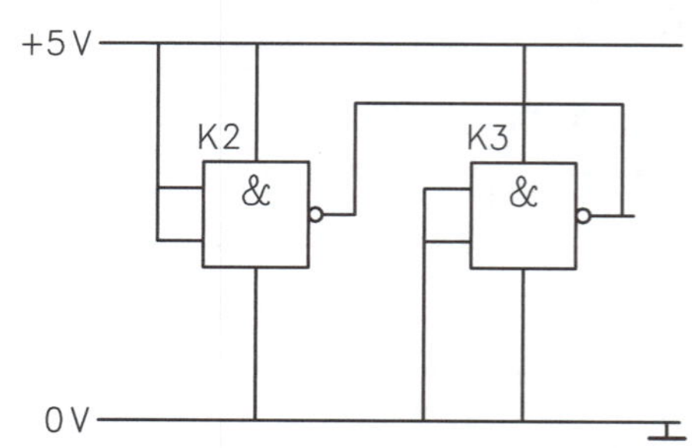

In einer Kombination aus Anschlussplan und Stromlaufplan ist der nachfolgende Ausschnitt einer umfangreichen Maschinensteuerung dargestellt.
Zeichnen Sie den entsprechenden Logikplan und beschreiben Sie die Funktion der dargestellten Funktionseinheit.

Integrierte digitale Schaltkreise

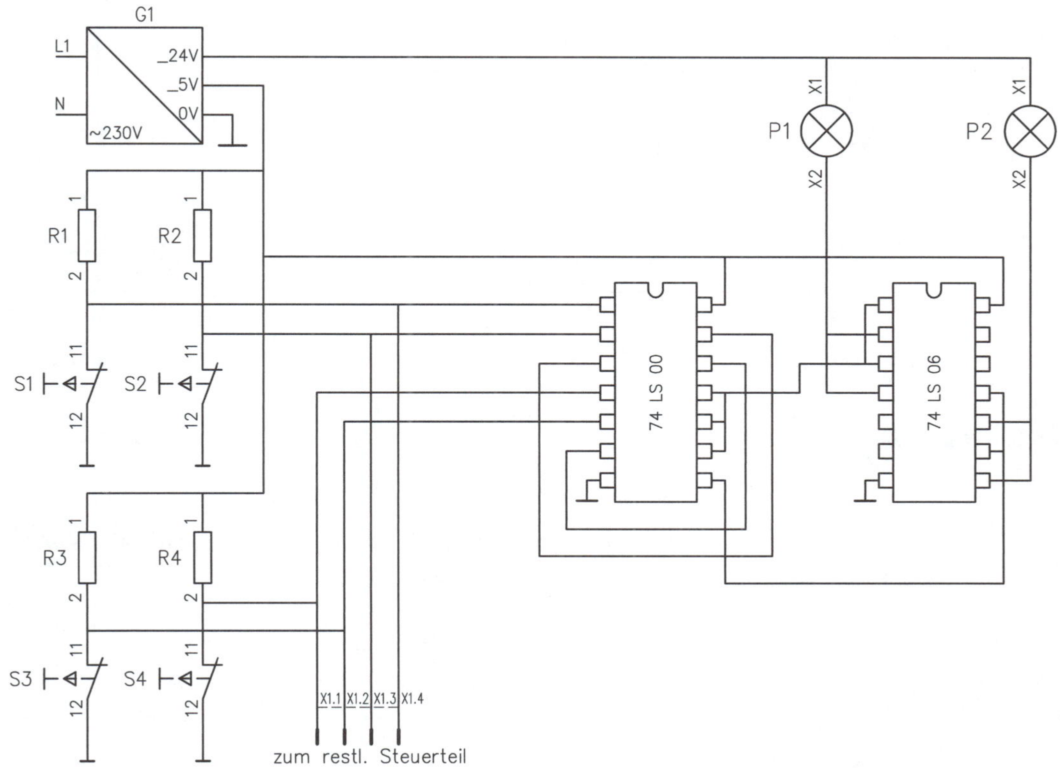

Logikplan

Funktionsbeschreibung

Die Hupe soll melden, wenn alle Steuerschalter betätigt sind.
Zeichnen Sie die Logikpläne des Steuerteils und die entsprechende Kombination aus Anschluss- und Stromlaufplan.

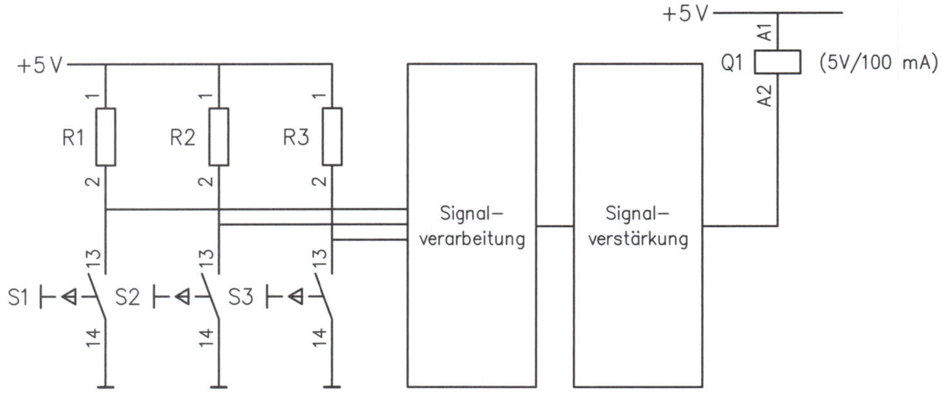

Steuerteil

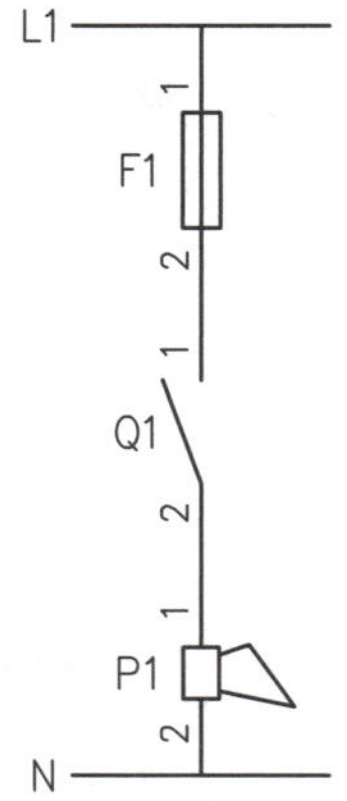

Leistungsteil

Integrierte digitale Schaltkreise

Logikplan allgemein

Logikplan mit den digitalen Schaltkreisen 74 LS 02 und 74 LS 06

Kombination aus Anschlussplan und Stromlaufplan

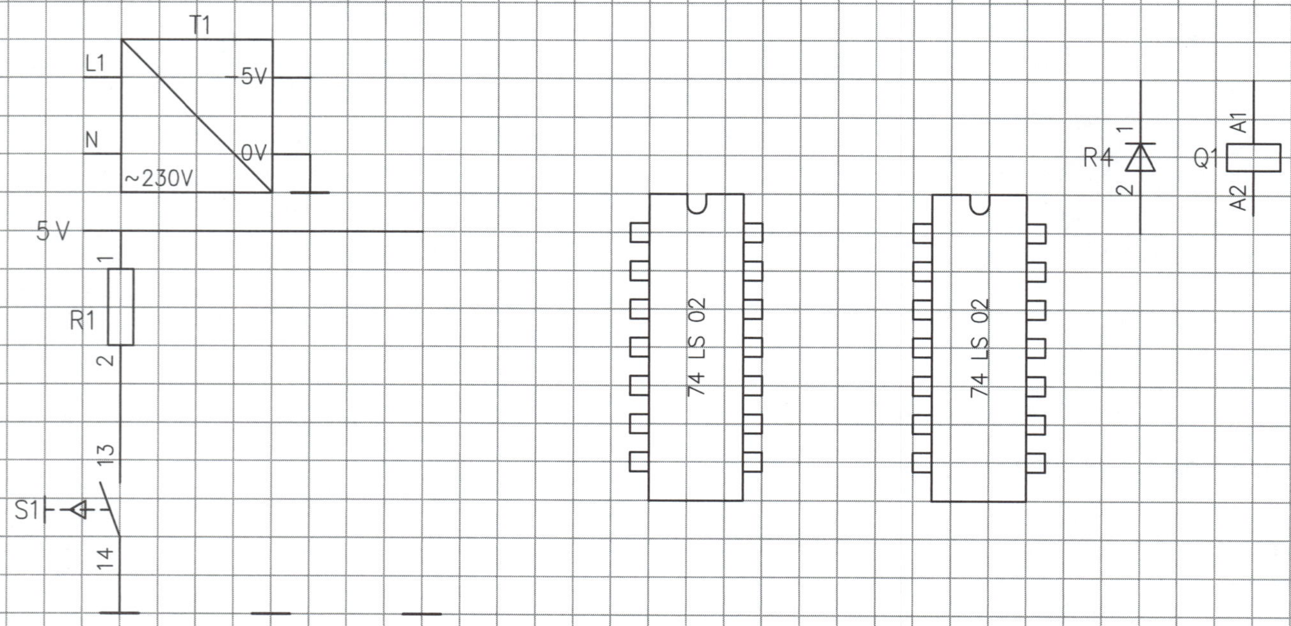

1. Beschreiben Sie die Funktion des dargestellten Steuerteils.
2. Zeichnen Sie den Logikplan des Steuerteils unter Verwendung der digitalen Schaltkreise 74LS04, 74LS08 und 74LS32.

Hinweis:

Das Symbol –o[an einem Eingang bedeutet: Funktion wird mit 0-Signal ausgelöst.

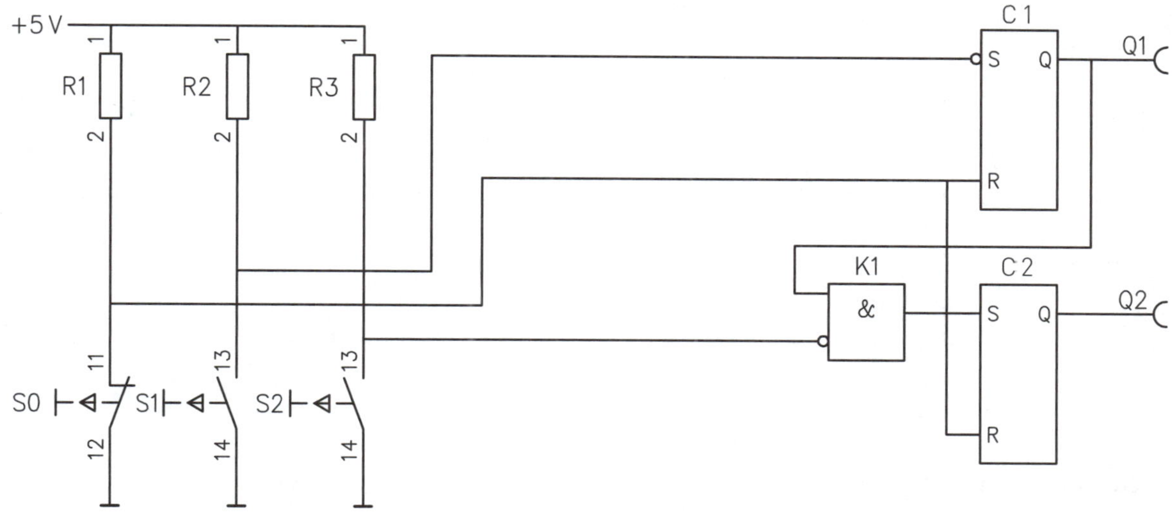

Integrierte digitale Schaltkreise

Funktionsbeschreibung

Logikplan

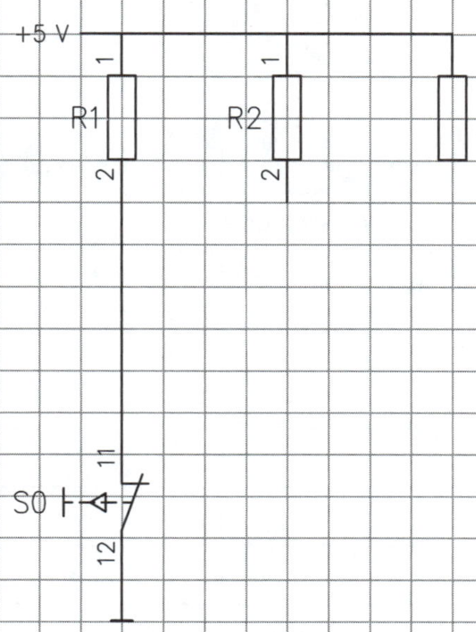

Name

Datum

Klasse

Das Blockschaltbild zeigt den Steuer- und den Leistungsteil einer Belüftungsanlage in einem Waschraum. Aus Sicherheitsgründen wird der Steuerteil mit Kleinspannung betrieben. Das Einschalten des Antriebsmotors erfolgt mit 0-Signal, das Abschalten mit 1-Signal.

Zeichnen Sie den Logikplan des Steuerteils und vervollständigen Sie die Stückliste.

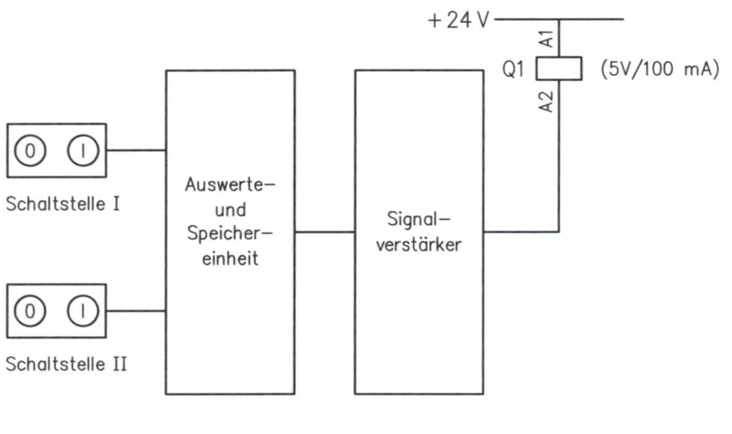

Steuerteil

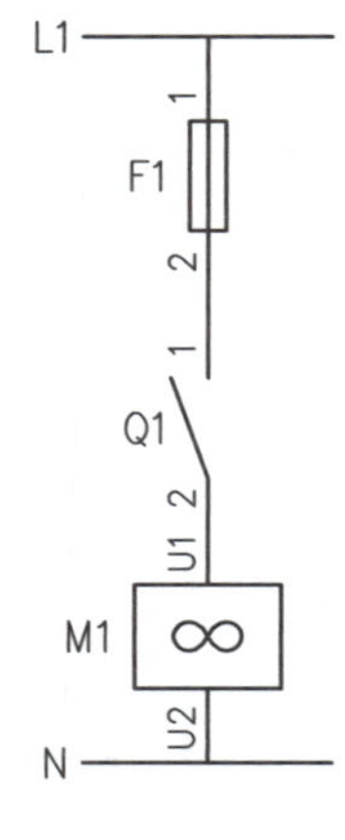
Leistungsteil

Integrierte digitale Schaltkreise

Logikplan

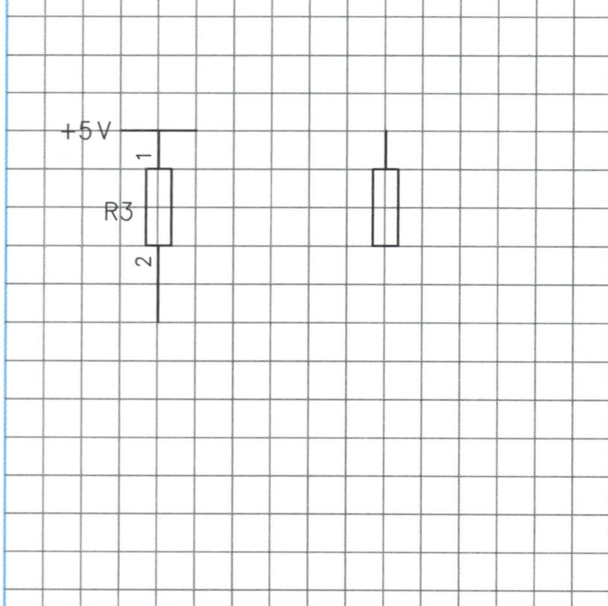

Stückliste

Betriebsmittel	Funktion	Wert/Bezeichnung
R1 – R4	pull-up-Widerstände	4,7 k
S1 – S4	Steuerschalter	
Q1	Relais	24 V 50 mA
R5		1 N 4007

In der Funktionsbeschreibung werden die gewünschten Funktionen einer Flurbeleuchtung vorgegeben. Planen und dokumentieren Sie die entsprechende Steuerung mit einem Logikmodul.

Logikmodule

Technologieschema

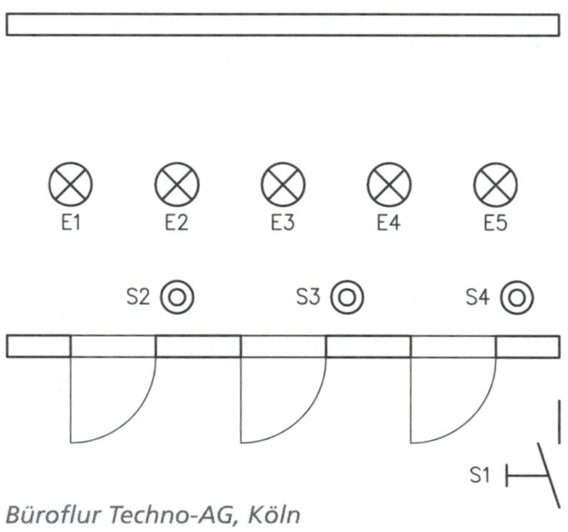

Büroflur Techno-AG, Köln

Beschaltung des Logikmoduls

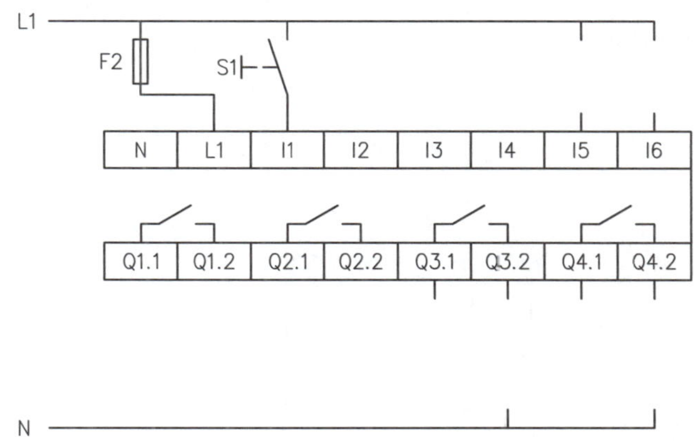

Funktionsbeschreibung

In der Zeit von 7.00–22.00 Uhr kann die Flurbeleuchtung (E1–E5) von jeder Tür aus geschaltet werden. Danach wird automatisch auf die Nachtbeleuchtung (nur E3) umgeschaltet.
Im Alarmfall kann jederzeit die gesamte Beleuchtung eingeschaltet werden (S1).

x: So werden nicht beschaltete Eingänge im Logikplan gekennzeichnet.

Zuordnungsliste

Betriebsmittel	Betriebsmittel-Kennzeich.	Modul-Kennzeich.	Funktion/ Signal
Alarmtaster	S1	I1	Alarmbeleuchtung ein: 1

Eingänge		Logikplan	Ausgänge	
Funktion	Modul-Kennzeich.		Modul-Kennzeich.	Funktion
		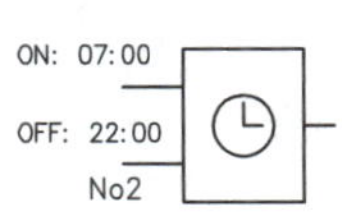		
			Q1	Tagbeleuchtung
Alarmbeleuchtung	I1			

36.1

Name

Datum

Klasse

1. Beschreiben Sie die Funktion der Steuerung. Verwenden Sie dazu die Betriebsmittelkennzeichnungen.
2. Die Beschaltung des Logikmoduls ist fehlerhaft. Korrigieren Sie die Fehler und geben Sie eine kurze Begründung dazu an.

Logikmodule

Technologieschema

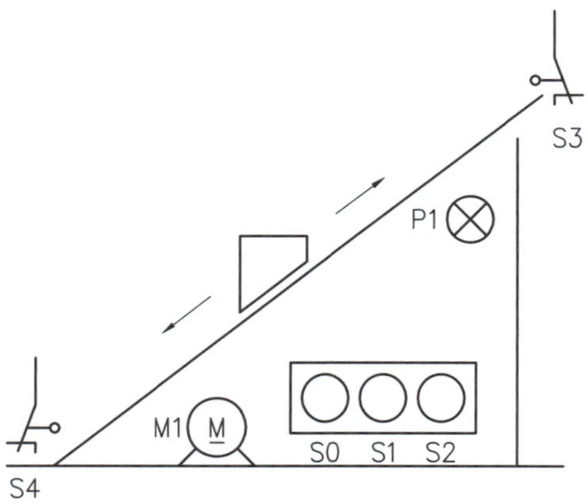

Schrägaufzug

Beschaltung des Logikmoduls

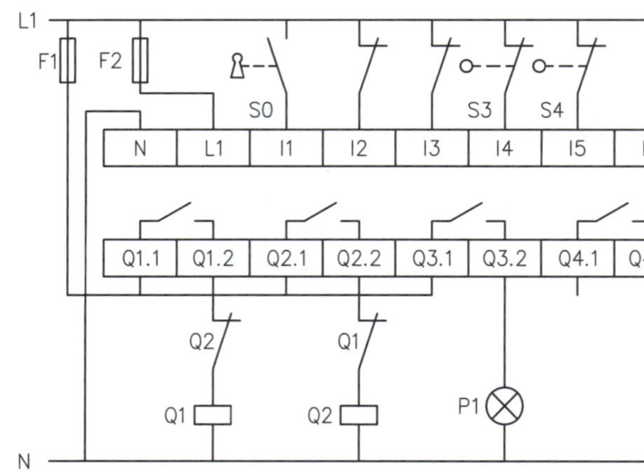

1. Funktionsbeschreibung

Zuordnungsliste

Betriebsmittel	Betriebs-mittel-Kennzeich.	Modul-Kennzeich.	Funktion/ Signal
Schlüsselschalter	S0	I1	Betriebsbereit: 1
Taster	S1	I2	Aufwärtsbetrieb: 1
Taster	S2	I3	Abwärtsbetrieb: 1
Endtaster	S3	I4	Korb oben: 0
Endtaster	S4	I5	Korb unten: 0
Schütz	Q1	Q1	Korb fährt hoch: 1
Schütz	Q2	Q2	Korb fährt abwärts: 1
Signallampe	P1	Q3	Korb fährt: 1

Eingänge		Logikplan	Ausgänge	
Funktion	Modul-Kenn-zeich.		Modul-Kenn-zeich.	Funktion
Schlüssel-schalter	I1	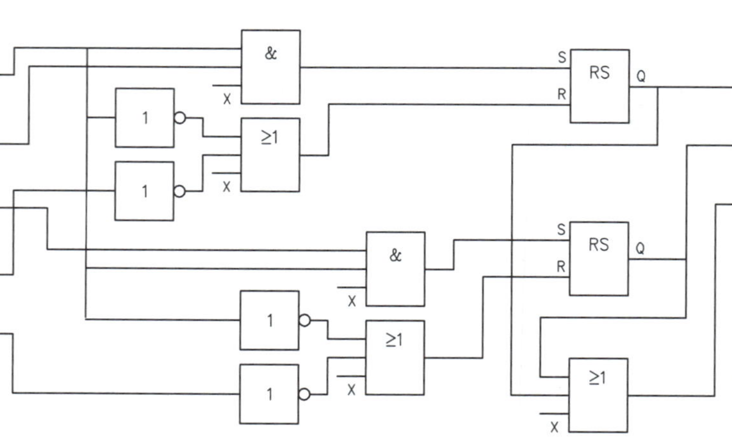	Q1	Aufwärtsbe-trieb
Taster auf-wärts	I1		Q2	Abwärtsbe-trieb
Taster ab-wärts	I3		Q3	Betriebsmel-dung
Endtaster oben	I4			
Endtaster unten	I5			

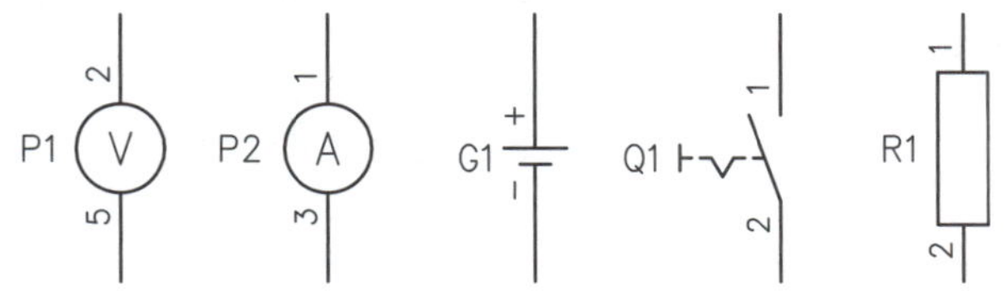

Klemmenspannung und Stromstärke einer Spannungsquelle sollen einmal im unbelasteten und einmal im belasteten Zustand gemessen werden.

Zeichnen Sie die Stromlaufpläne unter Verwendung der gegebenen Betriebsmittel.

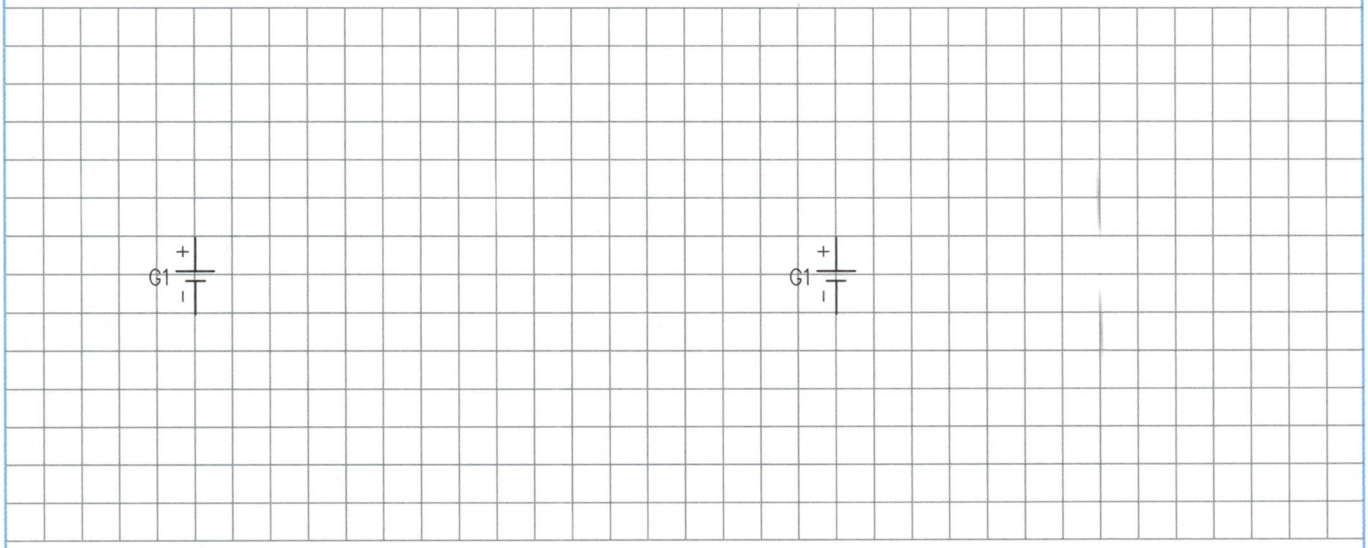

Einfache Messschaltungen

Schließen Sie die Leuchte E1 in der Abzweigdose X1 so an, dass mit dem Messgerät P1 die Gesamtstromstärke des Netzausläufers gemessen wird. Mit dem Messgerät P2 soll die Betriebsspannung in der Abzweigdose X1 gemessen werden.
Schließen Sie dann das Betriebsmittel E2 in der Abzweigdose X2 so an, dass mit dem Messgerät P3 nur der Strom von E2 gemessen wird.

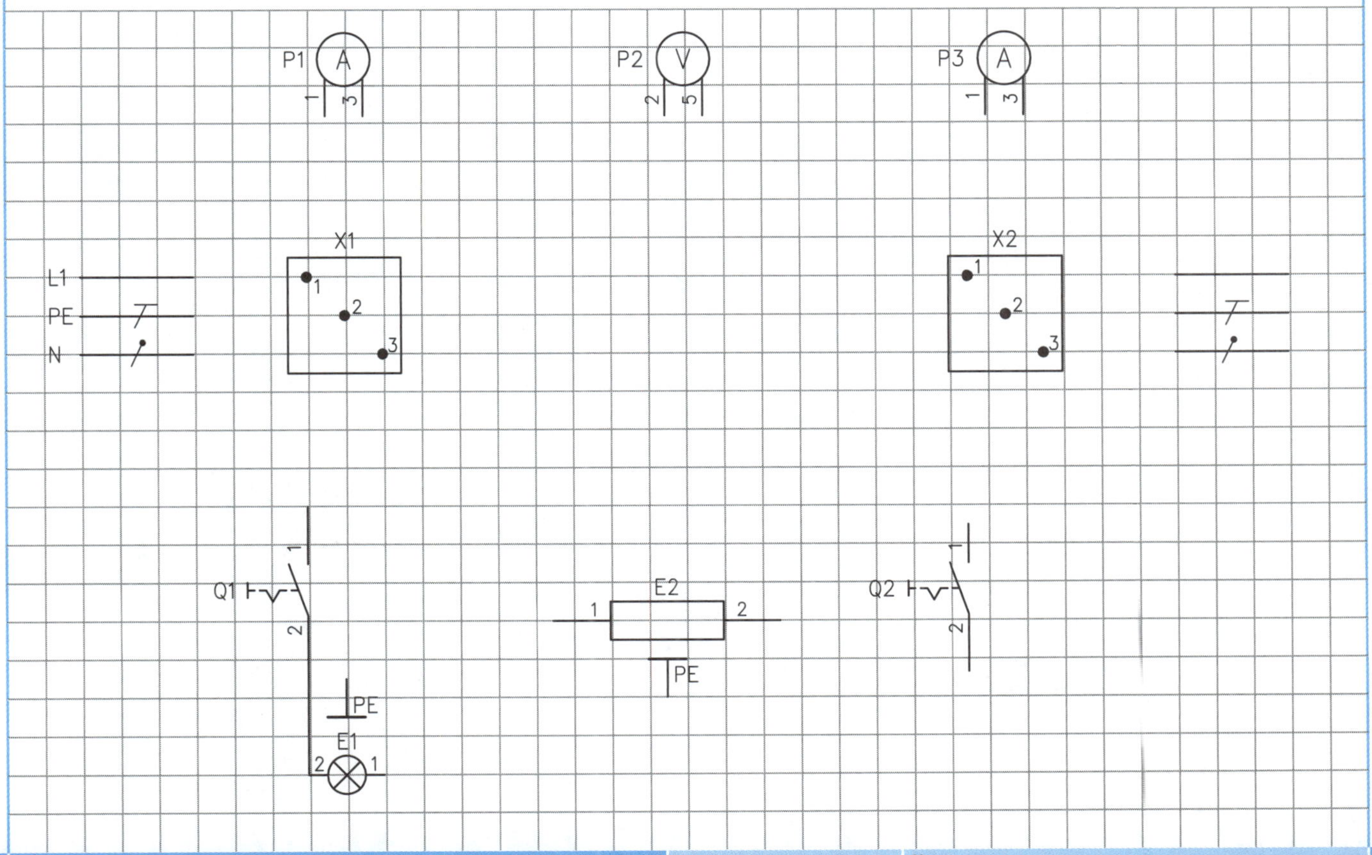

37.1

Datum

Name

Klasse

Durch Zuschalten von Messwiderständen soll das Messwerk P1 zu einem Vielfachmessinstrument für Strom- und Spannungsmessungen erweitert werden.
Der Steuerschalter S1 schaltet von Spannungs- auf Strommessung um. Mit dem Steuerschalter S2 werden drei Spannungsbereiche und mit S3 drei Strombereiche geschaltet.

Vervollständigen Sie die Schaltung.

Einfache Messschaltungen

Mit den dargestellten Bauelementen soll eine Schaltung zur Messung des Widerstandes R_x nach dem Verfahren „Nur durch Strommessung“ geschaltet werden.
Durch Zuschalten der Messwiderstände R2 und R3 mithilfe der Schalter S2 und S3 kann der Messbereich erweitert werden.
Zeichnen Sie die Messschaltung.

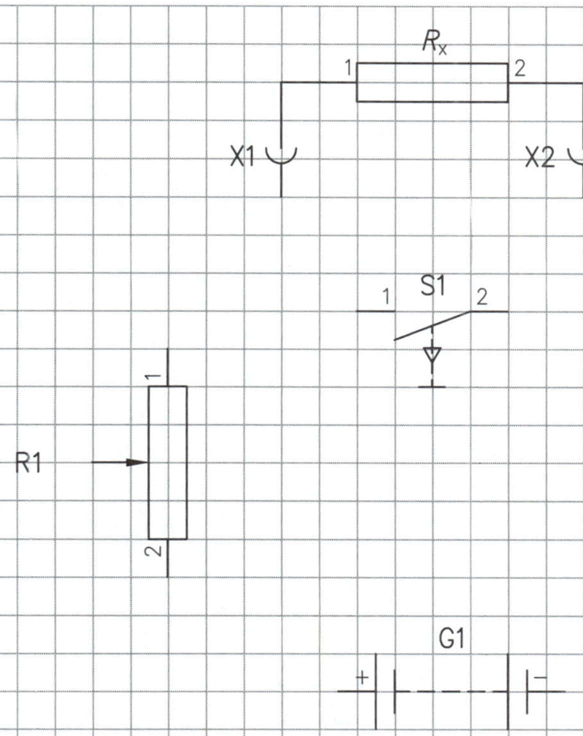

Messung von Widerstand, Leistung, Arbeit

Mit dem Messgerät P1 soll die Leistung des Betriebsmittels E1 gemessen werden. Die beiden Präzisionsmessgeräte P2 und P3 sind so zu schalten, dass die Genauigkeit des Leistungsmessers überprüft werden kann.
Zeichnen Sie die Messschaltung.

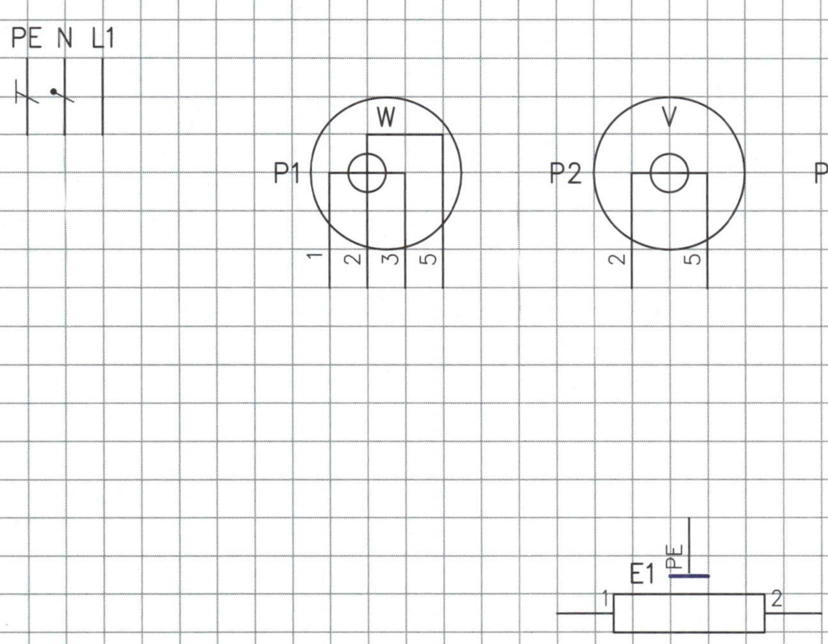

Die elektrische Arbeit der Betriebsmittel E1 und E2 sowie der eventuell belasteten Steckdose X1 soll mit dem Zähler P1 gemessen werden.
Zeichnen Sie die vollständige Messschaltung in zusammenhängender Darstellung.

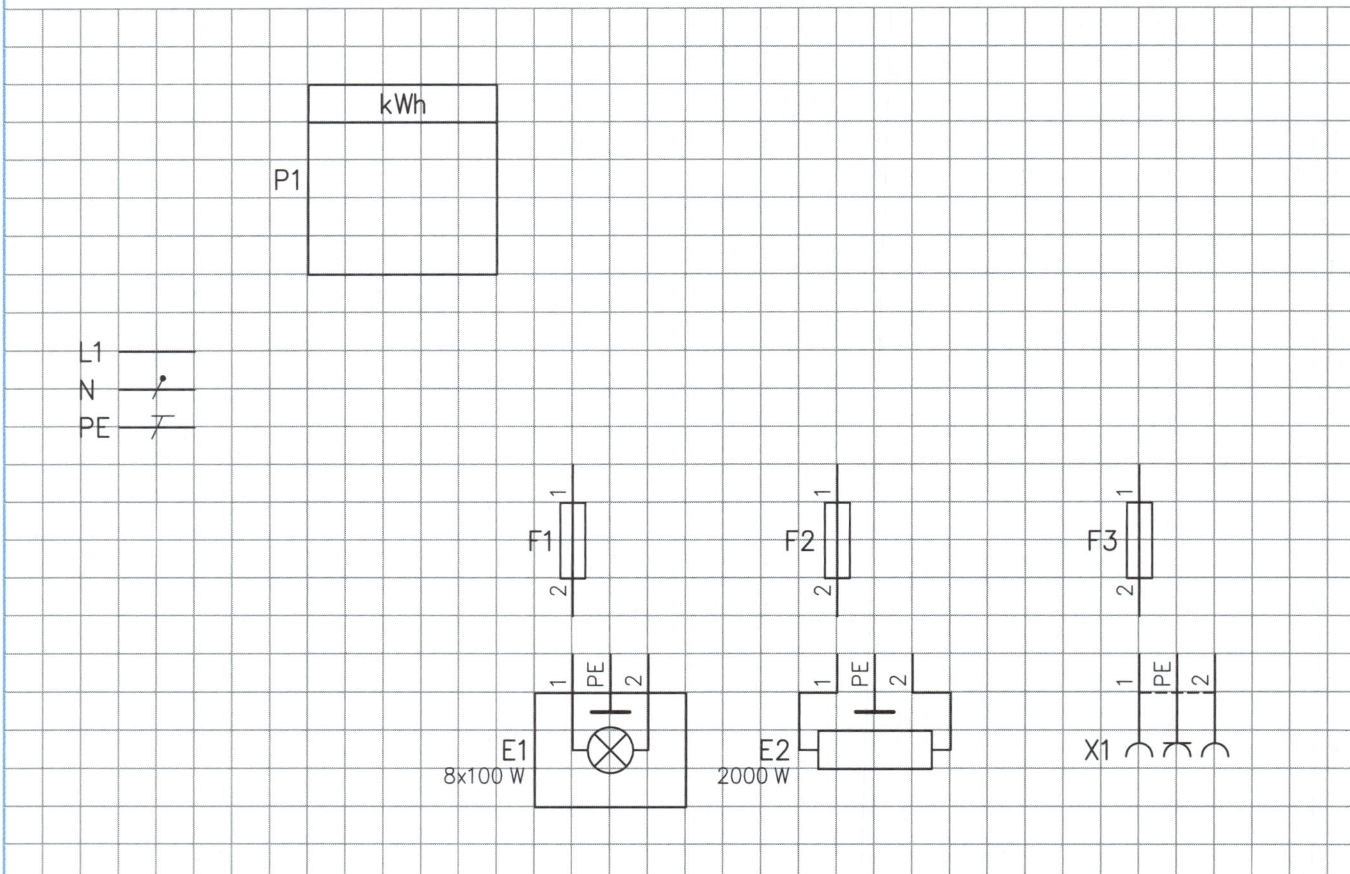

Messung von Widerstand, Leistung, Arbeit

Die Messgenauigkeit des Zählers P1 soll mithilfe des Leistungsmessers und der Uhr überprüft werden.
Zeichnen Sie die Messschaltung in zusammenhängender Darstellung.

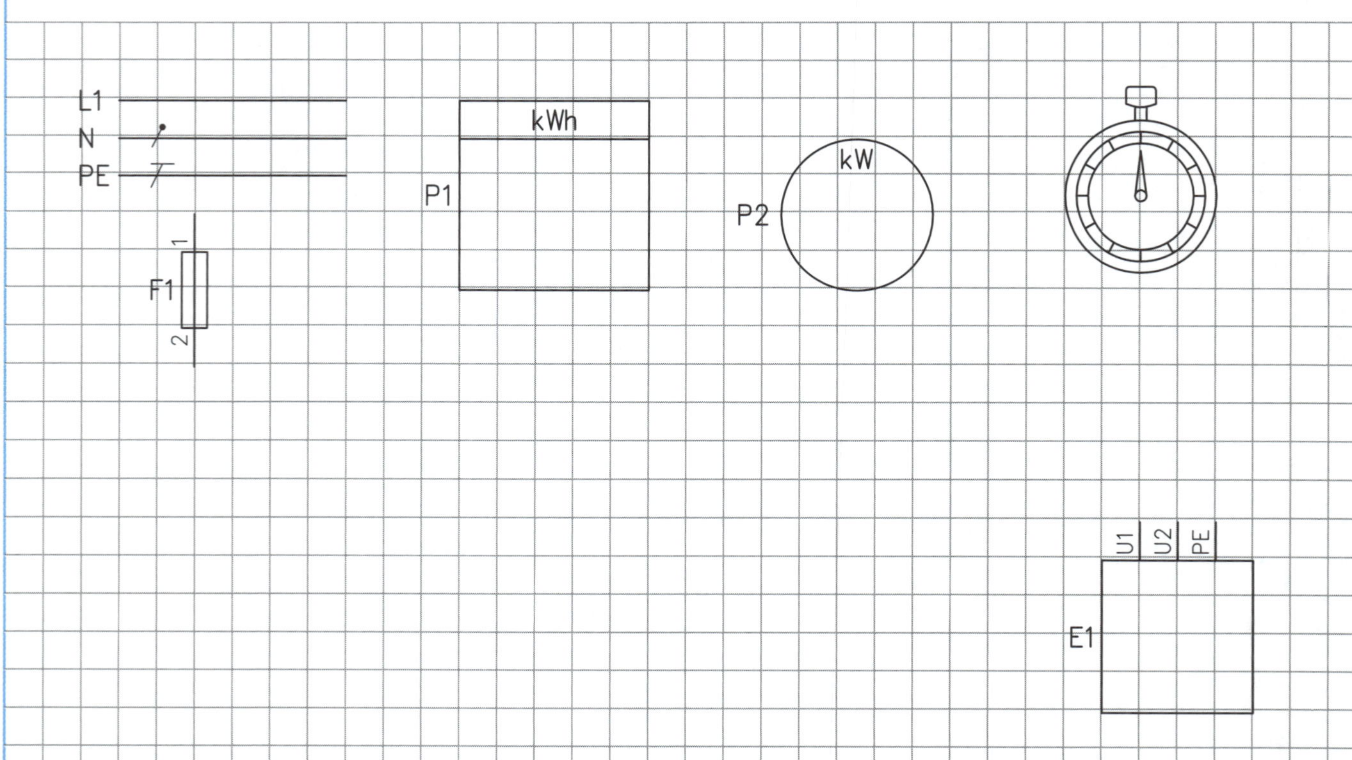

Die meisten Oszilloskope haben eine interne Verbindung zwischen dem PE des Netzanschlusses und dem Bezugspotenzial des Messeingangs.
Die Spannung am Widerstand R1 soll mit dem Oszilloskop gemessen werden. Verbinden Sie den Messausgang des Oszilloskops mit der Schaltung, sodass kein Kurzschluss entsteht.

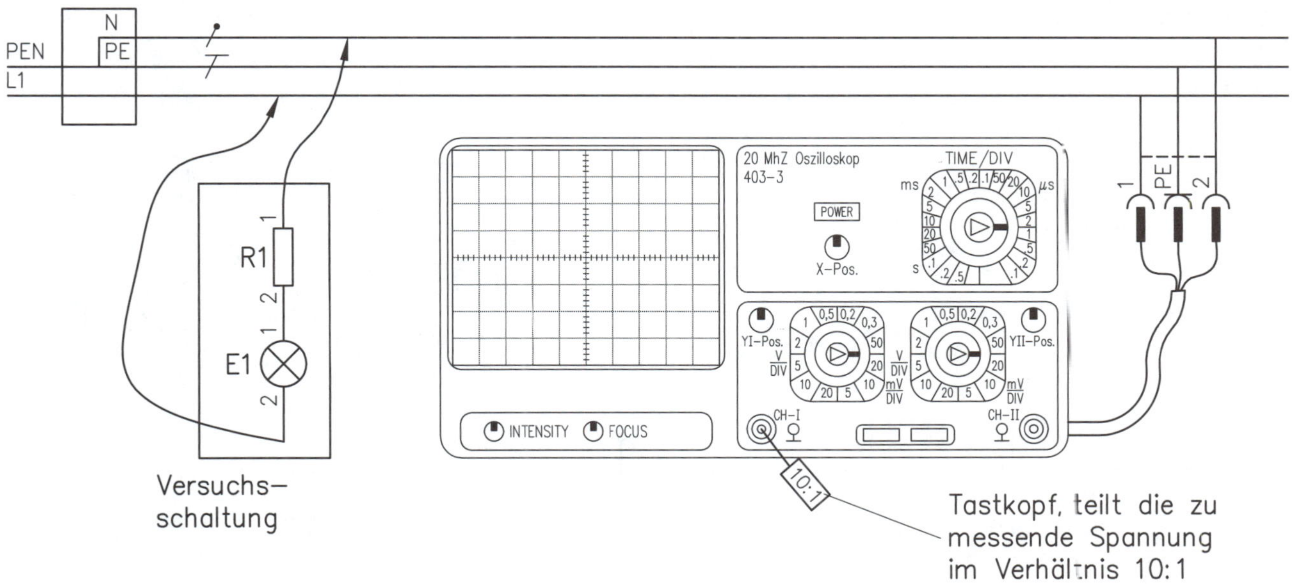

Oszilloskop I

Die Spannung am Kondensator C1 soll oszilloskopiert werden. Skizzieren Sie die Anschlüsse der Messleitungen.

Skizzieren Sie die Anschlüsse der Messschaltung an das Versorgungsnetz.

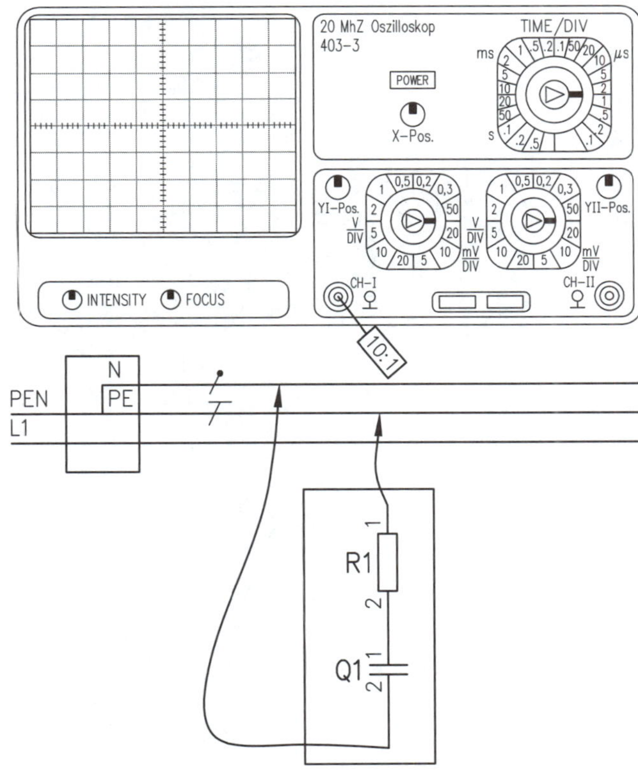

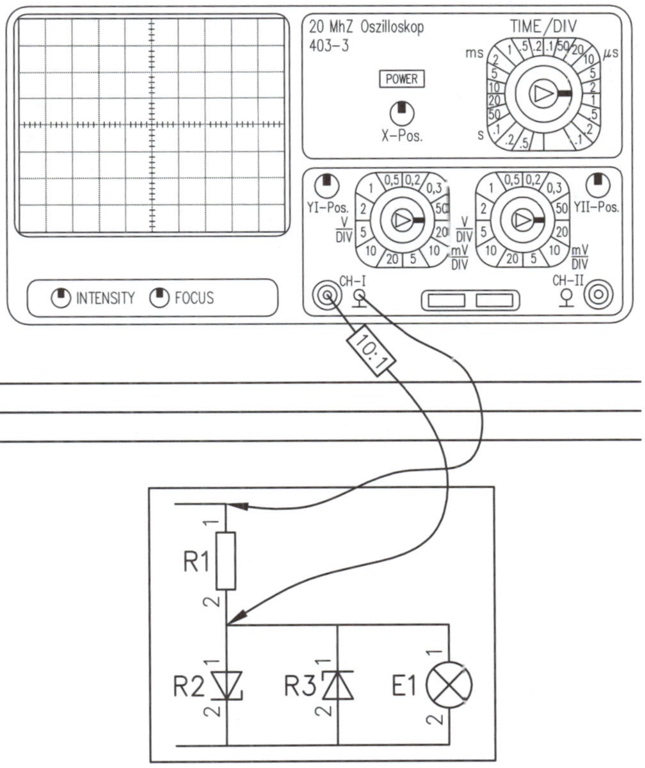

Name

Datum

Klasse

Teilen Sie die Zeitachsen der Diagramme gemäß den Einstellungen der Wahlschalter für die Zeitablenkung ein.
Konstruieren Sie für die jeweilige Einstellung der Wahlschalter die zugehörige Kurvendarstellung.

Oszilloskop II

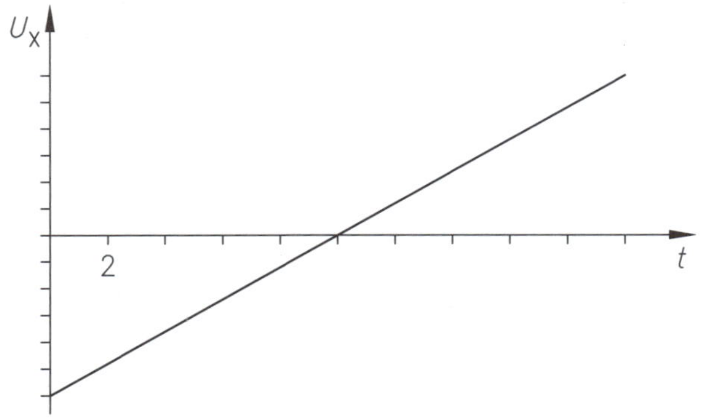

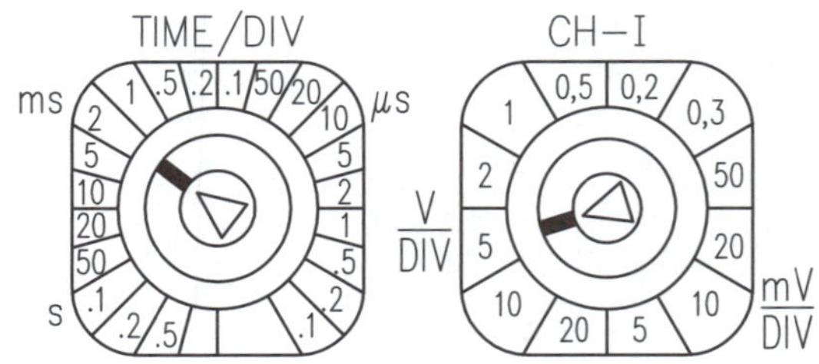

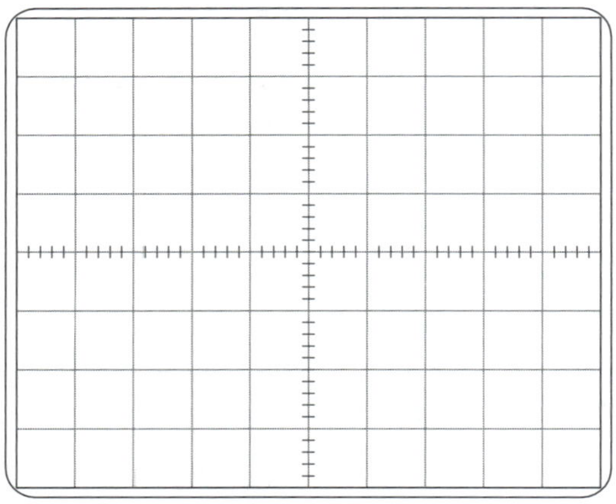

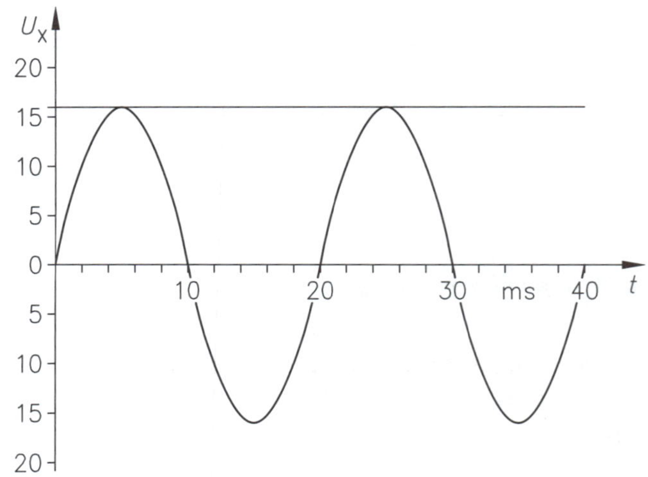

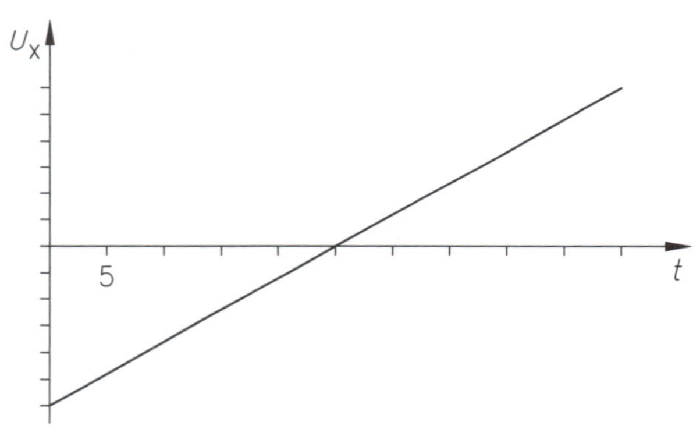

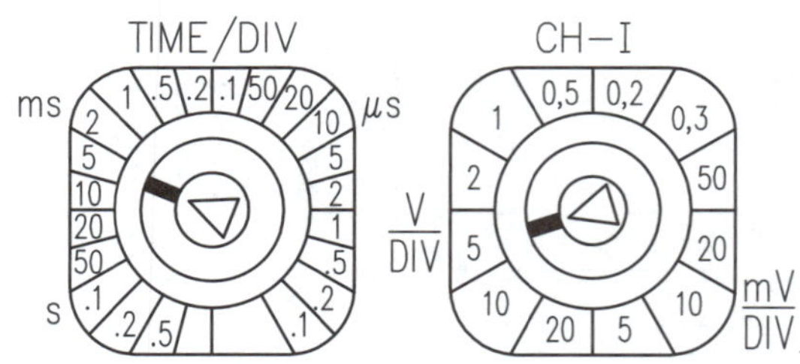

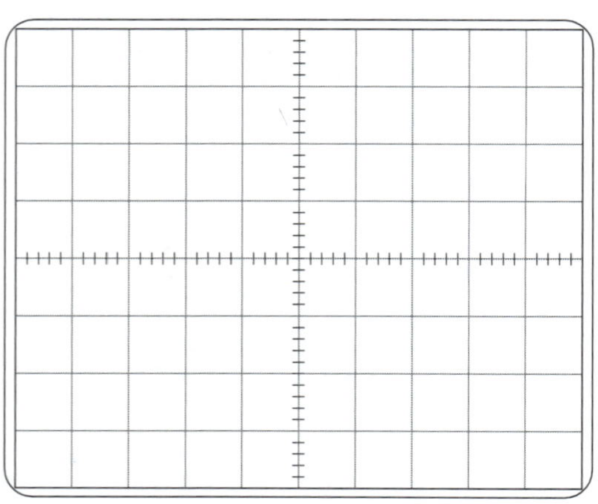

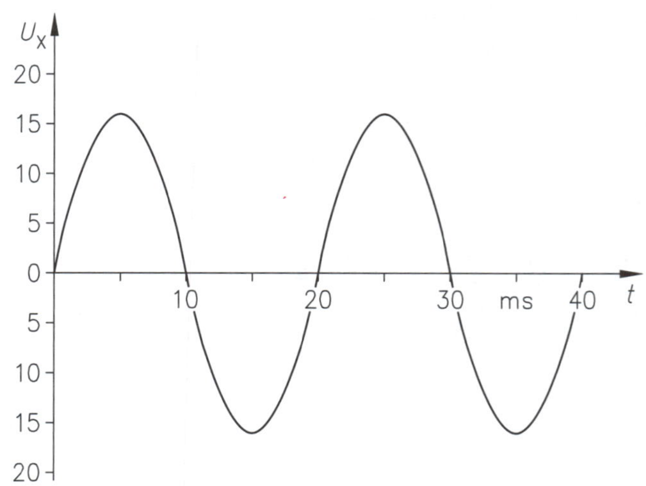

Sachwortverzeichnis

A
Abwicklungen 20
Abzweigdosen 32
Anode 45
Anschlusspläne 40
Aufgelöste Darstellung 27
Ausschaltung 34
Außengewinde 24
Außenleiter 29

B
Bemaßung 14
Betätigter Schalter 31
Betriebsmittel 27
Betriebsmittelkennzeichen 28
Bewegungsmelder 48
Blattgrößen 9
Bohrungen 19
Bolzengewinde 24
braunsche Röhre 58

C
CAD-Technik 10

D
Digitale Schaltungselemente 49
Dioden 45
Dioden-Schutz für Messwerke 45
Diodenkennlinie 45
Direktes und gesteuertes Schalten 43
Drucküberwachung 39
durchbrochene Körper 18

E
Einpolige Darstellung 27
Einschlagwecker 38
elektromagnetischer Antrieb 41
elektronische Schaltverstärker 44
Entkopplung von Steuerbefehlen 45
Erder 29
Explosionszeichnung 11

F
Fotodioden 47
Freilaufdiode 45
Funktions-Zeit-Diagramm 49
Funktionsgleichung 49
Funktionstabelle 49

G
Gehäuseformen 45
Geräteverdrahtungspläne 39
Gesamtzeichnung 11
Grundrisse 36

H
Halbschnitt 23
Handantriebe 31
Handbetätigung 31
Haupterdungsschiene 61, 88
Hausanschlusskasten 29
Heißleiter (NTC-Widerstände) 47
Hörmelder 38

I
Infrarot-Detektor 48
Infrarot-Sender 48
Infrarot-Sensoren 48
Innengewinde 24
Installationsplan 35

K
Kaltleiter (PTC-Widerstände) 47
Katode 45
Kennzeichnung von Steuerkontakten 41
Kettenmaß 15
Klingelanlage mit Türöffner 38
Kommunikationsmodell 7
Körperkanten 14
Kreuzschaltung 35

L
Langlöcher 19
Leiterart 36
Leiterverlegung 36
Leuchtdioden 46
Linienarten 8
Linienbreiten 8
Logikmodule 55
Logikplan 51
Logikschaltkreise 52

M
Maßgenauigkeit 15
Maßstäbe 14
Mechanisches und elektronisches Schalten 43
Mehrstellenschalter 31
Messbereichserweiterung 56
Messung der elektrischen Arbeit 57
Messung der elektrischen Leistung 57
Messung der Spannung 56
Messung der Stromstärke 56
Messung des elektrischen Widerstandes 57
Mittellinien 17
Muttergewinde 24

N
NAND-Gatter 53
Netzstation 29

Neutralleiter 29
NOR-Gatter 53
Normalprojektion 13

O
Oberflächenbearbeitung 22
Oberflächenbeschaffenheit 22
ODER-Verknüpfung 49
ODER-Verknüpfung mit einem Inverter 50
Öffner 31
Optisches Fenster 48
Oszilloskop 58

P
Parallelprojektionen 11
Programmierregeln 55

R
Radien 19
Rasselwecker 38
Relais als Schaltverstärker 44
Relais mit Federsätzen 41
Rückkopplung 54
Rücksetzen 54

S
Schalten mit kleinen Schaltsignalen 44
Schaltkreisfamilien 52
Schleusenspannung 45
Schließer 31
Schraubenarten 24
Schriftform 8
Schriftzeichen 8
Schütz (Konstruktionsprinzip) 41
Schutz-Diode 45
Schutzleiter 29
Schutzleiteranschluss 30
Schutzleiter an Steckverbindungen 30
Selbsthaltung 42
Sensoren 47
Serienschaltung 33, 34
Setzen 54
Signalverarbeitung und -verstärkung 47
Spannungsstabilisierung 46
Stellbetrieb 42
Stellschalter 31
Steuerkreis – Leistungskreis 41
Steuerprogramm 55
Steuersicherungen 41
Steuerspannungen 41
Stromlaufplan 28, 37
Stromlaufplan in aufgelöster Darstellung 32
Stromlaufplan in zusammenhängender Darstellung 32
Stromstoßschalter 37
Stromversorgungsgeräte 38
Summer 38
Symmetrielinien 17

T
Tastschalter 31
Technologieschema 51
Teilschnitt 23
Tippbetrieb 42
Transistor als gesteuerter elektronischer Schalter 43
Treiberstufen 53
Türöffner 12

U
UND-Verknüpfung 49
UND-Verknüpfung mit einem Inverter 50

V
Verbindungspläne 40
verdeckte Kanten 16
Vierleiter-System 29
Vollschnitt 23

W
Wechselschaltung 33, 34
Wechselstromhupe 38
Wechselstromwecker 38
Winkel 18

Z
Z-Diode 46
Zähler 29
Zähleranordnungen 29
Zungenkontaktrelais (Reed-Relais) 41
Zusammenhängende Darstellung 27
Zweiklang-Gong 38
zylindrischer Körper 21